Russland
Moskau
Helsinki
Tallinn
Riga
Vilnius
Minsk
Kiew
Ukraine
Budapest
Bukarest
Belgrad
Sofia
Tirana
Athen
Ankara
Türkei
Georgien
Tiflis
Jerewan
Armenien
Baku
Aserbaidschan
Zypern
Syrien
Libanon
Israel
Jordanien
Bagdad
Irak
Kuwait
Bahrain
Katar
Riad
Saudi-Arabien
V.A.E.
Maskat
Oman
Jemen
Sana
Eritrea
Asmara
Dschibuti
Kairo
Ägypten
Khartum
Sudan
Tschad
Zentralafrikanische Republik
Bangui
Addis Abeba
Äthiopien
Somalia
Mogadischu
Uganda
Kampala
Kenia
Nairobi
Ruanda
Burundi
D. R. Kongo
Dodoma
Tansania
Malawi
Lilongwe
Sambia
Lusaka
Mosambik
Harare
Simbabwe
Botsuana
Gaborone
Pretoria
Mbabane
Maputo
Swasiland
Maseru
Lesotho
Südafrika
Komoren
Moroni
Antananarivo
Madagaskar
Mauritius
Port Louis
Seychellen
Victoria
Astana
Kasachstan
Usbekistan
Taschkent
Bischkek
Kirgisistan
Turkmenistan
Aschchabad
Duschanbe
Tadschikistan
Teheran
Iran
Kabul
Afghanistan
Islamabad
Pakistan
Neu-Delhi
Nepal
Katmandu
Bhutan
Dhaka
Bangladesch
Indien
Malediven
Male
Colombo
Sri Lanka
Ulan-Bator
Mongolei
Peking
China
Nordkorea
Pjöngjang
Seoul
Südkorea
Japan
Tokio
(russische Verwaltung)
Taipeh
Taiwan
Hanoi
Laos
Vientiane
Myanmar (Birma)
Yangon
Thailand
Bangkok
Kambodscha
Phnom Penh
Vietnam
Manila
Philippinen
Kuala Lumpur
Malaysia
Singapur
Brunei
Indonesien
Jakarta
Dili
Osttimor
Papua-Neuguinea
Port Moresby
Koror
Palau
Mikronesien
Kolonia
Marshall-Inseln
Salomonen
Honiara
Vanuatu
Port Vila
Australien
Canberra
Neuseeland
Wellington
Indischer Ozean
Pazifischer Ozean
ktis

Seydlitz Erdkunde 3

Autoren:
Thomas Braun, Offenbach/Queich
Ulrike Busching, Maxdorf
Bernd Dieffenbacher, Grünstadt
Joachim Dietz, Böllenborn
Helmut Platten, Blankenrath
Stephanie Werner, Herxheim

Unter Mitwirkung der
Verlagsredaktion

Schroedel®

Mit Beiträgen von:
Peter Amtsfeld, Thomas Bauer, Lars Degener, Georg Kahlert, Egbert Klöckner, Martin Kuhli, Franz-Peter Mager, Harald Mertins, Hans-Michael Mingenbach, Ingo Richter, Johannes Ruckenbrod, Detlef Storm, Gerhard Sutor, Dieter Vorrath, Klaus Wehrs, Jürgen Wetzel

Ernst v. Seydlitz-Kurzbach (geb. in Tschöplau/Kreis Freystadt) lebte von 1784 bis 1849. Mit der Herausgabe des Lehrbuches „Leitfaden der Geographie" im Jahre 1824 begründete er das traditionsreiche Unterrichtswerk „Seydlitz".
Ausführliche Informationen können unter www.schroedel.de/seydlitz-chronik nachgelesen werden.

Druck A ^{5} / Jahr 2017
Alle Drucke der Serie A sind im Unterricht parallel verwendbar.

Redaktion: Bernd Junge
Bildredaktion: Susanne Guse
Karten, Grafiken: Freier Redaktionsdienst, Berlin; Heidolph, Kottgeisering
Satz: Bernd Junge
Druck und Bindung: westermann druck GmbH, Braunschweig

ISBN 978-3-507-**52749**-2

Liebe Schülerinnen und Schüler,
die Arbeit mit diesem Buch soll für euch interessant werden und euch im Fach Erdkunde Erfolg bringen.

m

Das Buch enthält Seiten, die mit m gekennzeichnet sind. Hier lernt ihr wichtige Methoden und Arbeitstechniken ausführlich kennen. Diese Seiten sind so gestaltet, dass ihr euch die Arbeitstechniken auch selbstständig erarbeiten könnt.

a

Auf diesen Seiten ist Handeln angesagt. Ihr könnt z. B. Versuche durchführen oder etwas basteln. So wird der Unterricht noch abwechslungsreicher und macht mehr Spaß. Das a steht dabei für Aktivität.

z

Vielleicht möchtet ihr das Gelernte noch vertiefen oder euer Wissen erweitern. Der Hinweis „Zusatzthema" zeigt euch, bei welchen Themen dies spannend sein könnte. Solche Seiten sind mit z gekennzeichnet.

w

Zum Abschluss der fünf Hauptkapitel findet ihr auf den mit w gekennzeichneten „Wissen-Seiten". Sie geben Anregungen, um Gelerntes zu wiederholen, einzuüben und zu verknüpfen. Hier stehen auch noch einmal die wichtigsten Begriffe zusammengefasst.

AUFGABEN >>

Auf vielen Seiten findet ihr grün unterlegte Aufgaben. Mit solchen Arbeitsaufträgen lassen sich die Inhalte der Seiten weiter vertiefen. Dazu müsst ihr häufig auch mit weiteren Materialien und Quellen arbeiten.

Geo-Lexikon

Wenn ihr selbstständig mit dem Buch arbeitet, kann euch das „Geo-Lexikon" eine Hilfe sein. Hier findet ihr am Ende des Buches (Seite 170 – 173) Erläuterungen zu bestimmten Begriffen. Außerdem wird im Geo-Lexikon darauf verwiesen, auf welchen Seiten im Buch diese Sachverhalte dargestellt sind.
Im anschließenden Methodenregister könnt ihr wichtige Arbeitsmethoden nachlesen.

Viel Freude beim Lernen und Arbeiten mit dem Buch!

Die Autorinnen und Autoren

1 Wirtschaftsräume in Deutschland

2 Zusammenarbeit in Europa

3 Wirtschaftsmächte der Erde

4 Die globalisierte Welt

5 Herausforderungen für die Zukunft

1 Wirtschaftsräume in Deutschland

a Gruppenarbeit „Wirtschaftsräume"

Die Schülerinnen und Schüler der Klasse 10b haben das Kapitel Wirtschaftsräume in Deutschland durchgenommen. Doch statt des herkömmlichen Unterrichts wurden die Themen in Gruppen bearbeitet. Das erforderte jedoch einige Abweichungen. Nicht nur die Art des Unterrichtes, auch die Sitzordnung wurde verändert. Gestaltet euren Unterricht ebenfalls in Gruppenarbeit. Was zu beachten ist, erfahrt ihr hier:

8.1 *Schüler bei der Gruppenarbeit*

Vorbereitung

Grundsätzlich gilt: Die Atmosphäre muss stimmen, ihr solltet euch wohlfühlen. Dazu gehört eine entsprechende Sitzordnung (z. B. wie in Abb. 8.1), genügend Zeit, damit kein Zeitdruck entsteht (nach Möglichkeit Doppelstunden), und eine entsprechende Gestaltung des Klassenraumes mit notwendigen Arbeitsmaterialien (Atlanten, Wandkarten, Ausstellungsflächen für die Gruppenarbeit). Die beste Möglichkeit der Gruppenbildung ist das Zufallsprinzip (losen), die optimale Gruppengröße beträgt vier bis sechs Schüler.

Innerhalb der Gruppen sollten Rollen und Funktionen verteilt werden.

Durchführung

Zu Beginn der Gruppenarbeit erstellt ihr einen Fahrplan, der die wichtigsten Arbeitsschritte vorgibt. Nach jedem Arbeitsschritt werden innerhalb der Gruppe die Ergebnisse besprochen, und Verbesserungsvorschläge gemacht. Auch sollte die Präsentation frühzeitig ins Auge gefasst werden, damit ihr euch zielgerichtet darauf vorbereiten könnt.

8.2 *Schüler bei der Präsentation*

Präsentation/Vortrag

Vor der geplanten Präsentation sollten zwei Gruppenmitglieder bestimmt werden, die das Ergebnis der Klasse vorstellen. Alle anderen machen sich während der Präsentation Notizen darüber, was gut geklappt hat oder was verbessert werden kann. Zum Vortragen noch ein paar Tipps:

- *Legt euch einen Ordner an, um Bilder, Texte etc. zu sammeln.*
- *Sprecht deutlich und nicht zu schnell. Freies Sprechen und eine gute Veranschaulichung der Ergebnisse erhöhen die Aufmerksamkeit.*
- *Der Vortrag sollte kurz und interessant gestaltet sein und die Zuhörer sollten miteinbezogen werden. Es sollte während des Vortrags auch möglich sein, auf Fragen einzugehen.*
- *Damit euer Vortrag reflektiert werden kann, können eventuell Arbeitsblätter oder Rätsel angefertigt werden.*
- *Körpersprache: Versucht, in gerader, aufrechter Haltung zu stehen. Versteckt eure Hände nicht hinterm Rücken und steckt sie nicht in die Tasche.*

Gruppe 1
Verdichtungsräume

9.1 Die City von Frankfurt im Ballungsraum Rhein-Main

9.2 Bedeutende Verdichtungsräume

Verdichtungsräume besitzen eine hohe Konzentration von Arbeitsplätzen in der Industrie und im Dienstleistungsbereich. Sie sind durch gut ausgebaute Verkehrswege erschlossen und bieten den dort lebenden Menschen im Umland viele Möglichkeiten zum Wohnen und zur Naherholung. Der Anteil der in der Land- und Forstwirtschaft tätigen Menschen liegt bei etwa einem Prozent.
Von einem Verdichtungsraum spricht man jedoch erst, wenn außerdem folgende Bedingungen erfüllt sind: Die Gesamtbevölkerung muss mehr als 500 000 Menschen betragen und die Bevölkerungsdichte liegt bei über 1000 Einwohner pro Quadratkilometer (Einw./km²).

$$\textbf{Bevölkerungsdichte} = \frac{\text{Einwohner}}{\text{Fläche (km}^2\text{)}}$$

Name	Bundesland	Anzahl der Städte ...		Flughafen	Flüsse	Besonderheiten/ Schwerpunkt
		über 100 000	über 500 000			
Rhein/Neckar	Rheinland-Pfalz/ Baden-Württemberg	2	0	nein	Rhein, Neckar	chemische Industrie ...

9.3 Tabelle zu den Verdichtungsräumen

AUFGABEN >>

1 *Notiert die Kennzeichen eines Verdichtungsraumes.*

2 *Errechnet die Bevölkerungsdichte folgender Städte. Welche dieser Städte sind Verdichtungsräume?: Berlin (3 444 000 Einw., 892 km²), Frankfurt/Main (678 000 Einw., 248 km²), Ludwigshafen (167 000 Einw., 77 km²), Rhein/Ruhr (10 200 000 Einw., 7110 km²).*

3 *Ergänzt Tabelle 9.3 mit den Verdichtungsräumen aus Karte 9.2. Benutzt dazu den Atlas.*

a Gruppenarbeit „Wirtschaftsräume"

Gruppe 2
Industrieräume

Meistens haben sich Industriegebiete dort entwickelt, wo Bodenschätze vorhanden waren.
Die ersten Industriegebiete entstanden im 19. Jahrhundert in den Kohlerevieren an Ruhr und Saar. Doch durch die Kohle- und Stahlkrise wurde deutlich, dass Regionen durch die Beschränkung auf einen Industriezweig sehr anfällig sind.
Die Automobil- und Maschinenbauindustrie wurden, ebenso wie die Chemieindustrie, die wichtigsten Industriezweige in der zweiten Hälfte des 20. Jahrhunderts. Ihre Ansiedlung war nicht mehr nur von den Rohstoffvorkommen abhängig.
Anschließend entwickelte sich die Elektroindustrie. In jüngster Zeit sind Betriebe in der Umwelt- und Biotechnologie die hoffnungsvollen Industriezweige.
Heute versucht man, in Industrieräumen eine Mischung von verschiedenen Industriezweigen zu erreichen, um eine hohe Krisenanfälligkeit zu vermeiden.
Ein Industrieraum besitzt folgende Merkmale: Es gibt eine überdurchschnittlich hohe Konzentration von Industriebetrieben, verbunden mit einem dichten Verkehrsnetz und einer dichten Besiedelung. Viele der hier lebenden Menschen arbeiten in der Industrie und sind qualifizierte Arbeitskräfte.

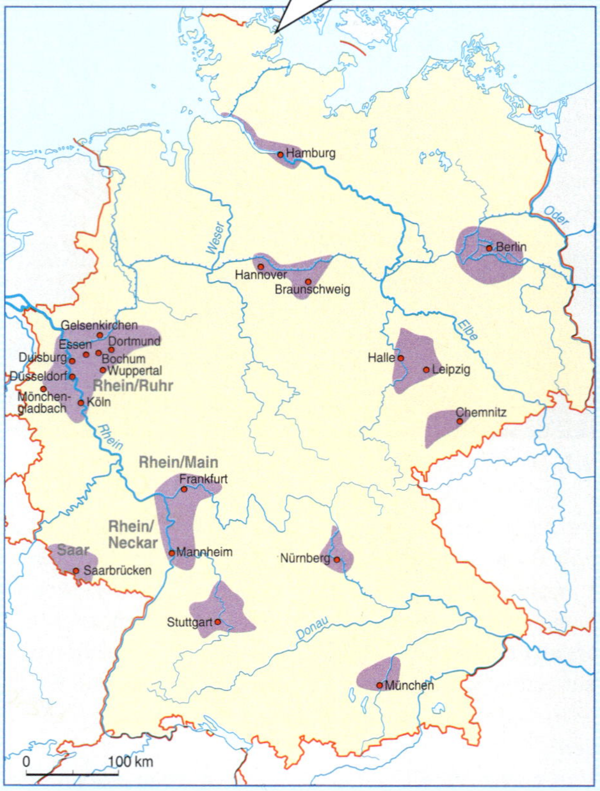

10.1 *Industriell geprägte Räume*

10.2 *Das BASF-Gelände in Ludwigshafen*

AUFGABEN >>

1. *Notiert die wichtigsten Kennzeichen eines Industriegebietes.*
2. *Stellt in zeitlicher Abfolge die Entwicklung der verschiedenen Industrien dar.*
3. *Übertragt in eine Deutschlandkarte die Industriegebiete von Karte 10.1 und ordnet darin mit geeigneten Symbolen die entsprechenden Branchen zu.*

Gruppe 3
Agrarräume

11.1 *Agrarräume*

11.2 *Intensiv genutzte Agrarräume in Deutschland*

Räume mit guten Böden und guten klimatischen Bedingungen sind bevorzugte Gebiete der Landwirtschaft. Zu den Pflanzen, die besondere Ansprüche an den Boden stellen, gehören beispielsweise Zuckerrüben und Weizen. Zum Weinanbau hingegen benötigen die Winzer besondere klimatische Bedingungen. Sind Boden, Klima oder auch das Relief weniger geeignet, wird eine Region oft als Weideland oder forstwirtschaftlich genutzt. Ländliche Räume sind vor allem durch eine geringe Bevölkerungsdichte gekennzeichnet.

Große Städte und Ballungszentren sind oft weit entfernt, deshalb ist auch das Verkehrsnetz weniger dicht.

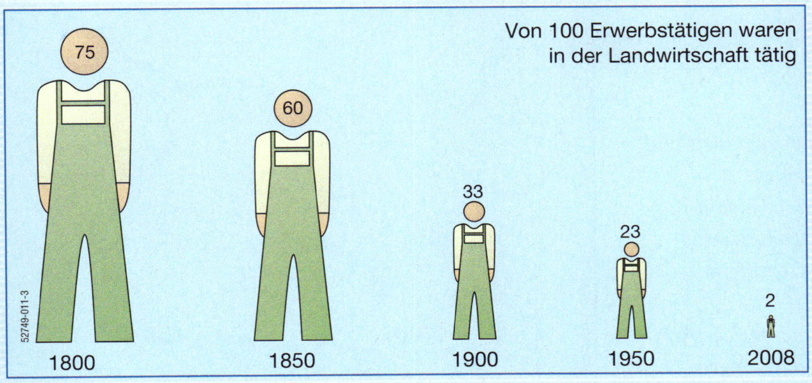

11.3 *Erwerbstätige in der Landwirtschaft*

AUFGABEN>>

1 *Notiert die Kennzeichen ländlicher Räume.*

2 *Beschreibt die Entwicklung der Landwirtschaft mithilfe der Grafik 11.3.*

3 *Karte 11.2 zeigt wichtige Agrarräume in Deutschland. Findet mithilfe des Atlasses weitere Räume.*

Gruppe 4
Erholungsräume

a

Gruppenarbeit „Wirtschaftsräume“

12.1 *Erholung kann sehr unterschiedlich sein*

Bundesland	Gästeübernachtungen
Bayern	76,3 Mio.
Baden-Württemberg	42,4 Mio.
Nordrhein-Westfalen	40,4 Mio.
Niedersachsen	35,9 Mio.
Hessen	26,9 Mio.
Schleswig-Holstein	23,6 Mio.
Rheinland-Pfalz	19,9 Mio.
Meck.-Vorpommern	26,3 Mio.
Sachsen	16,1 Mio.
Berlin	17,3 Mio.
Thüringen	9,1 Mio.
Brandenburg	9,9 Mio.
Sachsen-Anhalt	6,5 Mio.
Hamburg	7,4 Mio.
Saarland	2,3 Mio.
Bremen	1,5 Mio.
Deutschland	**361,8** Mio.

12.2 *Fremdenverkehr in Deutschland*

Nicht nur viele Bundesbürger verbringen ihren Urlaub im eigenen Land (Deutschland ist für die Deutschen das Urlaubsland Nummer eins). Auch immer mehr ausländische Touristen besuchen unser Land. So wurden 2007 über 360 Mio. Übernachtungen ausländischer Gäste gezählt. Allein diese gaben etwa 16 Mrd. Euro in Deutschland aus. Der Tourismus hat sich also zu einem wichtigen Wirtschaftszweig entwickelt.

In den Erholungsgebieten versuchen die Verantwortlichen, durch Investitionen in Freizeiteinrichtungen und Sehenswürdigkeiten sowie durch Werbung, Besucher in ihre Region zu locken. In vielen Fällen erfolgt zusätzlich ein Ausbau der Infrastruktur.
Ein Erholungsgebiet lässt sich am besten an den Übernachtungszahlen erkennen. Meistens ist eine naturnahe Landschaft ein weiteres Kennzeichen.
In jüngerer Zeit bildet aber auch ein verstärkter Trend zu Städtereisen oder sogenannten „Events“ (z. B. Autorennen, Fußballspiele, Musicals und Konzerte) einen Gegenpol zur Erholung in der Natur.

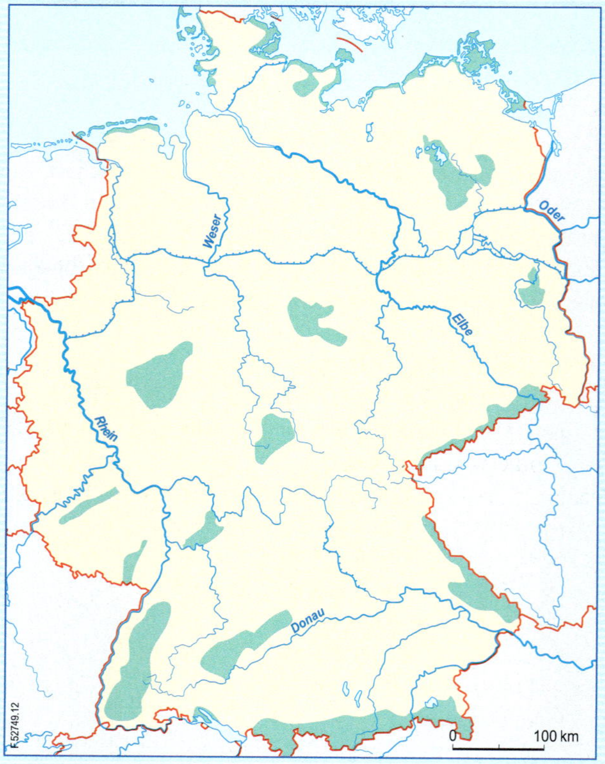

12.3 *Wichtige Erholungsräume in Deutschland*

AUFGABEN >>

1 *Übertragt Karte 12.3 als Kartenskizze in euer Heft und beschriftet darin die Fremdenverkehrsgebiete.*

2 *Was lockt Touristen in eine Urlaubsregion? Nennt fünf Beispiele für von Menschen gemachte Sehenswürdigkeiten (z. B. Gebäude) und fünf naturgeschaffene Attraktionen und verortet diese.*

3 *Die Fotos 12.1 zeigen verschiedene Räume. Welche Art der Erholung suchen die Menschen in den jeweiligen Räumen?*

Auswertung der Gruppenarbeit

Mehr Tipps für eine gelungene Präsentation

Die vorgestellte Gruppenarbeit ist nur ein Beispiel dafür, wie man ein Thema bearbeiten und präsentieren kann. Wenn ihr eure Arbeiten der ganzen Schule präsentieren wollt, bieten sich Stellwände an, auf denen ihr Plakate, kurze Texte und Grafiken zeigen könnt.
Ihr könnt eure Grafiken auch mit dem Computer erstellen. Das wirkt professioneller als per Hand gezeichnete Abbildungen. Mit gängigen Computerprogrammen lassen sich Diagramme relativ einfach erstellen. (Welchen Diagrammtyp ihr wählt, hängt von der Art der Daten ab. Tipps dazu findet ihr auf den Seiten 20/21.)

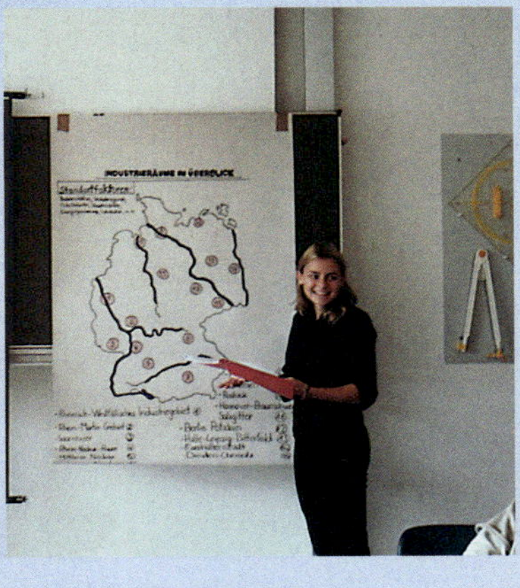

13.1 *Schülerin beim Vortrag*

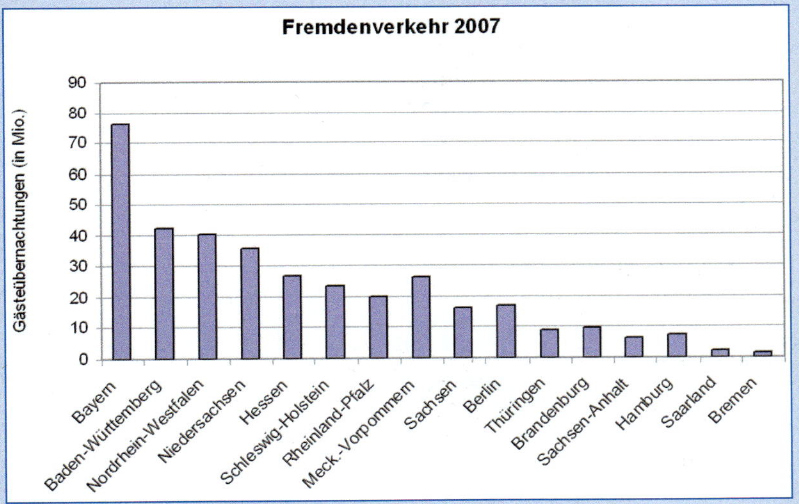

13.2 *Mit dem Computer erstellte Grafik*

13.3 *Fertiges Plakat*

Aussprache/Evaluierung

Bei der Durchführung und Präsentation eurer Gruppenarbeit ist trotz guter Vorbereitung sicher nicht immer alles glattgelaufen. Das ist grundsätzlich auch nicht schlimm, denn Übung macht ja bekanntlich den Meister. Wichtig ist nur, aus den eigenen Fehlern und denen der anderen zu lernen.
Dazu solltet ihr euch abschließend in einer Diskussionsrunde zusammensetzen und die Gruppenarbeiten sowie die Vorträge analysieren und bewerten. Besprecht, was ihr euch bei den Vorträgen eurer Mitschüler notiert habt, und sammelt die genannten Kritikpunkte an der Tafel. Die aufgetretenen Fehler solltet euch dann bei zukünftigen Präsentationen nicht mehr passieren.

13.4 *Diskussion der Ergebnisse*

Standortvorteile sorgen für Industrieansiedlung

Die Suche nach einem neuen Standort ist für ein Unternehmen in vielen Fällen ein komplizierter und langwieriger Prozess, der jedoch notwendig und wichtig ist, damit das Unternehmen wirtschaftlichen Erfolg hat. Jedes Unternehmen geht bei der Wahl des richtigen Standortes nach unterschiedlichen Kriterien vor.

Stell dir vor, du bist Manager eines Unternehmens und musst über die Ansiedlung eines neuen Betriebes entscheiden. Du musst die wichtigsten Standortvorteile ermitteln und einen geeigneten Ort dafür finden.

14.1 *Wo will BMW zukünftig produzieren?*

Gibt es ausreichend Arbeitskräfte?
Manche Unternehmen brauchen Arbeitskräfte in sehr großer Zahl (z. B. Bekleidungsindustrie). Für andere ist es notwendig, besonders geeignete Fachkräfte zu finden. Einige Unternehmen siedeln sich deshalb dort an, wo schon ähnliche Firmen tätig sind (z. B. Frankfurter Bankenviertel, Verlage in Hamburg).

Erhalten wir Subventionen (Zuschüsse)?
Immer öfter entscheiden Subventionen oder Steuererleichterungen von Staat, Land oder Gemeinde über die Ansiedlung von Unternehmen, die darin einen entscheidenden Kostenvorteil sehen.

Steht genügend Energie zur Verfügung?
Betriebe, die große Mengen Energie brauchen, siedeln sich dort an, wo die benötigte Energieform vorhanden ist (z. B. Aluminiumwerk/elektrische Energie).

Wo können wir unsere Produkte verkaufen?
Viele Unternehmen suchen die Nähe zu ihren Kunden. Sie gehen dorthin, wo große Nachfrage nach ihren Produkten herrscht. Dies sind meist Unternehmen der Konsumgüterindustrie (z. B. Kaufhäuser).

(wie sieht der Absatzmarkt aus)

Wie ist die Verkehrsanbindung?
Auch die gute Anbindung an das Verkehrsnetz kann ein bedeutender Faktor sein, wenn z. B. viele Rohstoffe, Bauteile von Zulieferern und Fertigprodukte transportiert werden müssen.

Welche Rohstoffe sind vorhanden?
Betriebe, die Rohstoffe gewinnen, können natürlich nur dort produzieren, wo diese auch vorhanden sind. Kohle, Erze, Erdöl und -gas lassen sich nur an ihren Fundorten abbauen (z. B. Steinkohlebergbau an Ruhr und Saar).

AUFGABEN >>

1 *Du bist in einem Team, das für BMW über einen neuen Produktionsstandort entscheidet. Prüfe die oben angegebenen Standortfaktoren auf ihre Wichtigkeit und bewerte sie (sehr wichtig, wichtig, weniger wichtig). Begründe deine Entscheidung.*

2 *Welche Standortfaktoren können entscheidend sein für die Ansiedlung eines Kinos, eines Steinbruchs, einer Werft, eines Supermarktes?*

3 *Erkläre, warum die Standortwahl eines Unternehmens sehr gut überlegt sein will.*

BMW: Zuschlag für Leipzig

Leipzig in Sachsen liegt im Gebiet der ehemaligen DDR und war bis zur Wiedervereinigung eine bedeutende Industriestadt. Vor allem Betriebe der metallverarbeitenden Industrie hatten dort ihren Sitz. Bei der Vereinigung der beiden deutschen Staaten wurden viele Menschen arbeitslos. Deshalb war es ein Segen für die Region, als BMW in Leipzig ein neues Automobilwerk gebaut hatte, das 2005 eröffnet wurde. Das neue Werk ist auf die Produktion von 730 Fahrzeugen pro Tag ausgelegt. Mit dem Standort wurden letztendlich 5500 Arbeitsplätze geschaffen.

15.1 und 2 *Das BMW-Werk in Leipzig*

Eine erste Auswahl

In eine erste Standortauswahl kamen 250 Vorschläge aus aller Welt. Die letzten fünf Standorte Augsburg, Leipzig/Halle, Schwerin, Arras (Frankreich) und Kolin (Tschechische Republik) erfüllten alle Kriterien, die BMW vorgegeben hatte. Diese waren: allgemeine Kosten, Beschaffenheit und Lage des Werksgeländes, qualifizierte Arbeitskräfte, Einbindung bestehender BMW-Werke und der Zulieferbetriebe, sehr gute Verkehrsanbindung, zügige Erstellung des neuen Werkes.

Entscheidung für Leipzig

In das neue BMW-Werk in Leipzig wurden 1,3 Mrd. Euro investiert. Von der EU wurden Fördermittel von 360 Mio. Euro bewilligt. Ein BMW-Sprecher wies auf die Bedeutung Deutschlands für die Automobilindustrie hin: „Die Qualitätsmerkmale des Standorts Deutschland versetzt uns nach wie vor in die Lage, Spitzenprodukte unserer Industrie zu erzeugen. Dazu gehören eine gute Ausbildung, Infrastruktur, Qualität und Motivation der Mitarbeiter, Qualität der Zulieferindustrie und ein gutes Gesprächsklima mit den Arbeitnehmervertretern im Betrieb."

Ein weiterer Grund für die Wahl von Leipzig war auch die hohe Bereitschaft der Mitarbeiter zu flexiblen Arbeitszeiten. „Damit kann man die optimale Auslastung des Werks erreichen und so bestehende Kostennachteile der Fertigung in Deutschland zu einem Teil wieder ausgleichen."

Ein Regionalpolitiker berichtet:

„Es war ein absoluter Glücksfall für uns, dass BMW gekommen ist. Nach dem Wegfall der Braunkohleindustrie wurden viele Menschen arbeitslos. Sie wanderten deshalb aus der Region ab. Da auch andere Betriebe und Geschäfte, hauptsächlich im Einzelhandel und in der Gastronomie, bedroht waren, sind wir doppelt froh, dass ein so bedeutender Arbeitgeber sich für uns entschieden hat. Wir sind auch auf die Steuereinnahmen angewiesen, mit denen wir unsere Region weiter stärken können und für die Einwohner wichtige Einrichtungen unterhalten können."

AUFGABEN >>

1. *Nenne die Standortfaktoren, die laut BMW für die Wahl Leipzigs entscheidend waren (siehe auch Standortfaktoren im Geolexikon).*
2. *Welche Vorteile ergeben sich für die Region aus der Ansiedlung des BMW-Werkes?*
3. *Bei der Ansiedlung großer Produktionsstätten wie Automobilwerke versuchen Politiker, die Entscheidung des Unternehmens zu beeinflussen. Warum tun sie das?*

a Wir gehen auf Standortsuche

Den richtigen Standort für einen Betrieb zu finden, ist gar nicht so einfach. Versetze dich in die Lage der Unternehmer. Du möchtest einen Betrieb eröffnen und suchst den besten Standort. Versuche, den Betrieben den optimalen Standort zuzuordnen und begründe deine Entscheidung.

Ⓐ Die Imbisskette möchte Leute erreichen, die nach dem Stadtbummel, Kneipen- oder Kinobesuch schnell noch eine Kleinigkeit isst oder trinkt. Sie setzt auf die Kundschaft, die „im Vorübergehen" noch etwas mitnimmt.

Ⓑ Die Supermarktkette möchte möglichst viele Kunden erreichen und auch eine gute Anbindung ans Straßennetz besitzen, damit die Kunden mit dem Auto bequem anfahren können.

Ⓒ Der internationale Konzern TBQS hat von der Stadt ein Angebot erhalten. Er braucht fünf Jahre keine Gewerbesteuer zu zahlen, wenn er sich in einem Gewerbegebiet niederlässt. Er fordert jedoch eine optimale Anbindung an das Verkehrsnetz. Außerdem braucht er viel Kühlwasser für seine Produktionsanlagen.

Ⓓ Die Baufirma will einen Basaltsteinbruch ausbeuten. Das ist mit Sprengungen verbunden. Die riesigen Gesteinsmengen werden mit schweren Lkws weggefahren.

Die Gemeinde will nun ein neues Gewerbegebiet erschließen, da mit mehr Industrieansiedlung gerechnet wird. So sollen auch neue Arbeitsplätze geschaffen werden. Auf der Einwohnerversammlung wurde gefordert, dass die Belastung durch Gewerbe und Verkehr so gering wie möglich sein soll. Beachte:
- Weinberge sind wertvoller als Ackerland
- Bauland ist wertvoller als Weinberge
- Wald ist für Industrie- und Wohngebiete ungeeignet (Ausnahme: Steinbruch und Hotel).

Ⓔ Der Zulieferbetrieb für die Automobilindustrie arbeitet im Dreischichtbetrieb. Die gefertigten Teile werden in ganz Europa benötigt und mit Lkw, Schiff und Bahn transportiert. Da viel Lärm entsteht, darf der Betrieb nicht in der Nähe von Wohngebieten gebaut werden.

AUFGABEN >>

1 *Nenne für die Unternehmen die jeweils wichtigsten Standortfaktoren.*

2 *Wo sollte die Gemeinde das neue Gewerbegebiet errichten?*

3 *Welche Unternehmen sollten in das neue Gewerbegebiet ziehen, welche nicht?*

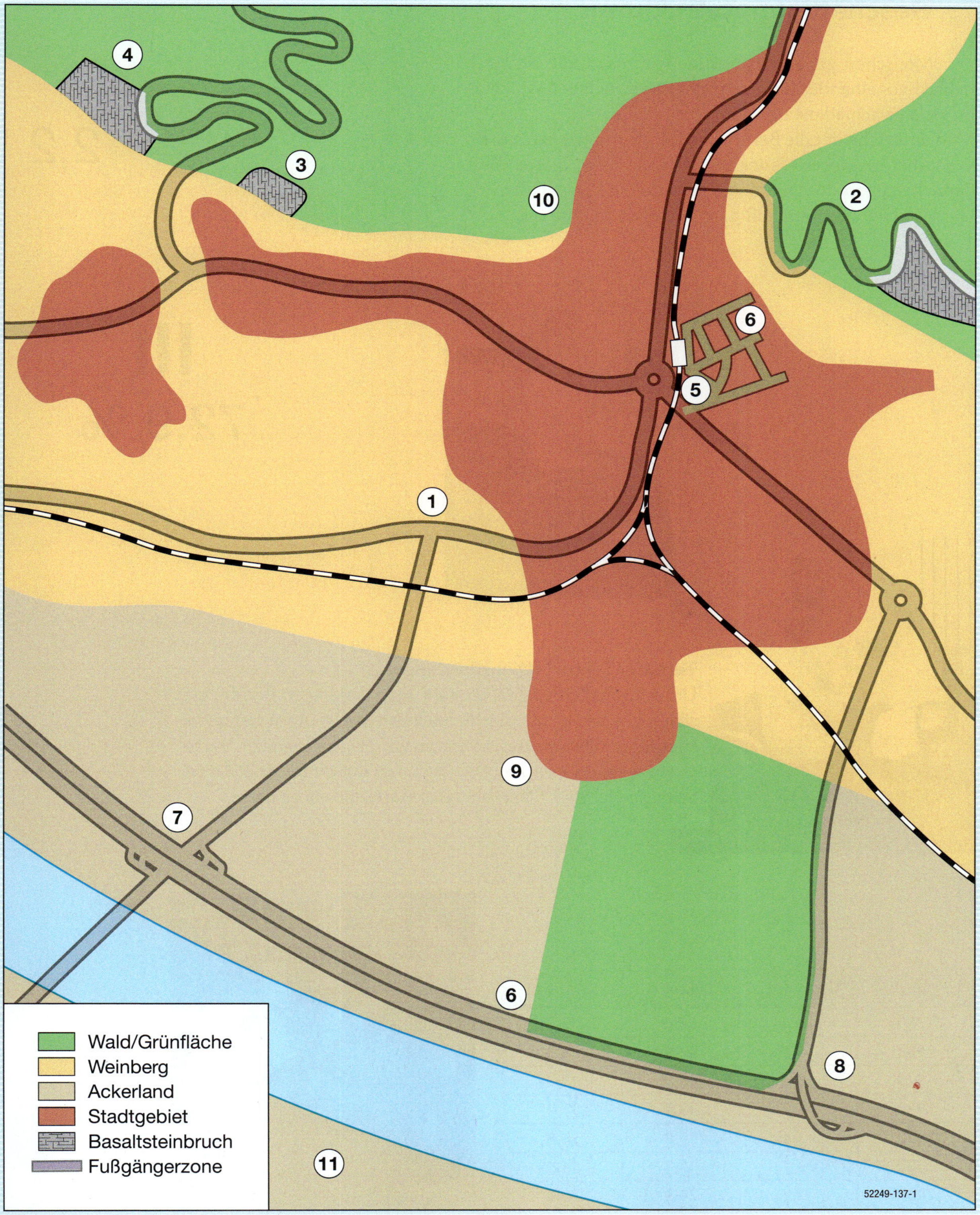

17.1 *Lageskizze mit möglichen Standorten*

Z Beschäftigungsstrukturen

Menschen gehen Beschäftigungen nach, die sich erheblich voneinander unterscheiden. Natürlich kennst auch du viele verschiedene Berufe.
Man unterscheidet die Berufe und Berufsgruppen nach drei Wirtschaftssektoren. Jeder Beruf kann einem dieser drei Bereiche zugeordnet werden. Erarbeite die Doppelseite im Uhrzeigersinn. Beginne mit dem primären Sektor.

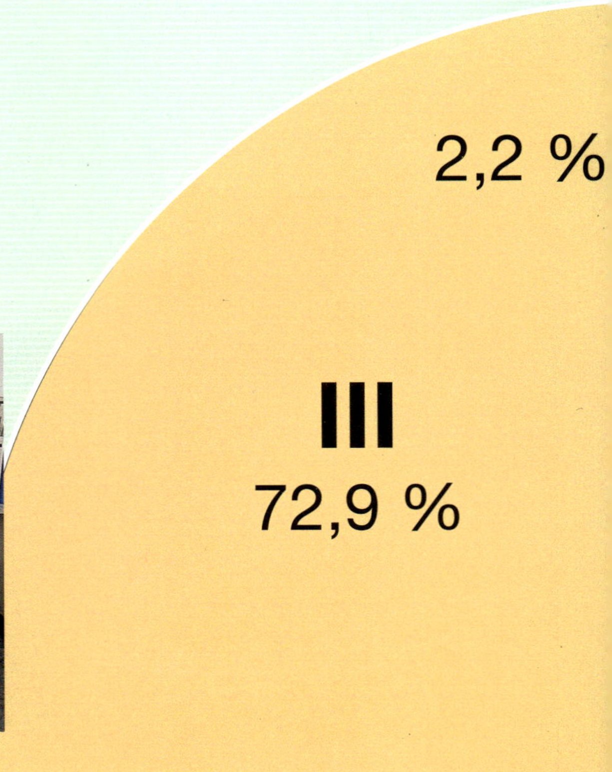

Tertiärer Sektor* (Dienstleistungen)
Unter Dienstleistungen versteht man diejenigen Berufe, die sich nicht direkt mit der Produktion von Gütern befassen. Hierunter fallen die Beschäftigten von Handel, Banken, Versicherungen, öffentlichen Diensten, freien Berufen (z.B. Ärzte, Schauspieler usw.), Verkehr, Gaststättengewerbe u.v.m.

Jahr	Sektor I	Sektor II	Sektor III
1950	24,6	42,6	32,7
1960	13,7	47,9	38,3
1970	8,5	48,9	42,6
1980	5,2	43,4	51,4
1990	3,4	39,8	56,8
2000	2,7	33,1	64,2
2009	2,2	24,9	72,9

18.1 *Anteil der Beschäftigten nach Sektoren (in Prozent)*

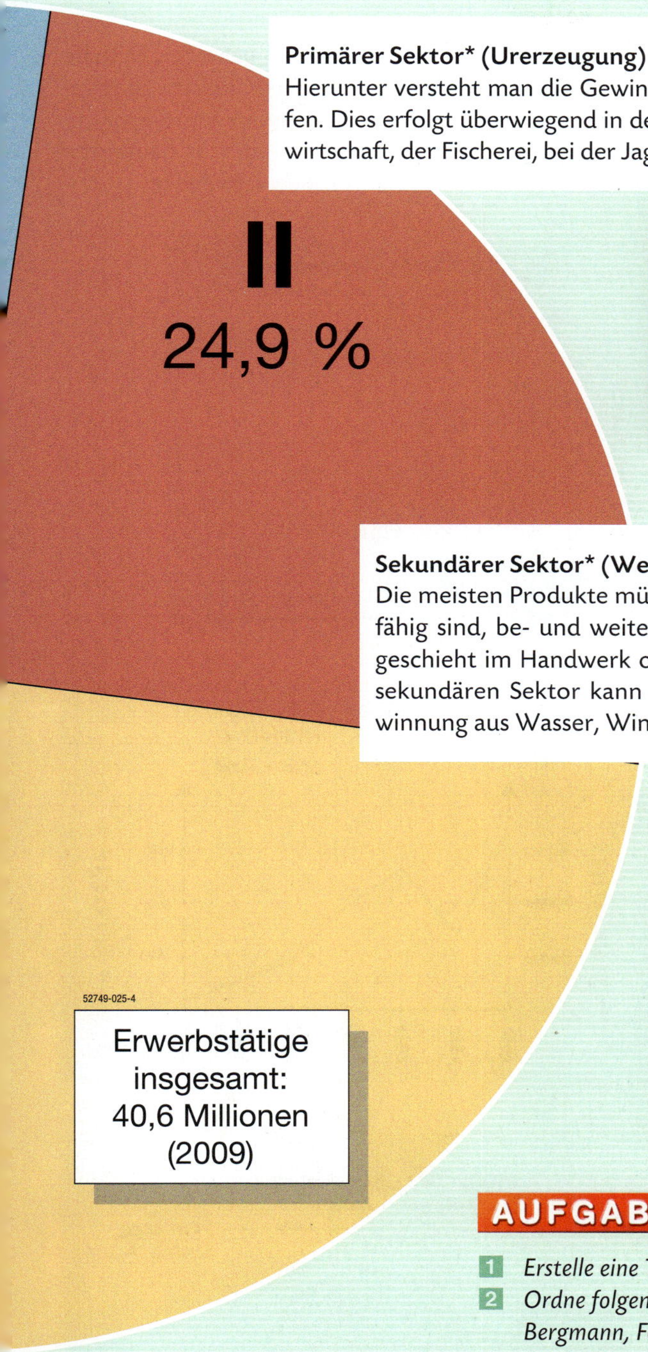

Primärer Sektor* (Urerzeugung)
Hierunter versteht man die Gewinnung von Rohstoffen. Dies erfolgt überwiegend in der Land- und Forstwirtschaft, der Fischerei, bei der Jagd und im Bergbau.

Sekundärer Sektor* (Weiterverarbeitung)
Die meisten Produkte müssen, bevor sie gebrauchsfähig sind, be- und weiterverarbeitet werden. Dies geschieht im Handwerk oder in der Industrie. Zum sekundären Sektor kann man auch die Energiegewinnung aus Wasser, Wind und Sonne rechnen.

AUFGABEN >>

1. *Erstelle eine Tabelle. Nenne zu jedem Wirtschaftssektor fünf Berufe.*
2. *Ordne folgende Berufe einem Wirtschaftssektor zu: Rechtsanwalt, Bergmann, Förster, Popsänger, Tischler, Frisörin, Lehrer, Taxifahrer, Dachdecker, Automechaniker.*
3. *Welche Berufe sind an der Herstellung eines Tisches beteiligt?*
4. *Zeichne aus Tabelle 18.1 ein Kurvendiagramm (siehe Hinweise auf S. 20/21) und beschreibe anschließend die Entwicklung der Beschäftigungsstruktur in Deutschland.*
5. *Ordne deinen Wunschberuf einem der Sektoren zu. Begründe die Zuordnung.*

* *lat.: primus = der Erste, secundus = der Zweite, tertius = der Dritte*

Wir erstellen Diagramme und werten sie aus

Zahlen oder Angaben zu bestimmten Sachverhalten werden oft in Tabellen zusammengefasst. Sie sind jedoch wenig anschaulich. In einem Diagramm können die Größen zeichnerisch dargestellt werden. Dadurch werden abstrakte und unübersichtliche Zahlenreihen in eine leicht lesbare Darstellungsform gebracht. Mithilfe von Diagrammen lassen sich Sachverhalte schnell erfassen. Es gibt mehrere Arten von Diagrammen, die für unterschiedliche Zwecke geeignet sind. Am häufigsten werden folgende Diagrammformen verwendet:

Eine einfache Form der Darstellung ist das Säulendiagramm. Es besteht aus mehreren gleich breiten Säulen, die nebeneinander angeordnet sind. Die Säulenhöhe entspricht den absoluten Zahlen. Mit dem Säulendiagramm lassen sich vor allem Rangfolgen oder Größenvergleiche darstellen.

Volkswagen AG	Daimler AG	Siemens AG	E.ON	Metro AG
109	99	72	69	64

20.1 *Die fünf größten Unternehmen in Deutschland 2007 (Umsätze in Milliarden, ohne Banken und Versicherungen)*

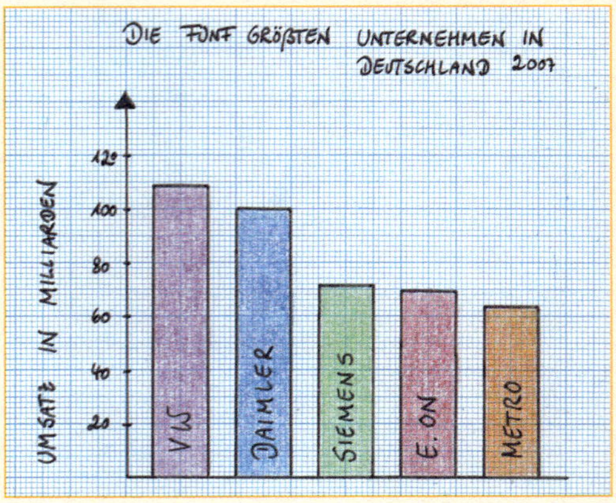

Eine weitere Form der Darstellung ist das Linien- oder Kurvendiagramm. Es besteht aus einer oder mehreren Linien. Die Datenpunkte werden verbunden. Diese Diagrammform eignet sich gut, um zeitliche Entwicklungen dazustellen.

Jahr	1950	1960	1970	1980	1990	2000	2010
Beschäftigte	32 250	16 947	31 578	20 534	10 739	5004	2255
Betriebe	329	146	264	187	91	50	17

20.2 *Beschäftigte in der Schuhindustrie in Rheinland-Pfalz*

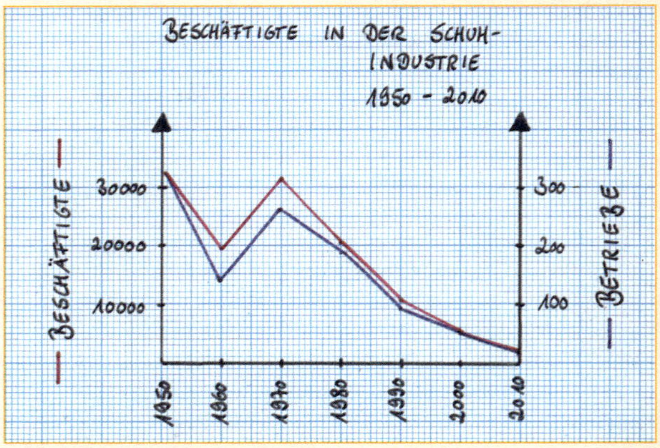

Die dritte geläufige Form ist das Kreisdiagramm. Es wird zur Darstellung von Anteilen verwendet. Der ganze Kreis stellt 100 % einer bestimmten Gesamtmenge dar. Die Kreissegmente zeigen Prozentverhältnisse, die sich auf den ersten Blick gut ablesen lassen.

primärer Sektor	sekundärer Sektor	tertiärer Sektor
2,2	24,9	72,9

20.3 *Anteil der Beschäftigten in Deutschland 2009 (in Prozent)*

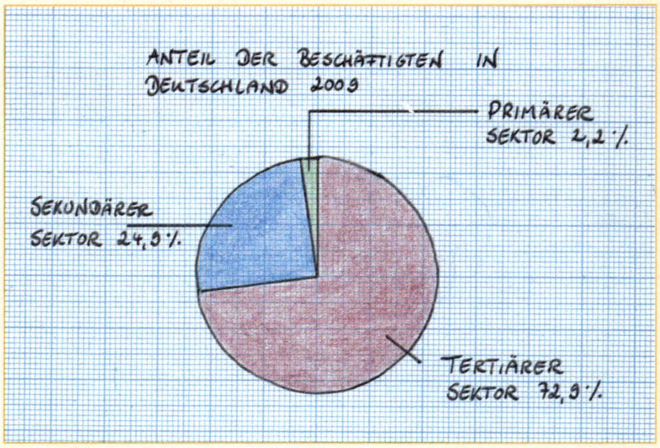

Beachte, wenn du ein Diagramm zeichnest:

- Arbeite genau und sauber.
- Beschrifte das Diagramm.
- Durch verschiedene Farben ist das Diagramm leichter lesbar.

Das Erstellen eines Säulendiagramms richtet sich nach den Datengrößen. Bestimme zunächst den größten Wert der Tabelle. Nach diesem Wert richtet sich die Höhe der senkrechten Linie (Y-Achse) sowie die Einteilung der Achse in gleichmäßige Abschnitte.
Die Länge der waagerechten Linie (X-Achse) bestimmst du nach der Anzahl der benötigten Säulen. Die Säulen haben jeweils die gleiche Breite und den gleichen Abstand zueinander.

Beim Kurvendiagramm wird die Y-Achse genauso erstellt wie bei einem Säulendiagramm.
Da ein Kurvendiagramm oft zeitliche Abläufe oder Entwicklungen darstellt, wird auf der X-Achse meistens die Zeit eingetragen, z. B. Jahre. Unterteile die Achse nach den Zeitabschnitten in gleiche Abstände (z. B. 10 Jahre = 1 cm). Zeichne die einzelnen Werte zunächst als Punkte und verbinde die Punkte zum Schluss. Zeichne mehrere Kurven in einem Diagramm mit unterschiedlichen Farben.

Beim Kreisdiagramm zeichnest du zunächst den Kreis und markierst den Mittelpunkt. Der Kreis hat 360°. Sie entsprechen 100 %. Das bedeutet: Jedes Prozent entspricht genau 3,6° des Kreisbogens. 10 % wären also 36°. Wenn du die jeweilige Prozentzahl als Winkel im Kreis abtragen willst, musst du sie mit 3,6° multiplizieren. Zeichne einen Radius in den Kreis ein und trage von ihm aus die erste Winkelgröße ein. Beginne oben um „zwölf Uhr" und zeichne im Uhrzeigersinn die anderen Werte in absteigender Reihenfolge ein.

Zur Auswertung von Diagrammen

Die Auswertung kannst du für alle Diagrammformen in der gleichen Abfolge durchführen.

Schritt 1: Was ist dargestellt?
Zu jedem Diagramm gehört eine Überschrift. An ihr ist in der Regel zu erkennen, um welchen Sachverhalt es geht. Erfasse also zuerst das Thema und beschreibe, was dargestellt wird. (*„Das vorliegende Diagramm zeigt …"*)

Schritt 2: Welche Aussagen macht das Diagramm?
Beschreibe und erkläre das Diagramm. Betrachte die einzelnen Abschnitte des Diagramms und vergleiche sie miteinander. (*„Das Diagramm zeigt, dass …"*)

Schritt 3: Wie kann man die Aussagen erklären?
Fasse die zentralen Aussagen des Diagramms zusammen und stelle sie in einen Zusammenhang zum Gesamtthema (Interpretation der Ergebnisse).
(*„Das Diagramm verdeutlicht im Hinblick auf das Gesamtthema …"*)

Einsatz des Computers

Auch per Computer lassen sich Diagramme mit entsprechenden Programmen (Tabellenkalkulationsprogramme) sehr gut erstellen. Dies ist evtl. bei einem Vortrag sinnvoll, wenn die Grafiken über einen Beamer an die Wand projiziert werden sollen.

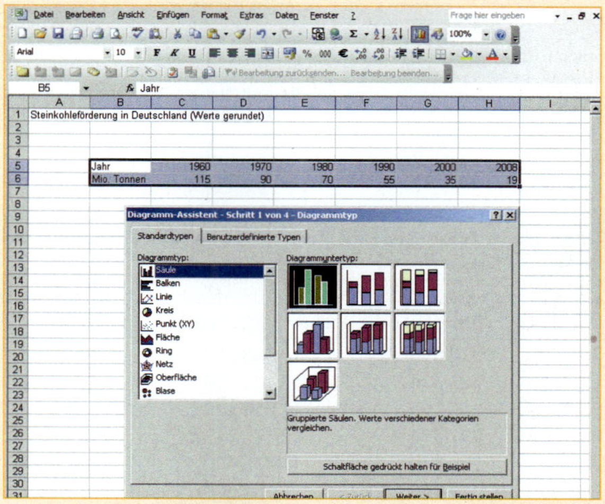

21.1 *Diagrammerstellung mit dem Computer*

Strukturwandel in der Landwirtschaft

22.1 *Landwirtschaft früher und heute*

Der Landwirt als moderner Unternehmer

Kaum ein Wirtschaftszweig in Deutschland hat in den letzten 50 Jahren einen so großen Strukturwandel erlebt wie die Landwirtschaft. Landwirte werden heute aus guten Gründen als „Agrarökonomen" bezeichnet und schon lange nicht mehr als „Bauern". Sie arbeiten in Betrieben mit moderner Technik wie ein Unternehmer. Oft hat ein Landwirt auch studiert, um den Anforderungen der Technik, des Marktes und der Ökologie gerecht zu werden.

Auf den Höfen werden hochtechnologische Anlagen und Maschinen eingesetzt. Geräte müssen gewartet und repariert werden, deshalb muss der Landwirt auch mit den entsprechenden Werkzeugen und Werkstoffen umgehen können. Er muss mit betriebswirtschaftlichen Vorgängen vertraut sein, dazu gehören beispielsweise Buchführung, Erstellung von Kostenrechnungen, Planungen für die Produktion und weitere Aufgaben, wie sie in jedem anderen Unternehmen anfallen.

Entwicklung der Flächenproduktion in dt/ha (bis 1990 nur alte Bundesländer)						
Produkt	**1960**	**1970**	**1980**	**1990**	**1997**	**2007/08**
Getreide	31,7	33,4	44,3	57,9	64,9	71,2
Speisekartoffeln	240,7	276,6	261,4	348,7	389,4	429,6
Zuckerrüben	419,9	440,1	483,7	574,3	511,6	624,3

Mineraldüngereinsatz in kg/ha LF						
Stickstoff	43,4	83,3	126,6	115,3	101,4	106,6

Tierproduktivität (Auswahl)				
Milch/Kuh in l/Jahr	4538	4857	5513	6805
Fleisch/Schwein in kg/Tier	83,3	88,1	91,7	k.A.
Eier/Henne	242	259	266	299

Entwicklung der Anzahl und Durchschnittsgröße der landwirtschaftlichen Betriebe in Deutschland (nur alte Bundesländer)				
Jahr	**Anzahl der Betriebe**	**landwirtschaftliche Nutzfläche in ha**	**durchschnittliche Betriebsgröße in ha**	**Erwerbstätige**
1949	1978090	13458263	6,8	4819000
1960	1709084	13183200	7,7	3581000
1970	1243798	12758900	10,3	2262000
1980	797378	12172452	15,3	1403000
1990	629740	11773400	18,7	1538000
2000	471960	11067300	36,1	940000
2007	344009	11380970	35,4	850000

22.2 *Entwicklungen in der Landwirtschaft*

AUFGABEN >>

1 *Erkläre die Entwicklung in der Landwirtschaft anhand der Tabellen 22.2.*

2 *Erläutere die Bedeutung des technischen Fortschritts für die Landwirtschaft.*

3 *Vergleiche das Berufsbild des Landwirts mit dem eines anderen Betriebsinhabers in gleicher Größe (z. B. Handwerksbetrieb).*

4 *„Energie aus der Landwirtschaft schont die Umwelt und nützt dem Landwirt." Erkläre diese Aussage.*

Energie aus der Landwirtschaft

Der Umweltschutz bewirkt ein Umdenken in der Energieerzeugung. Überall werden Projekte zur Nutzung erneuerbarer Energien vorangetrieben. Neben der Nutzung von Sonne und Wind wird auch die Biomassennutzung immer wichtiger. Dazu dienen Reststoffe aus der Land- und Forstwirtschaft. So haben sich auch viele Landwirte der Ortschaft Jühnde in Niedersachsen auf den Anbau von Energiepflanzen wie Roggen, Weizen, Sonnenblumen oder Mais spezialisiert. Ihr Abnehmer ist die Biogasanlage in Jühnde. Zusammen mit der Gülle anderer Betriebe werden die nachwachsenden Rohstoffe (Gärsubstrat) vergoren. Ein Blockheizkraftwerk wandelt das entstehende Gas in Strom und Wärme um. Mittlerweile erzeugt Jühnde seine ganze benötigte Energie (Strom und Wärme) selbst auf der Basis von Biomasse. Im Winter liefert ein Holzhackschnitzel-Heizwerk die erforderliche Wärme an die Haushalte.

Wie bei einer häuslichen Zentralheizung wird mit der Wärme Wasser erhitzt, das über ein zu verlegendes Nahwärmenetz im Dorf an die Haushalte verteilt wird.

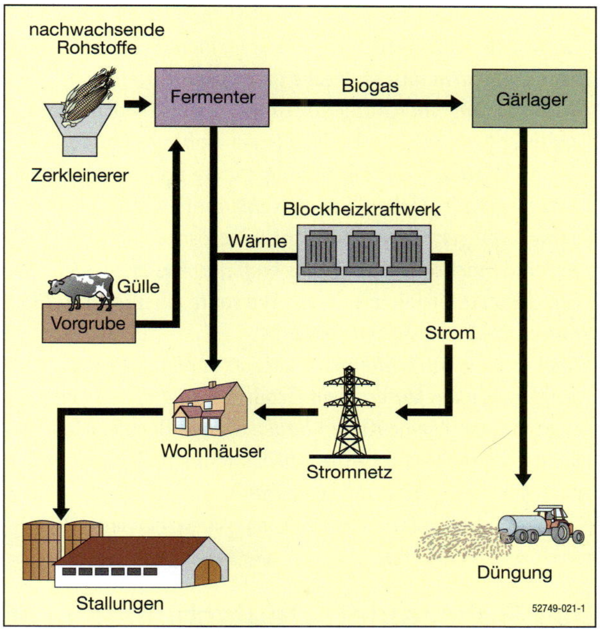

23.1 *Das Prinzip der Biogasproduktion*

Energie aus Mais und Mist

- Aus 100 Tonnen Biomasse (z. B. Maispflanzen) können ca. 80 000 Kilowattstunden (kWh) Energie erzeugt werden.
- Mit Biogas aus einem Hektar Mais lässt sich Kraftstoff für 70 000 Pkw-Kilometer erzeugen.
- Aus 3000 m³ Gülle lassen sich 60 000 m³ Biogas gewinnen. Bei dessen Verbrennung entstehen fast 170 000 kWh Strom. Der Verkauf des Stroms erbringt ca. 17 000 Euro.
- Eine Kuh produziert täglich 10 bis 20 kg Mist. Dies reicht aus, um ca. 1-2 m³ Biogas herzustellen. Im Laufe eines Jahres kann aus der Biomasse einer Kuh so viel Energie gewonnen werden wie aus 300 Litern Heizöl.
- 2005 wurden in Deutschland 110 Mrd. kWh Bioenergie gewonnen (= 3,2 % der Gesamtenergieproduktion).

23.2 *Bioenergie in Zahlen*

Z Ackerbau mit GPS

Durch die GPS-Technik (Globales Positionierungs-System) ist es möglich, jeden Punkt auf der Erde genau zu bestimmen. In der Landwirtschaft kann man dieses Verfahren beispielsweise gut nutzen, wenn man über Bodenproben bestimmt hat, welche Nährstoffe an manchen Stellen zugeführt werden müssen. Im Traktor sind diese Daten zusammen mit elektronischen Karten der Ackerflächen in einem Bordcomputer gespeichert. Mittels GPS kann der Landwirt exakt seine Position auf dem Feld bestimmen. Vom Traktor aus werden nun die Anbaugeräte angesteuert. Sie bringen jeweils die erforderliche Menge an Dünger oder Pflanzenschutzmittel punktgenau auf die Flächen aus. Eine computergesteuerte Waage sorgt für die richtige Dosierung der Düngemittel.

23.3 *Hightech im Traktor*

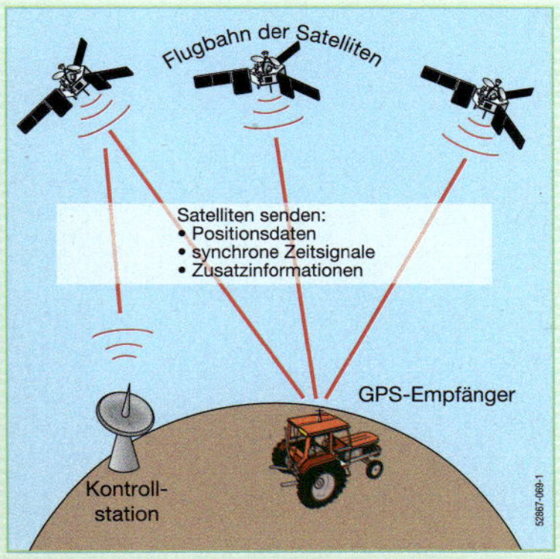

23.4 *So funktioniert das GPS*

„Es war der traurigste Moment in meinem Leben, als der Förderturm unserer Zeche gesprengt wurde. Fast 40 Jahre lang bin ich tagaus, tagein in den Schacht eingefahren und habe unter Tage in der Kohle gearbeitet. Als ich 1958 als Lehrling begann, gab es noch mehr als 140 fördernde Zechen hier im Kohlenpott. Dann wurde immer weniger Kohle gebraucht. Eine Zeche nach der anderen machte dicht. Für uns kam das Aus erst 1997. Seit der Zeit bin ich arbeitslos. Wo sollte ich auch mit 53 Jahren noch eine Arbeit finden?
Aber es ist schon schlimm: In unserer Familie waren alle Bergleute, mein Vater, mein Großvater und auch mein Urgroßvater. Meine Kinder haben andere Berufe. Mein Sohn arbeitet in einer Autofabrik und meine Tochter hat eine Anstellung als Informatikerin."

(Bericht eines ehemaligen Bergmannes, 2001)

24.1 *Schlagzeilen*

Das Ruhrgebiet: Deutschlands größte Industrieregion

Der Aufstieg

Das Ruhrgebiet, die Region zwischen den Flüssen Rhein, Ruhr und Lippe, ist der größte deutsche Ballungsraum. Hier leben rund 5,2 Mio. Menschen auf einer Fläche von 4400 km². Nirgendwo sonst in Deutschland gibt es so viele Großstädte auf so engem Raum. Die Grenzen zwischen ihnen sind fließend, sodass man von einer Stadt in die andere mit der Straßenbahn fahren kann.
Das Ruhrgebiet verdankt seine Entwicklung den Steinkohlevorkommen. Steinkohle war lange Zeit der wichtigste Energielieferant. Große Mengen wurden für die Herstellung von Roheisen und Stahl, zur Stromerzeugung in Kraftwerken sowie zum Heizen benötigt.

Das Ruhrgebiet wurde seit den Anfängen der Industrialisierung innerhalb weniger Generationen zur größten Industrieregion Europas. Die rasch wachsende Industrie benötigte viele Arbeitskräfte. Menschen aus ganz Europa zogen in das Ruhrgebiet. Die Bevölkerungszahl stieg sprunghaft an.
Trotz der Ansiedlung weiterer Betriebe, wie z. B. der Textilerzeugung, blieben der Bergbau und die Eisen erzeugende Industrie die dominierenden Wirtschaftszweige. Diese Monostruktur der Wirtschaft sollte sich mit Beginn der 1960er-Jahre rächen. Die starke Abhängigkeit von Kohle und Stahl führte eine ganze Region in die Krise.

24.2 *Das Ruhrgebiet um 1930*

24.3 *Kohleabbau „unter Tage"*

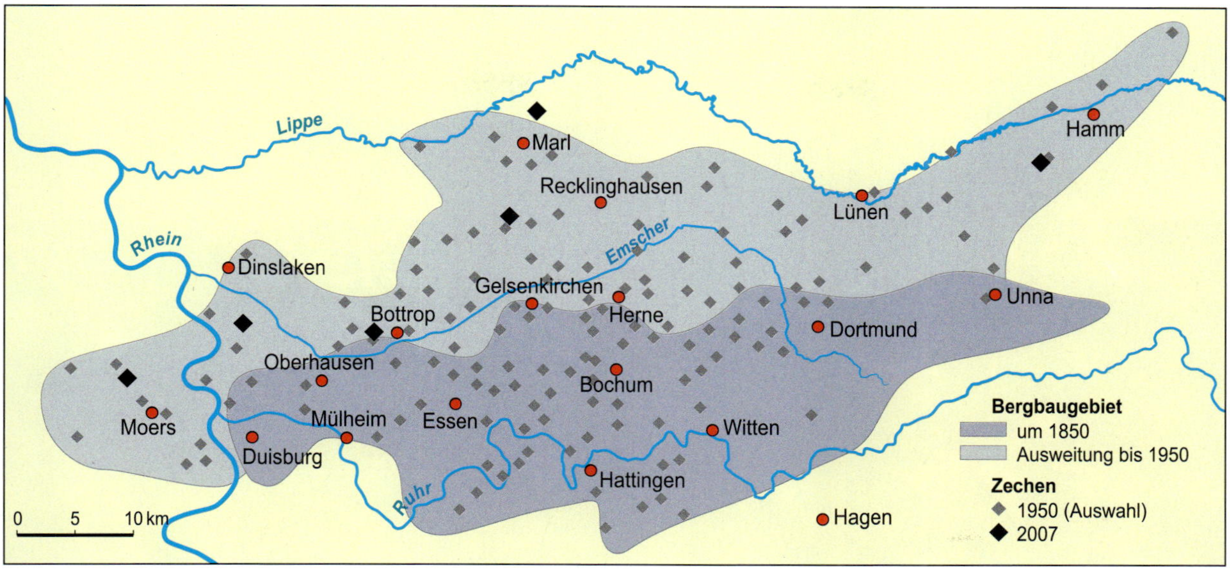

25.1 *Standorte von Zechen früher und heute (Stand 2007)*

Die Krise

Der Abbau der tiefer liegenden Kohleschichten lohnte sich nicht mehr. Importkohle, z. B. aus Afrika, war billiger. Außerdem wurde nicht mehr so viel Kohle gebraucht. Erdöl und Erdgas ersetzten sie vor allem beim Heizen. Unwirtschaftliche Zechen mussten stillgelegt werden. Zehntausende Bergleute verloren ihren Arbeitsplatz.

In den 1970er-Jahren verschlimmerte sich die Situation weiter. Eisen und Stahl wurden in vielen Bereichen durch Kunststoffe und Aluminium ersetzt. Die Eisen- und Stahlproduktion sank drastisch. Weitere Betriebsschließungen waren die Folge. Immer mehr Menschen im Ruhrgebiet wurden arbeitslos.

AUFGABEN >>

1 *Beschreibe die Stimmung, die in der Schilderung des Bergmanns zum Ausdruck kommt.*

2 *Warum hat sich gerade das Ruhrgebiet zu einer bedeutenden Industrieregion entwickelt?*

3 *Beschreibe die Entwicklung des Steinkohlebergbaus mithilfe der Abb. 25.1 und 25.2.*

4 *Nenne Gründe, die zur wirtschaftlichen Krise im Ruhrgebiet führten.*

5 *Beschreibe mögliche Folgen der Krise für die Menschen im Ruhrgebiet.*

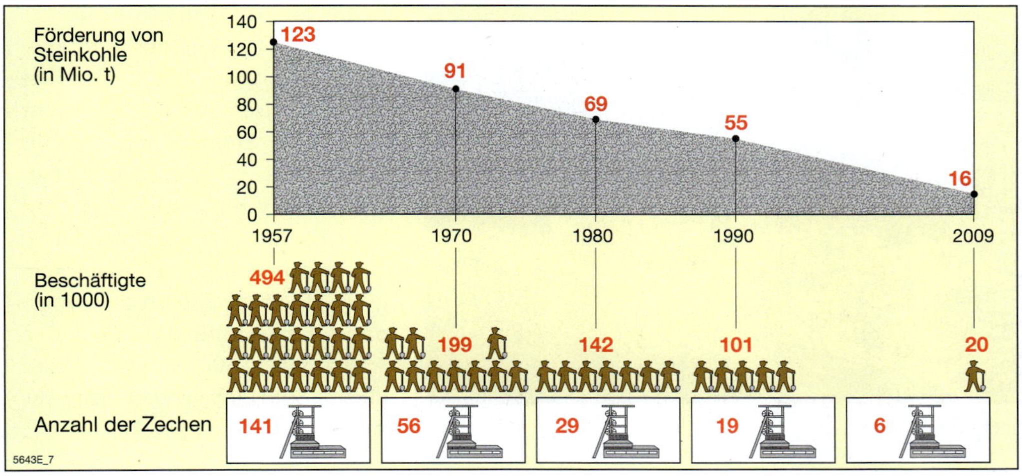

25.2 *Die Entwicklung im Steinkohlebergbau*

26.1 *Eine Touristenattraktion: Das ehemalige Stahlwerk im Landschaftspark Duisburg-Nord bei Nacht*

Fallbeispiel Ruhrgebiet: Strukturwandel

Der Wandel

Lange Zeit hatte das Ruhrgebiet das Image der „schmutzigsten Region Deutschlands". Es gab Bezeichnungen wie „Ruß-Land", „Staublunge Deutschlands" oder „Kohlenpott". Kaum eine Region hat sich jedoch in den letzten Jahrzehnten so gewandelt wie das Ruhrgebiet.
Die Krise konnte nur durch einen grundlegenden Strukturwandel überwunden werden. Eine größere wirtschaftliche Vielfalt löste die einseitige Ausrichtung auf wenige Industriezweige ab. Alte Industrieanlagen wurden abgerissen und der Boden von Schadstoffen entgiftet. Städte und Gemeinden boten Bauflächen auf ehemaligem Zechen- und Hüttengelände günstig an. Der Ausbau des Verkehrsnetzes diente als weiterer Anreiz zur Ansiedlung. Überall entstanden Industrie- oder Gewerbeparks mit neuen Arbeitsplätzen, z. B. in der Kunststoff- oder Metallverarbeitung.
Auf anderen ehemaligen Betriebsflächen wurden riesige Einkaufs- und Erlebniszentren errichtet. Sie veränderten das lange Zeit industriell geprägte Gesicht der Städte.

26.2 *Das CentrO in Oberhausen*

Beispiel: Das CentrO – die neue Mitte Oberhausens

Das CentrO wurde auf dem ehemaligen Gelände eines Stahlwerkes in Oberhausen gebaut. Es besteht aus einem Einkaufszentrum mit Warenhäusern und ca. 200 Geschäften auf insgesamt 70 000 m² Verkaufsfläche. Hinzu kommen 50 Gastronomiebetriebe sowie ein großer Freizeit- und Vergnügungspark. Ein Multiplex-Kino, eine Arena mit 12 500 Sitzplätzen und diverse Sportanlagen ergänzen das Angebot.

Das Ruhrgebiet wird bunt

Mit den Veränderungen kehrte die Natur zurück. Flächen wurden begrünt, ehemals begradigte Flussläufe renaturiert und zahlreiche Naturparks eingerichtet. Freizeiteinrichtungen sowie ein großes kulturelles Angebot erhöhten die Attraktivität des neuen Ruhrgebiets. In ehemaligen Zechenanlagen finden z. B. Konzerte oder Theaterveranstaltungen statt. Die meisten Musicaltheater gibt es im Ruhrgebiet. In vielen Museen werden Zeugnisse der vergangenen Industriekultur gezeigt. Diese neue Vielfalt war auch ein Grund dafür, dass das Ruhrgebiet für das Jahr 2010 als Europas Kulturhauptstadt auserwählt wurde.

Der Wandel drückt sich auch in der veränderten Erwerbsstruktur aus. Die meisten Menschen arbeiten heute nicht mehr in der Industrie, sondern in Dienstleistungsberufen, z. B. im Handel, im Verkehrs- oder Tourismusbereich.

27.1 *Mit dem Ruhrgebiet wurde im Jahr 2010 zum ersten Mal eine ganze Region zur Kulturhauptstadt Europas gewählt*

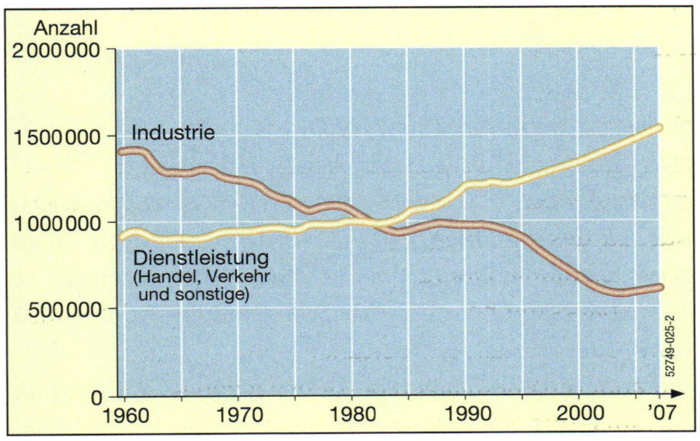

27.2 *Veränderung der Beschäftigungsstruktur*

AUFGABEN >>

1. *Beschreibe den Strukturwandel des Ruhrgebiets.*
2. *Nenne neue Arbeitsmöglichkeiten, die durch den Wandel entstanden sind.*
3. *Nenne die fünf größten Städte des Ruhrgebiets. Stelle ihre Lage in einer Skizze dar.*

Beispiel: Die Hightech-Branche

Einen großen Anteil am Wandel haben Betriebe der neuen Technologien. In Forschungs- und Technologiezentren ließen sich Hightech-Firmen nieder. Viele haben eine führende Stellung auf dem Weltmarkt in ihrer Branche. Diese Entwicklung wurde durch die Gründung zahlreicher Fachhochschulen und Universitäten gefördert. In enger Zusammenarbeit mit den Instituten werden neue Verfahren und Werkstoffe erforscht und dazu Geräte und Anlagen produziert. Die Bandbreite reicht vom Computerchip bis zur Solarzelle.

Allerdings benötigen die neuen Betriebe durch moderne Produktionstechniken nicht mehr so viele Arbeitskräfte. Daher ist die Arbeitslosigkeit auch weiterhin ein großes Problem in der Region.

27.3 *Die Kohle geht – die Sonne kommt*

Z Die Schlabbefligger im Pfälzerwald

28.1 *Schuhfabrikarbeiter Ende des 19. Jahrhunderts*

Ein „Schlabbefligger" um 1800:

„Mittlerweile leben hier 9000 Menschen, davon über 1500 Soldaten. Vor etwa 50 Jahren machte unser Herr, Landgraf Ludwig IX., Pirmasens zur Garnisonsstadt. Zum Glück mussten wir ‚langen Kerls' nie in den Krieg ziehen, unsere Tätigkeit beschränkte sich nur aufs Exerzieren. Vor wenigen Jahren, nämlich 1790, verstarb Ludwig IX. Das brachte uns große Not: Wovon sollten wir jetzt hier im Pfälzerwald leben?

Unsere Frauen fertigten schon während der Garnisonszeit aus Lederresten und Abfällen der Tuchfabrik ‚Schlabbe', also einfache Schuhe.

Das ist jetzt unser Broterwerb. Während ein Teil zu Hause sitzt und Schuhwerk fertigt, geht der andere Teil, auch Frauen, als Hausierer in die Welt, um unsere Waren zu verkaufen. Manche von uns kommen bis nach Dänemark, andere bis in die Schweiz."

Schuhfabrik-Arbeiter 1878:

„Die erste Schuhfabrik Deutschlands, Peter Kaiser in Pirmasens, eröffnete 1838. Mittlerweile schreiben wir das Jahr 1878 und in Pirmasens arbeiten 3500 Menschen in 54 selbstständigen Betrieben. Es gibt Steppmaschinen, Handstanzen und Lederwalzen und die Pirmasenser Schuhindustrie ist die bedeutendste in Europa.

Wir müssen jeden Tag von 6-19 Uhr arbeiten, samstags nur bis 16 Uhr. Der Sonntag ist zum Kirchgang frei. Einige von uns haben morgens und abends über eine Stunde Fußmarsch zum Betrieb bzw. nach Hause zurückzulegen. Dazu kommt noch zu Hause die Arbeit im Stall. Wir arbeiten für 2 Mark pro Tag, ein Lehrling erhält 10 Pfennig pro Tag. Davon könnte er sich in der Wirtschaft ein Glas Bier und einen Käse leisten. Wir können uns jedoch nicht beklagen, ein Lehrer verdient auch gerade mal 43 Mark im Monat."

28.2 *Schuhe im Wandel der Zeit*

29.2 *Die Schuhmeile von Hauenstein*

29.3 *Besuch im Schuhmuseum*

Fabrikarbeiter in den 1960er-Jahren:

„Der Zweite Weltkrieg kostete vielen aus unserer Fabrik das Leben. Die meisten blieben in Russland verschollen. Bis zur Währungsreform 1947 arbeiteten in der pfälzischen Schuhindustrie nur noch etwa 9000 Menschen gegenüber 24 000 vor dem Krieg. Doch jetzt, 15 Jahre später, finden wir für unseren Betrieb kaum noch Arbeitskräfte. Aus vielen Ländern werden mittlerweile sogenannte ‚Gastarbeiter' angeworben. In unserer Fabrik sind Griechen, Spanier, Italiener, Türken und Portugiesen beschäftigt. Mehr als 8000 Leute finden in der Pirmasenser Schuhindustrie Arbeit. Ich selbst komme mit dem Bus aus Rodalben. Obwohl es dort auch Schuhfabriken gibt, zahlen sie hier in der Stadt mehr Lohn. Ich bekomme jetzt 3,63 DM die Stunde und 18 Urlaubstage, das sind drei Wochen."

Internet-Tipp
www.museum-hauenstein.de

Herr Seibel berichtet heute:

„1990 wurde die Schuhfabrik, in der ich bis dahin als Meister gearbeitet hatte, geschlossen. Unsere modischen Damen- und Herrenschuhe konnten sich nicht gegen die Billigkonkurrenz aus den Niedriglohnländern durchsetzen. Diese Zeit war für alle im Betrieb schlimm. Viele ehemalige Beschäftigte der Schuhindustrie fanden in der Umgebung keine Arbeit mehr und konnten nur in Großbetrieben, beispielsweise in Ludwigshafen oder Wörth eine neue Stelle finden.

Auch die anderen Orte, in denen Schuhe hergestellt wurden, mussten sich anpassen. In Hauenstein werden nur noch wenige Schuhe hergestellt, aber man hat sich auf den Schuhverkauf umgestellt. Mittlerweile sind in diesem Ort, in dem um 1960 mehr als 5000 Menschen in Schuhfabriken arbeiteten, wieder ca. 300 Mitarbeiter in über 20 Schuhgeschäften angestellt.

Auch ich hatte Glück. Ich war noch jung und fand im Deutschen Schuhmuseum in Hauenstein gleich eine neue Stelle. Oft kommen hier Schulklassen zu Besuch und informieren sich über die Geschichte dieses Industriezweiges."

Jahr	Beschäftigte	Betriebe
1950	21 116	191
1960	32 439	277
1970	31 578	264
1980	20 534	187
1990	10 739	91
2000	5004	50
2010	2255	17

29.1 *Schuhindustrie in Rheinland-Pfalz*

AUFGABEN >>

1. *Wieso entwickelte sich ausgerechnet in Pirmasens die Schuhindustrie?*
2. *Vergleiche das Leben Ende des 19. Jahrhunderts mit dem Leben von heute. Möchtest du in dieser Zeit leben? Begründe deine Antwort.*
3. *In der „Blütezeit" der Schuhindustrie hatte man andere Probleme als heute.*
4. *Herr Seibel hatte Glück und fand gleich eine neue Arbeitsstelle. Nenne die Gründe. Welche Beschäftigten könnten nach der Schließung der Fabrik mehr Probleme bekommen haben?*
5. *Stelle die Entwicklung der Schuhindustrie in Rheinland-Pfalz grafisch dar. (Hilfe bieten dir die Seiten 20/21.)*

Die B10 - ein umstrittenes Straßenbauprojekt

30.1 *Der Verlauf der B10*

Im Süden von Rheinland-Pfalz ist die B 10 eine wichtige Straßenverbindung, die auf einer Länge von 54 km die Westpfalz mit der Vorderpfalz verbindet. Dabei durchschneidet sie den Pfälzerwald, das größte zusammenhängende Waldgebiet Deutschlands. In die Diskussion gekommen ist diese Straßenverbindung jedoch, weil immer mehr Lkws diese Strecke befahren, da auf Bundesstraßen im Gegensatz zu Autobahnen keine Maut bezahlt werden muss.
Aufgrund des hohen Verkehrsaufkommens hat die Straßenplanungsbehörde beschlossen, die B10 zwischen Pirmasens und Landau vierspurig auszubauen. In ihrem westlichen Verlauf ist das bereits geschehen. Gegen den weiteren Ausbau haben zahlreiche Anwohner und Umweltschützer Protest eingelegt.
Insgesamt gehen die Verkehrsplaner von einem weiter steigenden Verkehrsaufkommen, insbesondere im Lkw-Verkehr, aus. Der überwiegende Teil der Fahrzeuge kommt jedoch aus den Regionen Pirmasens und Landau. Durch den hohen Verkehr kommt es in Spitzenzeiten örtlich zu Kolonnenbildung und Staus. Der durchgängige vierspurige Ausbau soll zu einer Verbesserung des Verkehrsflusses und der Verkehrssicherheit beitragen. Insgesamt soll der Ausbau 500 Mio. Euro kosten.

Raum	Quote (in %)
Stadt Pirmasens	14,8
Kreis Südliche Weinstraße	4,2
Stadt Landau	5,9
Rheinland-Pfalz	6,0
Deutschland	8,1

30.2 *Arbeitslosenzahlen (Stand: April 2010)*

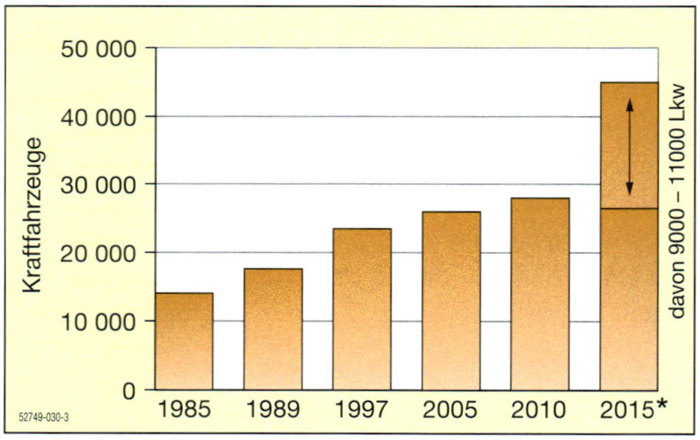

30.3 *Verkehrsaufkommen zwischen Pirmasens und Landau (* = Prognose)*

AUFGABEN >>

1. *Beschreibe die Lage und den Verlauf der B 10 zwischen Pirmasens und Landau.*
2. *Vergleiche das Verkehrsaufkommen der B 10 von 1985 und 2010.*
3. *Warum ist das Verkehrsaufkommen von Lkws in diesem Bereich besonders hoch?*
4. *Welche Mautkosten spart ein Lkw auf der Strecke Pirmasens – Landau, wenn ein Kilometer 0,20 € Maut kostet?*
5. *Die Einwohner der Westpfalz befürworten einen Ausbau der B 10. Erkläre warum.*

31.1 *Karikatur*

31.2 *Verkehrssituation bei der Sperrung der B 10*

„Die B 10 durchschneidet jetzt schon eines der größten Waldgebiete Deutschlands. Ein weiterer Ausbau würde die Natur und viele gefährdete Tierarten weiter bedrohen!“

„Durch die erhöhte Schadstoffbelastung steigt das gesundheitliche Risiko. Atemwegserkrankungen sowie Herz-Kreislauf-Probleme der Anwohner werden zunehmen!“

„Durch den Strukturwandel in der Schuhindustrie sind wir gezwungen, z. B. nach Ludwigshafen oder Wörth zu pendeln. Der Ausbau der B 10 würde unsere Fahrtzeit erheblich verkürzen!“

„Wenn der vierspurige Ausbau der B 10 nicht kommt, werden wir unsere Transportkosten erhöhen müssen. Diese Kostensteigerung wird letztendlich an die Verbraucher weitergegeben.“

„Wenn wir besser an das europäische Verkehrsnetz angebunden wären, z. B. durch einen durchgängigen vierspurigen Ausbau der B 10, würden sich mehr Betriebe in unserer Region ansiedeln.“

„Durch das erhöhte Verkehrsaufkommen werden wir jetzt schon sehr belästigt. Tag und Nacht hören wir den Verkehr auf der B 10. Aber zum Glück führt der Verkehr nicht mehr direkt durch unseren Ort.“

„500 Millionen für den Ausbau einer Straße ist zu viel! Dieses Geld ist nicht da und kann nur durch neue Schuldenaufnahme finanziert werden. Künftige Generationen werden für diese Summe aufkommen müssen!“

AUFGABEN >>

1 *Versetze dich in die Lage der betroffenen Personen. Finde weitere Argumente für oder gegen den vierspurigen Ausbau.*

2 *Bildet zwei Gruppen und sammelt Argumente für bzw. gegen den vierspurigen Ausbau der B 10. Tauscht eure Argumente aus und versucht, gemeinsam zu einer Lösung zu kommen.*

3 *„Wer Straßen sät, erntet Verkehr!“ Erläutere diese Aussage!*

4 *Finde mithilfe der Pilotkarte und Google Maps die regionale und überregionale Bedeutung der B 10 heraus.*

32.1 *Heidelberg in der Rhein-Neckar-Region*

HEIDELBERG
JOHN DEERE
BASF The Chemical Company
HEIDELBERGCEMENT
DAIMLER
ABB

32.2 *Unternehmen aus der Region*

Die Metropolregion Rhein-Neckar

Viele von euch waren vielleicht schon in der Rhein-Neckar-Region zum Einkaufen oder, um Freizeitaktivitäten nachzugehen. Vielleicht werden einige von euch in den wichtigen Unternehmen dieser Region einen Arbeitsplatz finden. Doch was verbirgt sich eigentlich hinter der „Metropolregion Rhein-Neckar"?

Im Rhein-Neckar-Raum leben auf einer Fläche von 5637 Quadratkilometern ca. 2,4 Millionen Einwohner. Damit gehört die Region zu den wichtigsten Wirtschaftsstandorten Deutschlands. Drei Großstädte mit mehr als 100 000 Einwohnern bilden das Zentrum der Region. Mit diesem Kernraum sind zahlreiche weitere Städte eng verbunden. Die günstige Verkehrslage ist ein wichtiger Standortfaktor für die Region. Gute Verkehrsanbindungen und die günstige Lage zwischen den Ballungsräumen Rhein-Main und Stuttgart machen die Region für Unternehmen sehr attraktiv.

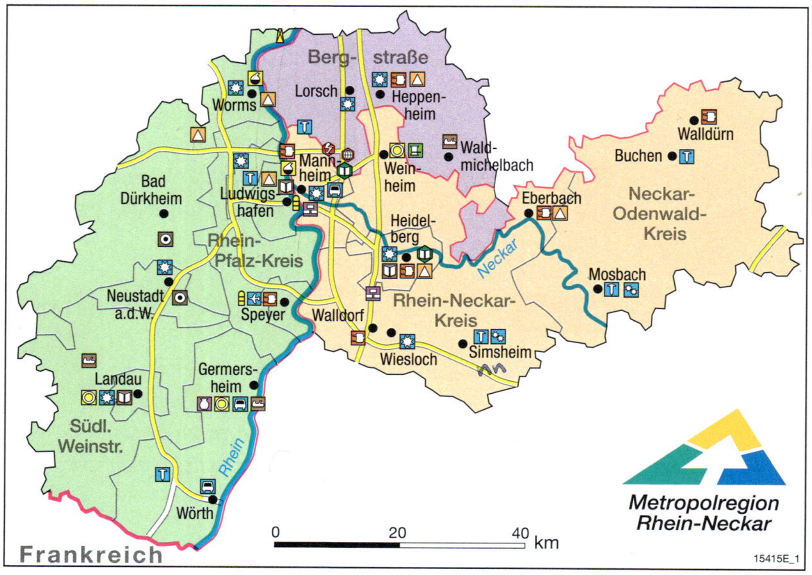

32.3 *Metropolregion Rhein-Neckar*

AUFGABEN >>

1 *Beschreibe die Lage des Verdichtungsraums Rhein-Neckar und benenne die wichtigsten Städte.*

2 *Erkläre, warum die Region Rhein-Neckar ein attraktiver Standort für Wirtschaftsunternehmen ist.*

3 *Beschreibe die wirtschaftlichen und räumlichen Schwerpunkte in der Region. Benutze dazu die Karte 32.3.*

4 *Das Logo der Metropolregion Rhein-Neckar (in Karte 32.3) gibt einen Hinweis auf dessen Lage. Erkläre.*

33.1 *Blick auf das BASF-Gelände*

BASF – ein Unternehmen prägt eine Stadt

Die Geschichte der Stadt Ludwigshafen ist eng mit der BASF verbunden. Erst 1852 erhielt Ludwigshafen den Rang einer Gemeinde. Schon sieben Jahre später, im Jahre 1859, wurde die Gemeinde Ludwigshafen zur Stadt erhoben. 1865 siedelte sich die BASF in Ludwigshafen an, weil sie in Mannheim kein Gelände bekommen hatte. Der wichtigste Standortfaktor war jedoch die Lage am Rhein, damals der wichtigste Verkehrsweg. Anfang des 20. Jahrhunderts war die BASF bereits der größte Chemiekonzern der Welt, vor allem weil sie wichtige Erfindungen im Bereich Farben machte und später auch im Bereich der Düngemittelherstellung.

Nahe der BASF siedelten sich die Arbeiter an und Ludwigshafen nahm an Größe zu. Im Jahre 1921 überschritt die Einwohnerzahl der Stadt die Grenze von 100 000, wodurch sie zur Großstadt wurde. Heute arbeiten rund 33 000 Beschäftigte an dem Standort. Die BASF ist damit der wichtigste Arbeitgeber der Stadt und der ganzen Region.

33.2 *SAP in Walldorf*

SAP – ein junges Unternehmen der Region

SAP ist das größte Softwareunternehmen in Europa und weltweit die Nummer vier. Der Hauptsitz befindet sich im badischen Walldorf (Rhein-Neckar-Kreis). Die Firma wurde 1972 in Weinheim von fünf ehemaligen Mitarbeitern der IBM gegründet. Der Standort wurde wegen der räumlichen Nähe zu IBM gewählt. 1977 wurde der Firmensitz nach Walldorf verlegt. SAP entwickelt Software zur Abwicklung sämtlicher Geschäftsprozesse eines Unternehmens wie Buchhaltung, Controlling, Verkauf, Einkauf, Produktion, Lagerhaltung und Personalwesen. In Deutschland arbeiten etwa 15 000 Mitarbeiter, die meisten davon in Walldorf.

Einer der Firmengründer, Dietmar Hopp, engagiert sich heute sehr stark als Sportmäzen in den Bereichen Eishockey, Handball und Fußball und fördert entsprechende Vereine in der Region. So unterstützte er z. B. den Bau der SAP-Arena in Mannheim und den Fußball der TSG Hoffenheim.

AUFGABEN >>

1. *Warum siedelte sich die BASF in Ludwigshafen an?*
2. *Ludwigshafen ist die BASF. Erkläre diese Aussage.*
3. *SAP ist für Walldorf und Umgebung von ähnlicher Bedeutung wie die BASF für Ludwigshafen. Erkläre.*

Internet-Tipp
www.m-r-n.de

Üben und Wiederholen

Strukturwandel im Ruhrgebiet
Erstelle eine Kausalkette verwende dabei folgende Textbausteine:

Ansiedlung neuer Technologien – Erdöl, Erdgas und Importkohle – Umweltschutzmaßnahmen – Ansiedlung von Eisen erzeugender Industrie – Gründung von Fachhochschulen und Universitäten – größte Industrieregion Europas – Betriebsschließungen – Verlust von Arbeitsplätzen – Abriss alter Industrieanlagen – Ausbau des Verkehrsnetzes – Schließung unwirtschaftlicher Zechen – sprunghafter Bevölkerungsanstieg

34.1 *Alpincenter in Bottrop und Kokerei*

Erholungsräume in Deutschland:
Suche dir einen Erholungsraum aus folgenden Räumen aus und stelle ihn deinen Mitschülern in einem Kurzvortrag vor:

a) Ostseeküste
b) Nordseeküste
c) Mittelgebirge
d) Alpenvorland/Alpen
e) städtischer Erholungsraum

34.2 *An der Ostseeküste*

34.3 *Im Harz*

Tabelle und Diagramm
Erstelle aus der Tabelle ein geeignetes Diagramm.

Jahr	Anzahl
1957	141
1970	56
1980	29
1990	19
2009	6

34.4 *Anzahl der Zechen im Ruhrgebiet*

Grundbegriffe

Agrarraum (ländlicher Raum)
Erholungsraum
Industrie
Landwirtschaft
Standort
Standortvorteil
Strukturwandel
Subvention
Verdichtungsraum
Wirtschaftsraum
Wirtschaftssektor

Industrieräume in Deutschland:
Suche industrielle Schwerpunkte in Deutschland. Informiere dich mithilfe des Internets über wichtige Firmen und deren Produkte.

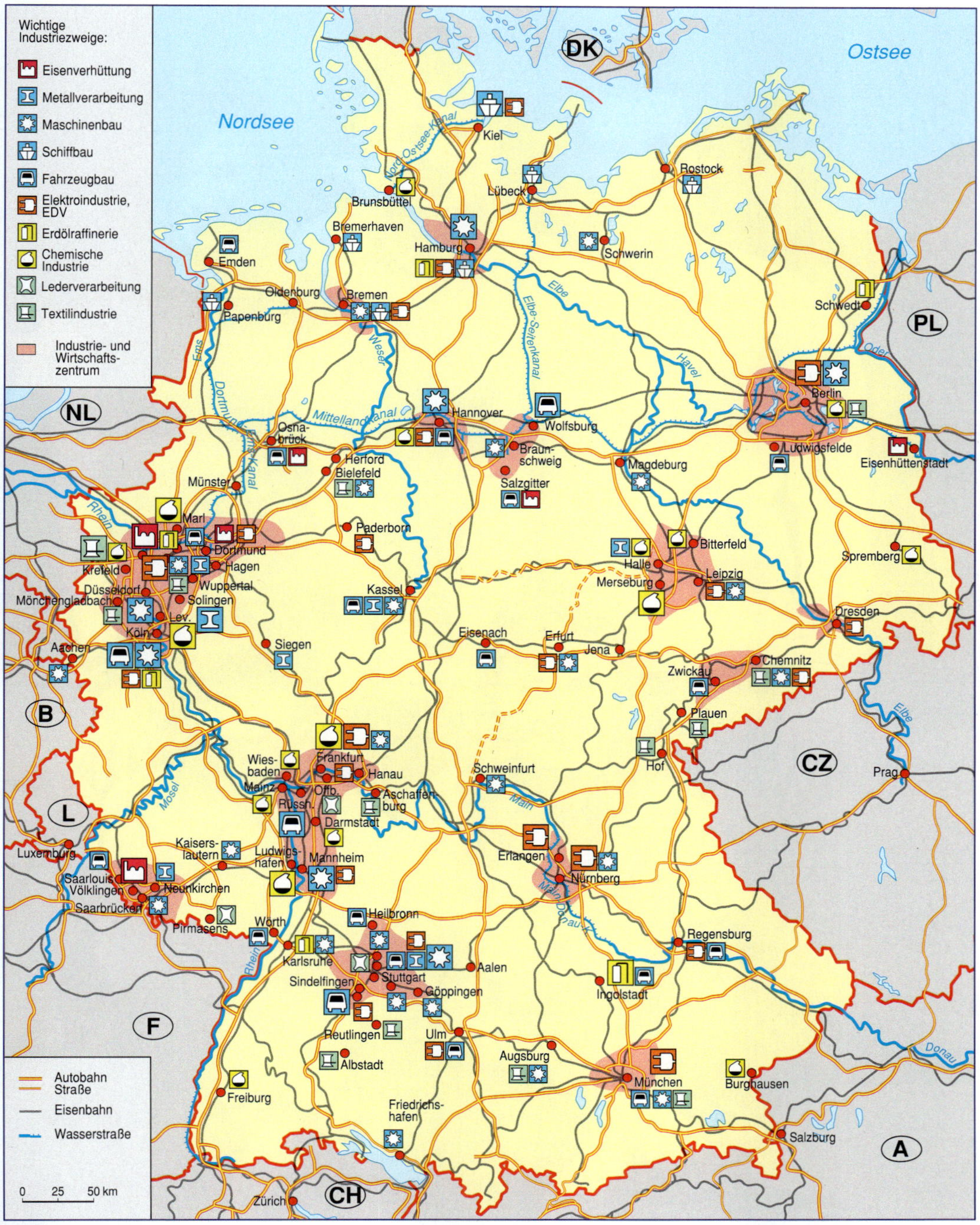

35.1 *Industriekarte von Deutschland*

2 Zusammenarbeit in Europa

Was stelle ich mir unter Europa vor?

„Europa ist einer der reichsten Kontinente der Welt mit einem in den westlichen Ländern gut funktionierenden Wirtschaftssystem. Dennoch gibt es auch Armut, gerade in den östlichen Ländern. Für mich, der das Leben in einem der reichsten Länder der Welt gewohnt ist, sehe ich den Wohlstand als normal an, was er natürlich nicht ist, denn wo es Überfluss gibt, muss es woanders Mangel geben."

38.1 *Robert, 16 Jahre, Mainz*

„Erst einmal ist Europa für mich und viele andere Menschen die Heimat. Europa hat verschiedene Kulturen und Sprachen. Es gibt viele beliebte oder auch weniger beliebte Urlaubsziele. Man kann dadurch viel über andere, recht nahe liegende Länder und Kulturen erfahren. Es gibt zahlreiche Metropolen und andere große Städte. Bis auf die Osthälfte ist Europa von Meeren umgeben. Es ist ein reicher Kontinent mit einer überwiegend wohlhabenden Bevölkerung."

38.2 *Juliette, 16 Jahre, Koblenz*

„Für mich persönlich ist Europa einfach nur ein Kontinent. Man müsste zwar denken, Europa ist meine Heimat, aber ich denke nur an meine Heimat, wenn ich an Deutschland denke. Ich finde, dass Europa keinen richtigen Zusammenhalt hat. Die einzelnen Länder untereinander mögen sich nicht und ich finde das sehr schlimm. Natürlich gibt es an Europa auch gute Seiten, z. B. dass es so vielseitig ist. Wir haben viele verschiedene Kulturen, verschiedene Menschen und ein sehr unterschiedliches Klima. Aus dieser Sicht ist Europa schon etwas ganz Besonderes."

38.3 *Nadine, 16 Jahre, Trier*

„Europa ist für mich eine große Gemeinschaft, die viele Möglichkeiten bietet. Als Schüler hat man die Möglichkeit, beim Schüleraustausch mitzumachen oder in anderen Ländern zu studieren. Europa ist eine Gemeinschaft, in der sich die Länder gegenseitig helfen. Durch den Wegfall vieler Grenzen ist es leichter geworden, zu verreisen. Man versucht, sich mit anderen Europäern anzufreunden, sich einfach näherzukommen. Europa bietet die Möglichkeit, viele verschiedene Kulturen auf engem Raum kennenzulernen."

38.4 *Boris, 16 Jahre, Kaiserslautern*

38.5 *Menschen in Europa*

AUFGABEN >>

1 *Was bedeutet Europa für die Schülerinnen und Schüler?*

2 *Was stellst du dir unter Europa vor? Verfasse deinen eigenen Text zu Europa.*

3 *Beschreibe die natürlichen Grenzen des Kontinents Europa.*

4 *Europa = EU?*

Erstellen einer Arbeitsmappe

Bei der Bearbeitung der folgenden Seiten soll eine Arbeitsmappe entstehen. Darin kannst du alle deine Arbeiten zum Thema „Zusammenarbeit in Europa" sammeln und damit einen Überblick über deine Arbeitsweise und deine Ergebnisse geben.

39.1 *Schülerin beim Erstellen ihrer Arbeitsmappe*

Bei der Zusammenstellung deiner Europamappe musst du Folgendes beachten:

1. Gestalte ein Deckblatt, das auf den Inhalt deiner Europamappe hinweist und das Interesse des Lesers weckt.
2. Beantworte im Vorwort die Frage, was Europa für dich persönlich bedeutet. Zeige auf, welche Vorstellungen und Bilder du mit Europa verbindest.
3. Fertige ein Inhaltsverzeichnis an, das den Aufbau deiner Europamappe wiedergibt. Achte darauf, dass es vollständig und übersichtlich ist.
4. Bearbeite die einzelnen Themen. Überlege dir dabei, was dich besonders interessiert. Hefte alle Unterlagen, die wichtige Informationen enthalten, in einer sinnvollen Reihenfolge ab. Gib die Quellen an, mit denen du gearbeitet hast.
5. Wenn du die Arbeit an diesem Kapitel im Buch beendet hast, beschreibe in einem Abschlussbericht rückblickend deine Vorgehensweise. Zeige dabei auf, was du besonders interessant fandest und was dir eher Schwierigkeiten bereitet hat. Erkläre, was du beim nächsten Mal anders machen würdest.

Zu den einzelnen Themen:

1. Gib einen Überblick über die Entwicklung der Europäischen Union. Nenne die verschiedenen Stationen der Zusammenarbeit und beschreibe deren Ausdehnung. (Seite 40/41)

2. Zeige anhand eines gemeinsamen Projektes die Zusammenarbeit innerhalb der europäischen Staaten auf. (Seite 42/43)

3. Beschreibe die räumlichen Unterschiede innerhalb der EU, ebenso die Bemühungen der Staatengemeinschaft, diese zu beheben. (Seite 44/45)

4. Drei Staaten werden im Buch genauer untersucht. Entscheide dich für ein Land und zeige dessen Problematik auf. (Seite 46–51)

5. Suche dir ein weiteres Land der Europäischen Union, das nicht im Buch behandelt wird, und stelle es vor.

6. Du solltest die Beitrittskriterien der EU kennen und zu einem möglichen EU-Beitritt der Türkei Stellung nehmen. (Seite 52–55)

40.1 *Das Kriegsende 1945*

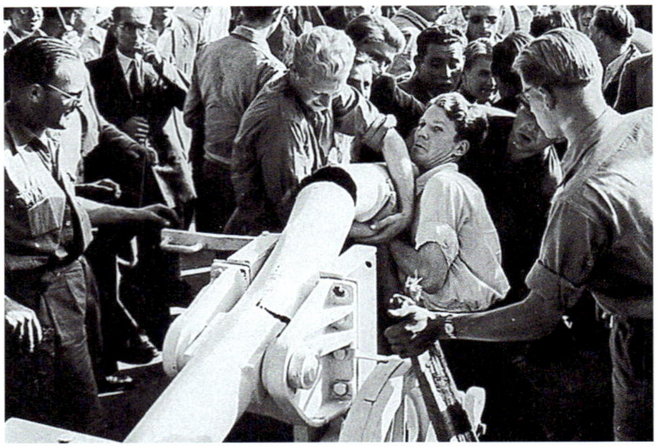

40.2 *Die Grenzen werden durchlässiger*

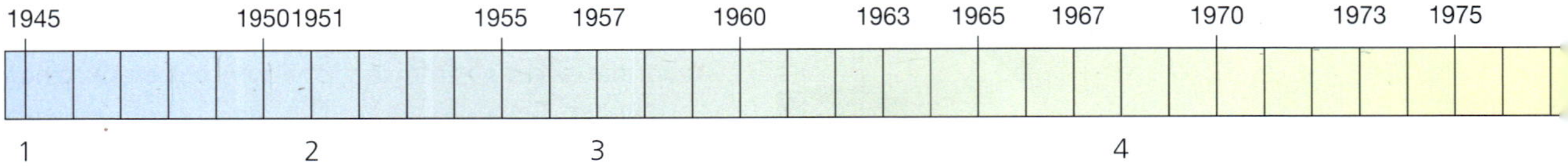

Von der Konfrontation ... zur Zusammenarbeit

Die Zeit nach dem Zweiten Weltkrieg war gekennzeichnet von dem Wunsch nach Frieden und Zusammenarbeit. Ein geeintes Europa sollte die Gefahr eines weiteren Krieges verhindern sowie wirtschaftlichen Wohlstand und politische Macht wieder ermöglichen.

Bereits 1951 gründeten Frankreich, Italien, Belgien, Luxemburg, die Niederlande und Deutschland die „Europäische Gemeinschaft für Kohle und Stahl", auch Montanunion genannt. Die Kohleförderung und die Stahlherstellung wurden gemeinsam kontrolliert, die Zölle für Kohle und Stahl abgeschafft.

1957 schlossen sich die sechs Gründungsmitglieder der EU zur „Europäischen Wirtschaftsgemeinschaft" (EWG) und zur „Europäischen Atomgemeinschaft" (Euratom) zusammen. Dies war der Grundstein für die Schaffung einer Zollunion im Jahr 1968.

Doch nicht nur das wirtschaftliche Zusammenwachsen, auch die politische Zusammenarbeit war ein wichtiges Ziel. 1979 wurde das erste europäische Parlament gebildet.

1986 wurden weitere Bereiche der Zusammenarbeit festgelegt. Nun gab es auch eine gemeinsame Außen- und Sozialpolitik.

Ein Meilenstein auf dem Weg zu einem gemeinsamen Europa war der „Maastricher Vertrag" (1992). Auf ihm beruht der seit 1993 eingeführte Binnenmarkt mit seinen vier Freiheiten und die seit 2002 gültige gemeinsame Währung des Euro. Mit diesem Vertrag wurde im allgemeinen Sprachgebrauch aus der Europäischen Gemeinschaft (EG) die Europäische Union (EU).

Die Arbeit der EU umfasst im Wesentlichen drei Bereiche:

- die europäische Gemeinschaft mit gemeinsamer Wirtschafts- und Währungsunion, gemeinsamer Agrarpolitik etc.,
- gemeinsame Außen- und Sicherheitspolitik,
- Zusammenarbeit in der Innen- und Rechtspolitik.

Im Laufe der Jahrzehnte gab es mehrere Erweiterungsrunden (1973, 1982, 1986, 1995). Staaten aus Nord- und Südeuropa traten der Europäischen Gemeinschaft bei. So stieg die Zahl der Mitgliedsstaaten von sechs auf fünfzehn Länder an.

Durch das Ende des Ost-West-Konfliktes kam es 2004 und 2007 zu den zwei Osterweiterungen, bei denen zwölf neue Mitglieder in die EU aufgenommen wurden. Heute ist die EU ein aus 27 Staaten bestehender Staatenverbund mit derzeit mehr als 500 Millionen Einwohnern.

Im Dezember 2007 wurde in Lissabon der neue EU-Reformvertrag unterzeichnet, der gemeinsame Entscheidungen in der EU erleichtern soll. Deshalb sind Veränderungen bei den Institutionen und bei den Verfahren der gemeinsamen Außen- und Sicherheitspolitik vorgesehen. Der Reformvertrag trat 2009 in Kraft, nachdem alle 27 Mitgliedsstaaten den Vertrag unterschrieben hatten.

41.1 *Der Grenzübergang Schweigen heute*

41.2 *Die gemeinsame Währung*

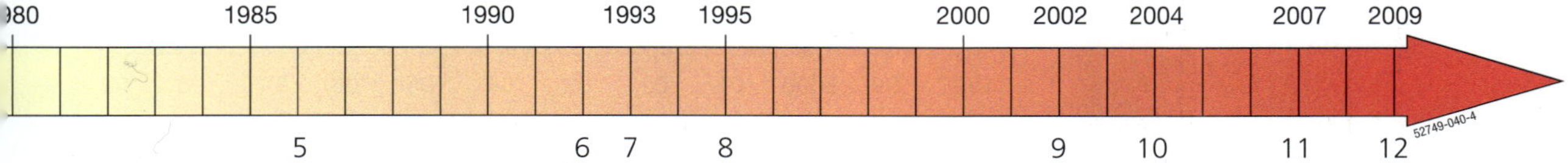

41.3 *Die vier Freiheiten im europäischen Binnenmarkt*

AUFGABEN >>

1 *Übertrage den Zeitstrahl ins Heft. Notiere zu den markierten Jahren die passenden Ereignisse.*

2 *Erläutere die Gründe, die zur Zusammenarbeit in Europa führten.*

3 *Nenne Vorteile, die du persönlich durch die EU hast.*

4 *Liste auf, in welchen EU-Ländern der Euro die offizielle Währung ist.*

5 *Erkläre die Bildfolge 40.1 bis 41.2.*

6 *Die EU hat sich vergrößert. Stelle die Erweiterung in einer Europakarte zeichnerisch dar.*

Z Airbus – eine europäische Gemeinschaftsproduktion

Airbus schlägt Boeing schon wieder

Demütigung für Boeing: Der Flugzeughersteller Airbus hat im vergangenen Jahr mehr Bestellungen für neue Flugzeuge erhalten als der ewige Rivale. Auch bei den Auslieferungen übertrumpften die Europäer die Amerikaner erneut.

(Quelle: www.Spiegel.de., böl/dpa-AFX, Januar 2010,)

42.1 *Zeitungsmeldung*

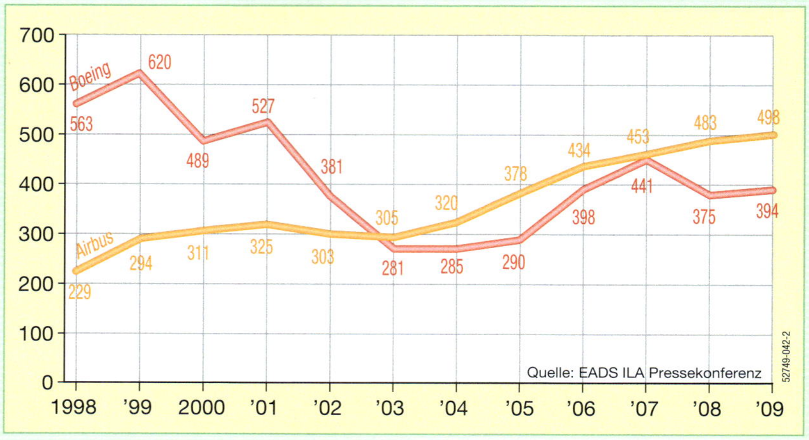

42.2 *Flugzeugauslieferungen von Airbus und Boeing*

Das Airbus-Projekt

In den 1960er-Jahren gab es in Europa eine Vielzahl von kleinen Flugzeugfirmen, die sich gegenseitig Konkurrenz machten. Um gegenüber der amerikanischen Flugzeugfirma Boeing wettbewerbsfähig zu sein, schlossen sich europäische Flugzeugbauer aus sieben Ländern zu einem Werkverbund zusammen. So kam es bereits 1970 zur Gründung von Airbus. Das gemeinsame Airbus-Projekt wurde von Beginn an mit hohen EU-Fördermitteln unterstützt. Heute ist Airbus neben Boeing einer der bedeutendsten Flugzeughersteller der Welt.

Die Zusammenarbeit der verschiedenen Staaten stellt das Unternehmen Airbus aber auch vor Herausforderungen. Die Einzelkomponenten für die Airbusmaschinen werden an vielen Produktionsstandorten, die in Europa verteilt sind, hergestellt. In Toulouse, dem Firmensitz, werden aus den Einzelteilen die Flugzeuge zusammengebaut. Ausgeliefert werden die Flugzeuge in Toulouse und in Hamburg-Finkenwerder.

Kenngröße	Airbus 380–800	Boeing 747–400
Länge	72,30 m	70,60 m
Höhe	24,10 m	19,40 m
Flugreichweite	15 000 km	13 450 km
Geschwindigkeit	950 km/h	913 km/h
Sitzplätze (maximal)	853	524
Erstflug	April 2005	April 1988
Preis	317–337 Mio. US-$	234–305 Mio. US-$

42.3 *Airbus und Boeing im Vergleich*

42.4 *A380 – das größte Flugzeug der Welt*

43.1 *Transport per Schiff*

43.2 *Transport über Land*

Der A 380

Mit dem zweistöckigen A 380 entwickelte Airbus einen komplett neuen Typ eines Großraumflugzeuges. Er bietet Platz für über 800 Passagiere und löst damit die Boeing 747 als größtes Passagierflugzeug ab.

Die Transport- und Montageprobleme haben sich mit dem Bau des A 380 verstärkt. Aufgrund der Größe des neuen Flugzeugs ist der Transport von Rumpfteilen mit dem Flugzeug nicht mehr möglich. Stattdessen muss die Überführung mithilfe von Schiffen und Tiefladern über Wasser und Land organisiert werden. Vor diesem Hintergrund wurde überlegt, die Produktion des A380 auf wenige Standorte zu konzentrieren. Im Gegenzug dazu sollten die übrigen Standorte den Bau anderer Airbustypen übernehmen. Diese Pläne wurden aber wieder verworfen, weil die einzelnen Staaten am Bau des A380 beteiligt bleiben wollten.

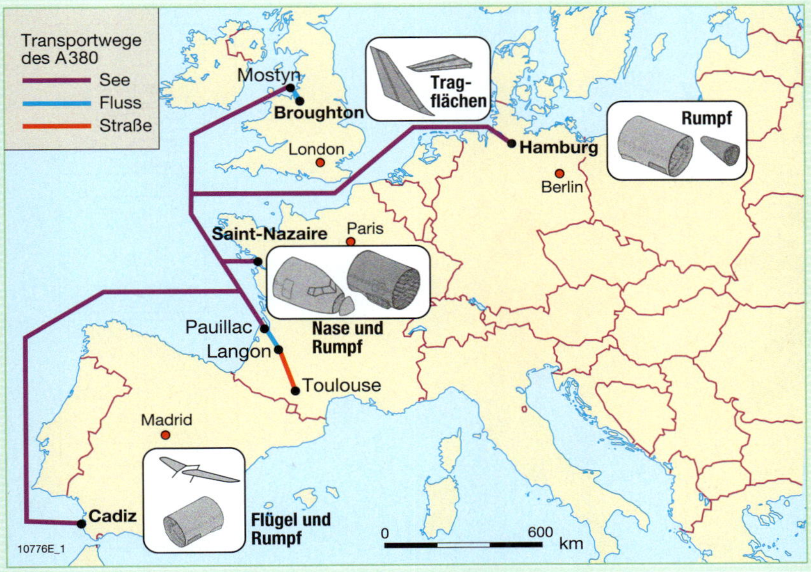

43.3 *Am Bau des A380 beteiligte Werke und Transportwege*

AUFGABEN >>

1 *Erkläre, wie es zur Entstehung von Airbus kam.*
2 *Vergleiche die Flugzeugtypen Airbus 380 und Boeing 747.*
3 *Beschreibe die Entwicklung von Airbus und Boeing in den letzten zehn Jahren.*
4 *Notiere Vor- und Nachteile, die sich aus der Zusammenarbeit der europäischen Staaten bei der Produktion der Airbus-Flugzeuge ergeben.*
5 *Airbus plant, die Produktion an einem Standort zu konzentrieren. Beschreibe mögliche Reaktionen.*
6 *Airbus – ein gelungenes Beispiel für europäische Zusammenarbeit?*

44.1 und 2 *Reiches und armes Europa*

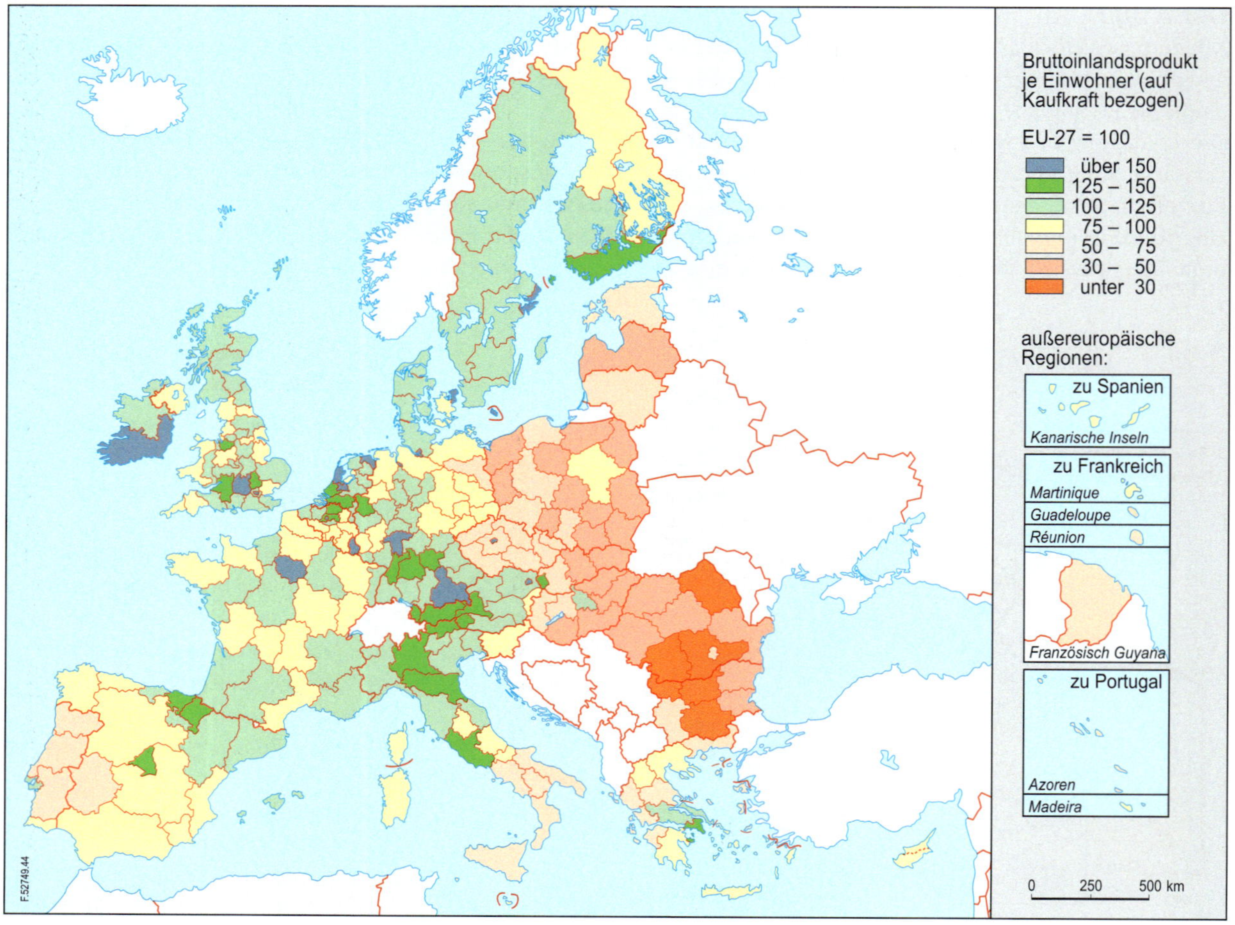

44.3 *Bruttoinlandsprodukt (BIP) pro Kopf nach Regionen (2005)*

Disparitäten in der Europäischen Union

Innerhalb der EU gibt es große regionale Unterschiede. Diese Ungleichheiten bezeichnet man als Disparitäten. Eine der Hauptaufgaben der EU ist es, in allen Regionen der EU gleichwertige Lebensbedingungen zu schaffen. Grundlage dafür sind die „Strukturfonds". In diesen „Topf" zahlen die reicheren Länder höhere Beiträge als die ärmeren Länder. Mit diesen Fördermitteln werden vor allem Gebiete mit Entwicklungsrückstand, wie z. B. Süditalien oder Ostdeutschland, unterstützt. Aber auch Gebiete mit besonderen Strukturproblemen erhalten Hilfen. Leitlinie dabei ist, Wachstum und Arbeitsplätze im Sinne einer nachhaltigen Entwicklung zu schaffen. Für die regionale Strukturpolitik wird etwa ein Drittel des Gesamthaushaltes der EU verwendet.

Als Messgröße für die Wirtschaftskraft einer Region dient das Bruttoinlandsprodukt (BIP). Das BIP ist die Summe aller im Inland erwirtschafteten Werte von Gütern und Dienstleistungen innerhalb eines Jahres.

AUFGABEN >>

1. *Notiere wirtschaftsstarke und wirtschaftsschwache Regionen innerhalb der EU.*
2. *Stelle fest, welche Regionen in der EU Anspruch auf die Förderung aus EU-Mitteln haben. Beschreibe ihre Lage.*
3. *Lassen sich auch in Deutschland wirtschaftsschwache Regionen erkennen? Welche Bundesländer sind betroffen?*
4. *Ermittle, welche Regionen Deutschlands Gelder aus der Regionalförderung erhalten.*
5. *Wofür werden aus den europäischen Strukturfonds Unterstützungsgelder bereitgestellt? Welche Ziele werden damit verfolgt?*

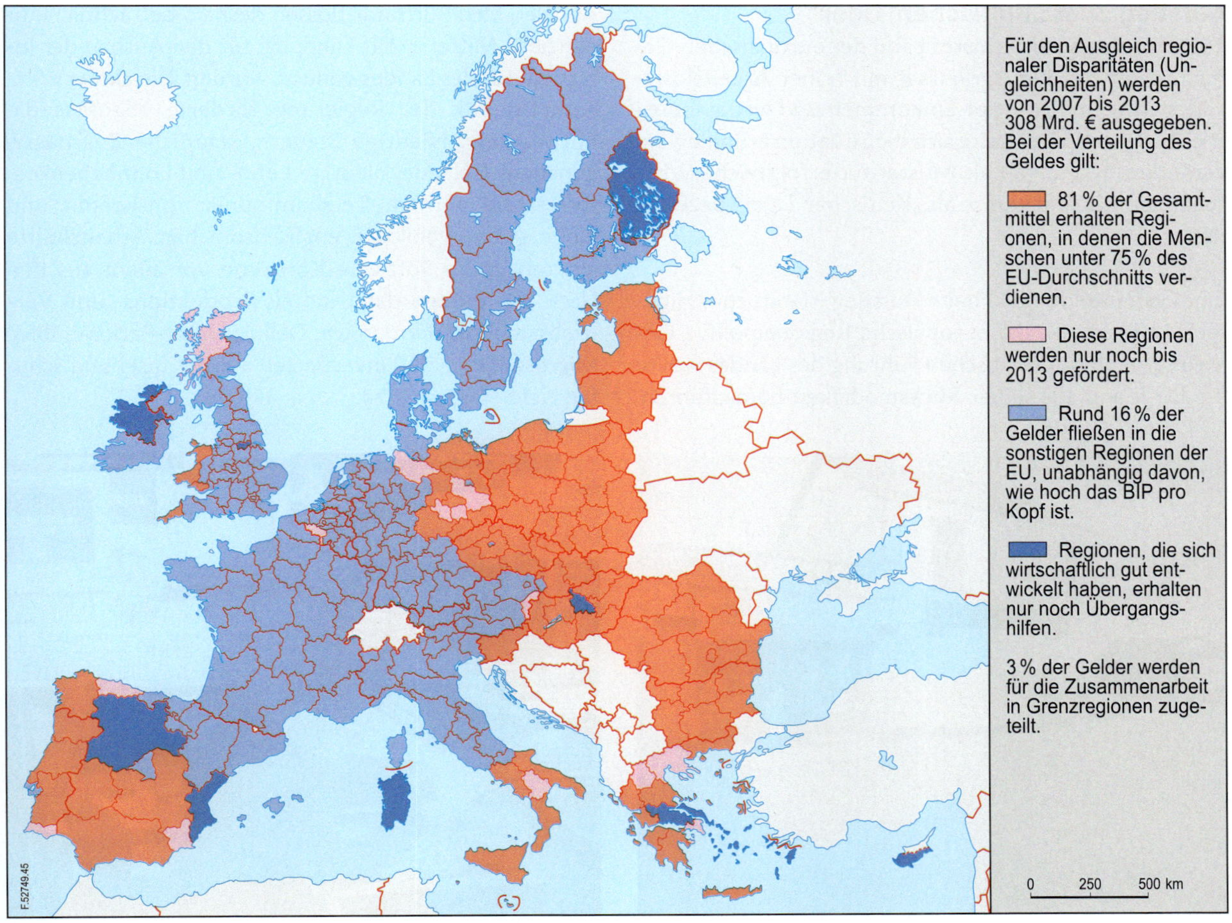

45.1 *Regionalförderung in der EU zum Abbau von Disparitäten (2007 – 2013)*

Irland – Musterland der europäischen Regionalpolitik

46.1 *Karikatur*

Aufstieg zum „Keltischen Tiger"

1973 trat Irland als ärmstes Land der europäischen Gemeinschaft bei: Ein Agrarstaat mit hoher Arbeitslosigkeit, geringem Pro-Kopf-Einkommen und wenig Industrie. 30 Jahre später hatte sich die Situation grundlegend verändert. Irland galt als Muster für erfolgreiche Wirtschaftspolitik und wurde als „Keltischer Tiger" bezeichnet.

Eine bedeutende Rolle beim Aufstieg Irlands zum Hightech-Land spielte die europäische Regionalpolitik. Gemeinsam mit der politischen Führung des Landes wollte die EU Irland aus seiner Rückständigkeit herausführen. Aus den Strukturfonds flossen deshalb beträchtliche finanzielle Mittel in das Land, die für den Ausbau der Infrastruktur des Landes genutzt wurden. Die aktive Wirtschaftspolitik der Regierung förderte ebenfalls die Entwicklung. Niedrige Steuern, staatliche Zuschüsse, günstiges Gelände, niedrige Lohn- und Lohnnebenkosten sowie geringe Telekommunikationskosten und junge, gut ausgebildete, englischsprachige Arbeitskräfte lockten große Software-Konzerne vor allem aus den USA. Sie nutzten das Land als Produktions- und Vertriebsstandort. Firmen wie Dell, Hewlett-Packard, IBM, Microsoft und SAP investierten auf der Insel und schufen viele Arbeitsplätze.

46.2 *Strukturschwaches Irland 1973*

46.3 *Hightech-Unternehmen 2002*

Seit den 1990er-Jahren kam es verstärkt zur Ansiedlung von elektronischer, chemischer und pharmazeutischer Industrie. Auch der Ausbau eines international orientierten Finanz- und Dienstleistungssektors gelang. Zu den großen internationalen Konzernen kamen viele kleine einheimische Unternehmen junger aufstrebender Iren hinzu. Im Jahr 2004 wuchs die Wirtschaft um rund fünf Prozent. Es herrschte zum ersten Mal in der Geschichte des Landes Vollbeschäftigung.

Irland in der Wirtschaftskrise

Von 1996 bis 2005 verdoppelte sich die irische Wirtschaftsleistung und Irland galt als „Wirtschaftswunderland". Diese positive wirtschaftliche Entwicklung konnte sich in den folgenden Jahren aber nicht fortgesetzten. Die globale Wirtschaftskrise von 2007 hatte auch Irland schwer getroffen. Dies hatte – wie in zahlreichen anderen Ländern auch – folgende Auswirkungen:

fehlende Investitionen aus dem Ausland
↓
Zusammenbrüche von Unternehmen
↓
starker Anstieg der Arbeitslosigkeit
↓
Einbruch des Immobilienmarkts
↓
Zahlungsunfähigkeit vieler Kreditnehmer
↓
Bankenkrise

Firmenschließungen, staatliche Unterstützung der irischen Banken sowie hohe Sozialausgaben aufgrund steigender Arbeitslosigkeit führten zu verringerten Steuereinnahmen und zu einem Milliardenloch im Staatshaushalt. Der Ruf Irlands als Muster für erfolgreiche Wirtschaftspolitik war dahin. Die Regierung musste sparen: Erste Maßnahmen waren Lohnkürzungen im öffentlichen Dienst. Des Weiteren wurden Infrastrukturprojekte gestoppt und regionale Strukturhilfen auf unabsehbare Zeit eingefroren.

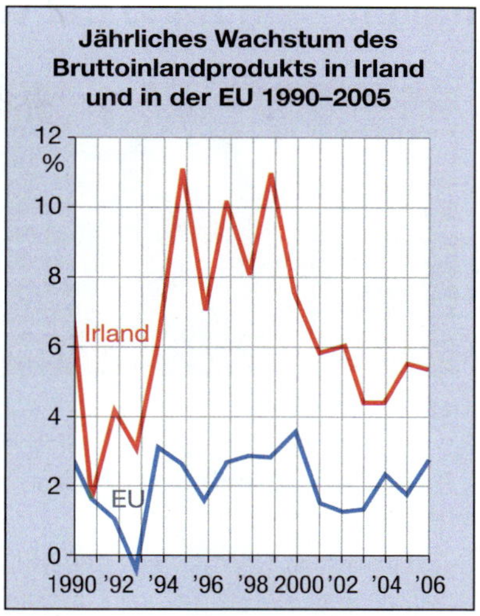

47.1 *Jährliches Wachstum des BIPs*

AUFGABEN >>

1. *Werte die Karikatur 46.1 aus.*
2. *Nenne Gründe für den wirtschaftlichen Aufstieg Irlands.*
3. *Beschreibe den wirtschaftlichen Wandel Irlands.*
4. *Irland – eine Erfolgsgeschichte der EU?*

Jahr	1988	1992	1996	1998	2000	2002	2004	2007
Irland	16,3	15,3	11,8	7,5	4,3	4,5	4,5	4,6
EU	9,0	9,2	10,8	9,4	8,6	8,8	9,1	7,1

47.2 *Entwicklung der Arbeitslosenquoten in Prozent 1988–2006*

Jahr	Landwirtschaft (in %)	produzierender Sektor (in %)	Dienstleistung (in %)	gesamt (in 1000)
1983	17,5 (5,4)	30,6 (36,6)	51,9 (58,0)	1118
1993	13,1 (3,7)	27,1 (31,9)	59,7 (64,4)	1155
2000	7,8 (4,3)	28,5 (28,8)	63,7 (66,9)	1672
2008	5,7 (5,8)	25,7 (25,1)	68,6 (69,1)	1843

47.3 *Beschäftigung in Irland nach Sektoren (in Klammern jeweils EU)*

Italien – ein Land mit verschiedenen Gesichtern

48.1 *Verkäuferin*

48.2 *Auf einem Platz in Mailand*

Eine Verkäuferin aus Norditalien erzählt:

„Ich arbeite in einem bekannten Modehaus in Mailand. Seit zehn Jahren lebe ich mit meiner Familie jetzt schon hier. Mein Mann, meine Tochter und ich wohnen in einer schönen, modernen 4-Zimmer-Wohnung am Stadtrand. Wir besitzen ein Auto und können einmal im Jahr im Urlaub ans Meer fahren. Als wir noch im Süden lebten, konnten wir uns das nicht leisten. Dort hatte ich keine Arbeit und mein Mann hat nur sehr wenig verdient. Jetzt verdiene ich gut und habe einen interessanten Arbeitsplatz, denn Mailand gilt als die Stadt der italienischen Mode. Auch gibt es in der Gegend um Mailand zahlreiche Industriebetriebe und damit viele Arbeitsmöglichkeiten. Mein Mann fand eine Arbeitsstelle in einer Autofabrik und verdient ebenfalls gut."

48.3 *Schafbauern*

48.4 *Verlassener Hof in Sizilien*

Ein Bauer aus Süditalien berichtet:

„Bei uns im Süden ist die Situation ganz anders als im Norden. Hier leben die meisten noch von der Landwirtschaft. Die Betriebe sind aber sehr klein und werfen nur wenig ab.

Sonst findet man Arbeit in den Hotels, in Gaststätten und Eiscafés, also im Tourismus. Dies ist aber immer nur für ein paar Monate und im Winter sitzen wir wieder zu Hause. Natürlich hat die italienische Regierung versucht, unsere Region zu fördern. Es entstanden neue Straßen und Autobahnen, die Wasser- und Energieversorgung wurde erweitert. Auch Industrie siedelte sich an, so wurde z. B. ein Stahlwerk in Tarent gebaut und Fiat hat in Salmona hochmoderne Fertigungshallen errichtet. Aber die meisten Firmen brauchen nur wenig Arbeitskräfte, wenn überhaupt nur Leute mit sehr guter Ausbildung. Die haben wir hier nicht, also wandern viele ab. Vor allem die jungen Leute suchen anderswo Arbeit."

49.1 *Wirtschaft und BIP in Italien*

	Arbeitslosenquote	BIP pro Kopf
Norditalien	3,9 %	29 493 €
Mittelitalien	6,1 %	27 369 €
Süditalien	über 12 %	16 119 €

49.2 *Arbeitslosenquote und BIP pro Kopf in Italien*

49.3 *Neapel mit Blick auf den ...*

49.4 *Schülerin erstellt eine Kartenskizze von Italien*

AUFGABEN >>

1 *Verorte die Fotos der Seite 48 auf der Karte 49.2.*

2 *Erstelle Kartenskizzen zu folgenden Themen: Arbeitslosenquote, BIP, Industrieverteilung. Verwende die Daten aus den Tabellen und dem Atlas.*

3 *Italien hat eine Arbeitslosenquote von 10 %. Warum ist diese Aussage nur mit Vorsicht zu betrachten?*

4 *Italien wird als „zweigeteiltes Land" bezeichnet. Begründe.*

5 *In Kampanien ist die Arbeitslosigkeit recht hoch, obwohl in Neapel Industrie vorhanden ist. Findest du eine Erklärung dafür?*

Polen im Überblick

Fläche:	312 685 km²
Einwochner:	38 121 000
Hauptstadt:	Warschau
Bevölkerungsdichte:	122 Einw. je km²
BNE/Kopf:	9850 US-$

***50.1** Gegensätze in Polens Landwirtschaft*

Polen – Landwirtschaft unter neuen Bedingungen

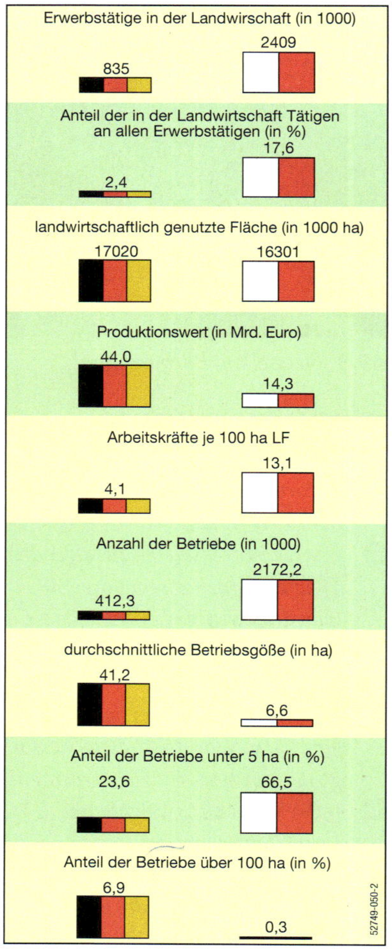

***50.2** Landwirtschaft in Deutschland und Polen im Vergleich*

Polen und die EU

Im Zuge der Osterweiterung kam Polen 2004 zur Europäischen Union. Mit Polen trat ein Land der EU bei, das stark landwirtschaftlich geprägt war. Noch heute hat Polen zwei Millionen Bauern. Damit hat es die meisten Landwirte innerhalb der EU. Allerdings nimmt ihre Zahl stetig ab.

Seit dem EU-Beitritt lassen sich innerhalb der polnischen Landwirtschaft verschiedene Entwicklungen feststellen. Viele Höfe sind zur Aufgabe gezwungen. Eine geringe Mechanisierung, fehlendes Kapital und natürlich die kleine Betriebsgröße sind Gründe dafür. Andere Landwirte wiederum versuchen, ihren Betrieb auf ökologischen Landbau umzustellen. Eine traditionelle Produktionsweise und vor allem die sparsame Verwendung von Dünger und Pflanzenschutzmitteln erleichtern diesen Übergang. So erhöhte sich die Zahl dieser Betriebe von 555 im Jahr 1999 auf 3815 im Jahr 2005.

Ganz anders ist die Situation für die rund 700 000 größeren Betriebe in Polen. Hohe Investitionen, zum Teil auch von ausländischen Unternehmen, haben die rasche Angleichung der Betriebe an die konventionelle Landwirtschaft in den anderen EU-Ländern ermöglicht. So liegt Polen bei der Milchproduktion bereits auf dem vierten Platz in der EU. Da der EU-Beitritt die Exporte erleichtert hat, sind polnische Produkte auch bei uns in vielen Supermärkten zu finden.

Ein Rentner in Warschau:

„Hier auf dem Markt von Ochota gibt es alles, was man zum täglichen Leben braucht: Kleidung, Haushaltswaren, Lebensmittel. Obst und Gemüse, Eier und Fleisch kommen hauptsächlich von Erzeugern aus der Umgebung. Aber dennoch wird alles immer teurer, vor allem seit dem EU-Beitritt. Das Kilo Äpfel kostet jetzt schon knapp einen Euro. Immer mehr von unserer Rente geht für Lebensmittel drauf."

Bauer Pawel:
„Ich besitze 30 Hektar Land und auf meine Kartoffeln bin ich besonders stolz. Aber mit meiner Situation in Polen bin ich nicht zufrieden. Klar bekommen wir Zuschüsse von der EU, aber wir bekommen zurzeit nur ein Viertel der EU-Beihilfen, die einem deutschen oder französischen Betrieb zustehen. Die Sätze werden erst in den kommenden Jahren angeglichen. Bis dahin unterstützt uns der polnische Staat zusätzlich. Trotzdem sind wir Bauern in Polen deutlich schlechter gestellt.
Nach dem Beitritt zur EU gab es in manchen Branchen einen regelrechten Aufschwung, zum Beispiel beim Anbau von Zuckerrüben. Viele Bauern haben den Anbau von Zuckerrüben jedoch wieder aufgegeben, denn die Preise sind gefallen und die Zuzahlungen aus der EU reichen nicht aus. Wir verkaufen unsere Erzeugnisse vor allem an ausländische Supermärkte. Für ein Kilo Schweinefleisch erhalten wir Bauern weniger als einen Euro. Die Supermärkte verlangen dagegen von ihren Kunden das Fünf- oder Sechsfache. Bisher können wir dagegen nichts tun. Aber ich finde, wir sollten uns bei der EU-Kommission beschweren."
(nach Deutschlandradio, Europa heute, 28.04.2008, Zwischen Agrarbeihilfen und Quotenregelungen)

51.1 *Bauer im Osten Polens*

Zuschüsse der EU
Circa 59,5 Milliarden Euro gab die EU 2010 für die Agrarpolitik aus, das sind 42 Prozent ihres Gesamthaushaltes. Ohne diese Zuwendungen müssten die meisten Landwirte aufgeben.
Die Gründe für die staatliche Förderung haben sich im Laufe der Jahre gewandelt. In den 1950er-Jahren wurden die Landwirte unterstützt, um die Ernährung der Bevölkerung sicherzustellen. Heute soll das Einkommen der Landwirte vor allem deshalb gewährleistet werden, um die Landflucht und Verödung ländlicher Räume zu vermeiden. Vorrangiges Ziel der gemeinsamen Agrarpolitik der EU-Mitgliedsstaaten ist eine nachhaltige Landwirtschaft. Ab 2013 wird die Förderung folgendermaßen aussehen: Angenommen, ein Bauer baut auf einer Fläche von 20 Hektar Weizen an. Seine Kosten für Saatgut, Dünger usw. betragen 15 000 €. Er kann den geernteten Weizen für insgesamt 16 000 € verkaufen. Von der EU bekommt er einen Zuschuss von 300 € je Hektar, das sind insgesamt 6000 €. Dann erzielt der Bauer mit dem Weizen insgesamt einen Gewinn von 7000 €.

AUFGABEN >>

1 *Vergleiche die Landwirtschaft Polens mit der in Deutschland.*
2 *Erkläre die Ziele der EU-Agrarpolitik.*
3 *Nenne Vor- und Nachteile, die die Menschen in Polen durch den EU-Beitritt haben.*

51.2 *Ryszard Buksa (51) aus Osno*

„Ich habe mich spezialisiert und züchte seit drei Jahren Puten. Mein Betrieb liegt nur etwa 30 km östlich der polnisch-deutschen Grenze und schon vor dem EU-Beitritt habe ich vor allem für den deutschen Markt produziert. Zurzeit habe ich etwa 7000 Puten auf meinen beiden Höfen. Da aber die Nachfrage ständig steigt, möchte ich in zwei Jahren bis zu 40 000 Puten verkaufen. Mein Schwager hat sich, wie viele andere Landwirte auch, auf die Gänsemast spezialisiert. Auch er möchte seinen Betrieb ausbauen, da die polnischen Weihnachtsgänse in Deutschland sehr beliebt sind. Für den EU-Beitritt mussten wir zwar bestimmte Standards bei der Tierhaltung erfüllen, aber insgesamt sehe ich sehr positiv in die Zukunft."

Warteschlange vor der EU

52.1 *Kindersegen*

52.2 *Flagge der EU*

Erweiterung der Europäischen Union

Seit der Gründung im Jahre 1951 hat sich die Europäische Staatengemeinschaft stark verändert. Heute umfasst die Europäische Union 27 Mitgliedsstaaten und rund 500 Millionen Einwohner. Außerdem ist der europäische Binnenmarkt, gemessen am BIP, der größte gemeinsame Markt der Welt. Immer noch gibt es eine Reihe weiterer Länder, die den Beitritt anstreben. Verschiedene Anträge, wie z.B. der von Marokko, wurden bereits abgewiesen, andere Verhandlungen ziehen sich über Jahrzehnte hin. Die Gründe dafür sind die strengen Beitrittsbedingungen, die Kopenhagener Kriterien, die im EU-Vertrag festgehalten sind.

Die Beitrittsbedingungen

Der EU-Vertrag schreibt fest, dass jeder europäische Staat beantragen kann, Mitglied der Union zu werden. Ein Beitritt zur EU ist jedoch an drei Bedingungen geknüpft. Die EU fordert von den Beitrittsländern:

- eine stabile Demokratie mit Garantien für rechtsstaatliche Ordnung, Wahrung der Menschenrechte und Schutz von Minderheiten,
- eine funktionsfähige Marktwirtschaft mit wettbewerbsfähigen Unternehmen, die den Marktkräften im europäischen Binnenmarkt standhalten,
- die Übernahme des EU-Rechts, um die Pflichten der EU-Mitgliedschaft zu erfüllen und die Ziele der Union zu unterstützen.

Zusätzlich muss die EU die Fähigkeit besitzen, neue Mitglieder aufnehmen zu können, ohne dabei den Integrationsprozess zu gefährden.

Die Erweiterung der EU bringt den Mitgliedsstaaten Vorteile:

- Der steigende Export in die Beitrittsländer führt zu einer Erhöhung des BIP und sichert viele Arbeitsplätze in den alten EU-Ländern.
- Die Zusammenarbeit der Mitgliedsstaaten in der Innen- und Rechtspolitik erleichtert die Bekämpfung von illegaler Migration und organisierter Kriminalität.
- Durch die Erhöhung der Umweltstandards in den Beitrittsländern kann die grenzüberschreitende Luft- und Wasserverschmutzung stark reduziert werden.
- Eine starke EU kann die Position Europas im globalen Welthandel festigen und ausbauen.
- Die Staaten, die einen Beitritt zur EU anstreben, erhoffen sich durch die Zugehörigkeit zum Binnenmarkt und durch die Finanzhilfen vor allem ein Ansteigen des Lebensstandards.

52.3

AUFGABEN >>

1 *Werte die Karikatur 52.1 aus.*
2 *Es gibt drei Bedingungen, die die neuen Beitrittskandidaten erfüllen müssen. Erkläre sie.*
3 *Ordne die einzelnen Punkte aus 52.3 den jeweiligen Beitrittsbedingungen zu.*

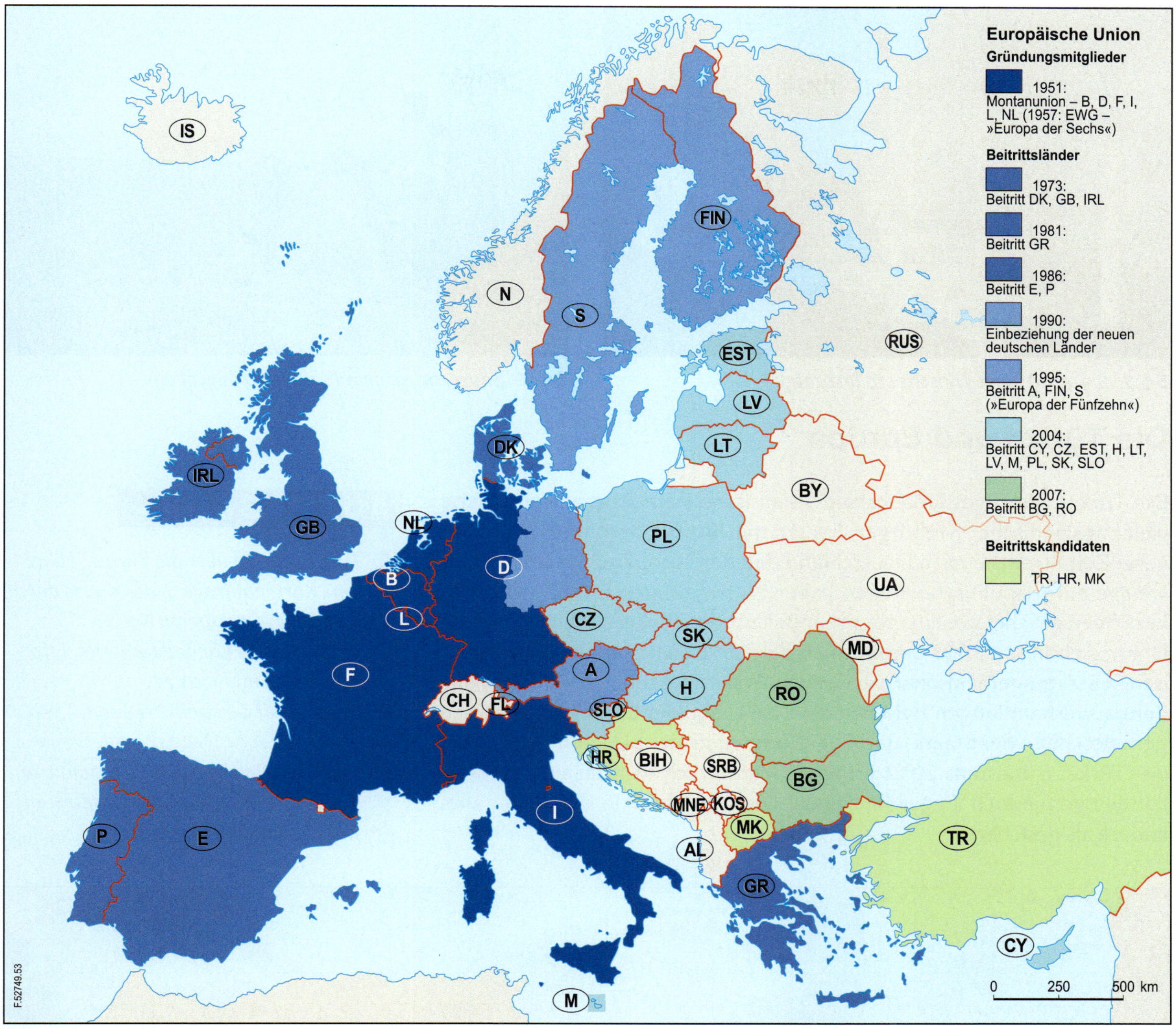

53.1 EU-Erweiterung

Gründe, die einen EU-Beitritt verhindern können:

- große Armut
- hohe Kriminalität
- Bestechung und Korruption
- kein Recht auf freie Meinungsäußerung
- Verfolgung ethnischer/religiöser Minderheiten
- gesellschaftliche Benachteiligung der Frau
- Todesstrafe
- hohe Staatsverschuldung

53.2

AUFGABEN >>

1 *Erstelle eine Tabelle der Mitgliedsstaaten der EU. Sortiere sie nach dem Eintrittsjahr und füge die Hauptstädte hinzu.*

2 *Notiere die Namen der Staaten, die eine EU-Mitgliedschaft anstreben.*

3 *Führt eine Diskussion zum Thema: „EU-Beitritt und -Erweiterung“. Bildet zwei Gruppen: EU-Länder, die keine Erweiterung wünschen und Kontra-Argumente sammeln, sowie Länder, die in die EU wollen und Pro-Argumente anführen.*

54.1 *Sultan-Ahmet-Moschee in Instanbul*

54.2 *Bauer auf seinem Feld in Ostanatolien*

Die Türkei und Europa

Die Türkei: günstiges Urlaubsland , islamische Demokratie, Heimatland vieler ausländischer Mitbürger, Frauen mit Kopftüchern und ... seit längerer Zeit Streitthema in Deutschland und der Europäischen Union. Nur wenige europapolitische Fragen haben zu so heftigen öffentlichen Diskussionen geführt wie ein möglicher Beitritt der Türkei zur Europäischen Union. Schon seit 1963 bemüht sich die Türkei, Mitglied in der europäischen Staatengemeinschaft zu werden. Erst im Oktober 2005 haben die Beitrittsverhandlungen zwischen der Türkei und der EU begonnen. Nach dem Beschluss der Staats- und Regierungschefs der EU kann der Beitritt der Türkei frühestens 2012 erfolgen. Vermutlich werden sich die Verhandlungen jedoch länger hinziehen. Die Aufnahme in die EU ist alles andere als gesichert.

AUFGABEN >>

1 *Was weißt du über die Türkei? Führt eine Kartenabfrage in der Klasse durch.*

2 *Bearbeite die stumme Karte.*

3 *Erstelle einen Ländersteckbrief. Informiere dich im Internet.*

4 *Was ist ein europäischer Staat? Wo endet Europa? Deutschland, Frankreich und Polen gehören bestimmt zu Europa. Wie steht es um Großbritannien, Zypern, die Türkei?*

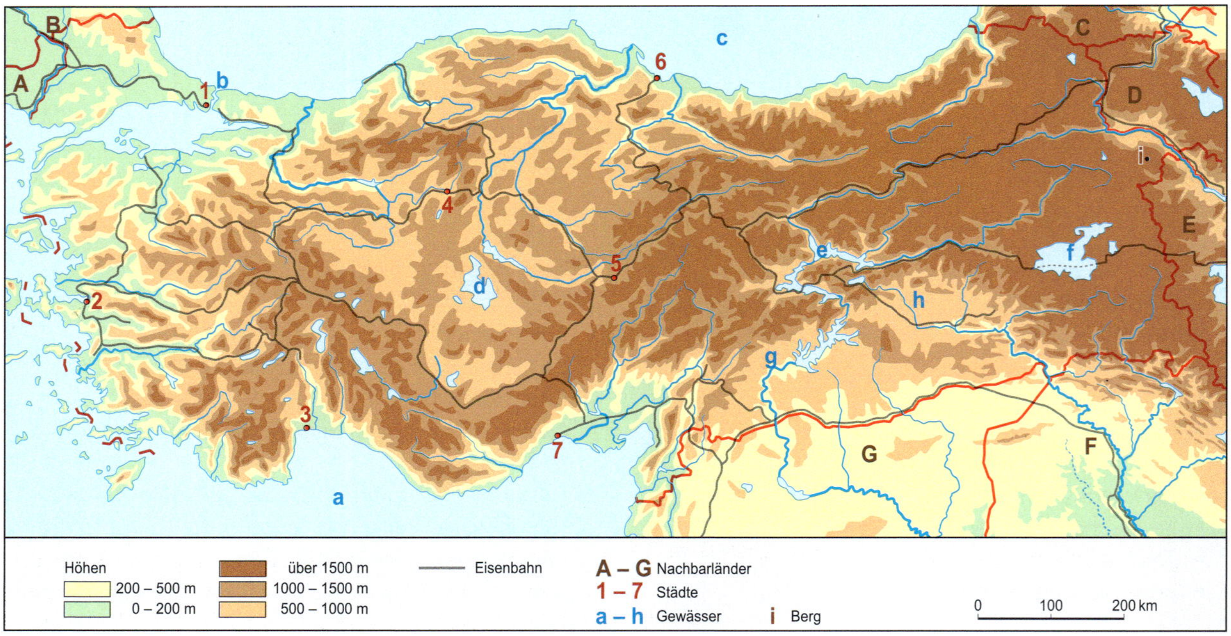

54.3 *Stumme Karte der Türkei*

Stimmen zum EU-Beitritt der Türkei

Hoffnungen

„Mit dem Mitglied Türkei wird die EU ihren Einfluss in der so bedeutenden Region des Nahen und Mittleren Ostens entscheidend steigern. Dadurch kann auch der Durchbruch bei der friedlichen Beilegung der Konflikte im Nahen Osten sowie im Irak gelingen. Mit dieser Entscheidung reicht die EU der islamischen Welt die Hand zur dauerhaften Versöhnung.

Diese Entwicklung wird auch zur Integration und Identifikation der Deutschland- und der EU-Türken mit ihrer neuen Heimat beitragen."

(Aus der Pressemitteilung der Türkischen Gemeinde in Deutschland nach dem Beschluss der EU am 16./17. Dez. 2004, Beitrittsverhandlungen aufzunehmen)

Bedenken

„Die 70 Millionen türkischen Staatsbürger wohnen weder in Ankara noch in Istanbul noch in den Tourismuszentren an der Küste, sondern die große Masse lebt auf dem Lande in Anatolien. Die kulturelle Distanz Anatoliens zu den genannten türkischen Städten ist groß, die kulturelle Distanz zu den bisherigen Mitgliedstaaten ist außerordentilch groß. (...) Ökonomisch hat die Türkei – trotz bestehender Zollunion mit der EU – im Vergleich mit allen anderen EU-Staaten den niedrigsten Lebensstandard; deshalb haben die türkischen Regierungen mit erheblichen finanziellen Mitteln der EU gerechnet. (...) Die EU würde sich mit einer Aufnahme der Türkei und weiterer Staaten ökonomisch und finanziell übernehmen." (...)

(Alt-Bundeskanzler Helmut Schmidt (SPD) in DIE ZEIT vom 25. Nov. 2004)

55.1 *Karikatur*

„Die EU ist mit der Türkei noch lange nicht zufrieden."

„Erweiterungskommissar beklagt andauernde Menschenrechtsverletzungen."

(Zeitungsmeldungen)

Brüssel – Befürworter und Gegner eines EU-Beitritts der Türkei haben am Mittwoch gleichermaßen neue Munition erhalten. (...)

Erweiterungskommissar Oli Rehn lobte einerseits die wirtschaftliche Entwicklung des Landes, beklagte aber andererseits das nach wie vor erhebliche Demokratiedefizit am Bosporus. „Der Türkei-Bericht der Kommission zeigt deutlich, dass auf dem Weg der Türkei in die EU Licht und Schatten dicht beieinanderliegen", sagte der Grünen-Abgeordnete Cem Özdemir. „Menschenrechtsverletzungen sind zwar seltener geworden, kommen aber immer noch vor", heißt es in seinem Bericht.

Außerdem: Der Rechtsrahmen zur Bekämpfung von Folter und Misshandlung sei zwar inzwischen vorhanden, jedoch müsse „energischer für die tatsächliche Ahndung dieser Straftaten gesorgt werden". Die Gewalt gegen Frauen biete „weiterhin Anlass zu ernster Sorge". (...)

Auch sorgen in Brüssel Berichte für Unruhe, wonach in der Türkei religiöse Minderheiten wie die 10 000 Christen in der Ausübung ihres Glaubens weiterhin benachteiligt würden.

Beifall erntete die Türkei dagegen für ihre ökonomische Entwicklung. Das Land sei eine „funktionierende Marktwirtschaft" und schon mittelfristig in der Lage, dem Wettbewerbsdruck und den Marktkräften innerhalb der Union standzuhalten.

(nach verschiedenen Pressemitteilungen zum Eu-Fortschrittsbericht vom 10.11.2005)

AUFGABEN >>

1. *Nenne Gründe, warum die Türkei in die EU möchte.*
2. *Finde im Text die verschiedenen Argumente, die für und gegen einen EU-Beitritt der Türkei sprechen. Ordne die Aussagen in Pro- und Kontra-Argumente.*
3. *Wie denkst du über einen Beitritt der Türkei? Schreibe eine eigene Stellungnahme.*

a Das Europa-Staatenraten

A Das Land, in dem ich lebe, wird auch als „grüne Insel“ bezeichnet. Ein Teil dieser Insel gehört zu einem anderen Mitgliedsstaat der EU. Mitte des letzten Jahrhunderts zwangen Hungersnöte viele Staatsbürger zur Auswanderung. Die meisten Auswanderer gingen in die USA.

B Mein Land hat eine Königin, die aus Deutschland stammt. 1995 trat ich der EU bei, habe den Euro als Währung aber nicht eingeführt. Ich gehöre zu den waldreichsten Ländern der Erde. Zu meinen Hauptenergiequellen gehört das Wasser.

C Ich lebe in einem Land der Gegensätze, mit reichen Regionen im Norden und armen Gegenden im Süden. In unserer Hauptstadt wurde die Europäische Wirtschaftsgemeinschaft beschlossen.

D Ich wohne im Norden Europas, im Land der Fjorde. Seit in der Nordsee auf unserem Territorium reiche Erdöl- und Erdgasvorkommen entdeckt wurden, geht es uns wirtschaftlich sehr gut.

E Ich gehöre zu den seenreichsten Ländern der Erde. In Europa hat nur Finnland mehr Seen als ich. Ein Fluss, der in Tschechien entspringt, bildet seit dem Ende des Zweiten Weltkriegs eine natürliche Grenze zu meinem westlich gelegenen Nachbarland.

F Ich lebe in einem Binnenstaat in Mitteleuropa. Durch mein Land fließt ein Fluss, der seine Quelle in Deutschland hat und schließlich ins Schwarze Meer mündet. Ungefähr 40 km nördlich von meiner Hauptstadt macht die Donau einen Knick und ändert ihre Fließrichtung um fast 90 Grad.

G Nach Russland bin ich das zweitgrößte Land Europas. Viele Flüsse durchkreuzen mich von Norden nach Süden und münden schließlich in das Schwarze Meer. Meine bekannteste Halbinsel ist die Krim.

H Meine Küstenregion an der Adria ist ein beliebtes Reiseziel. Ich grenze im Nordosten an Ungarn und verfüge über die kleinste Stadt der Welt.

I In meinem kleinen Land in der Mitte Europas werden vier Sprachen gesprochen: Deutsch, Französisch, Italienisch und Rätoromanisch.

J Ich bin zwar ein sehr kleines Land, verfüge aber über die höchste Einwohnerdichte Europas.

K In meinem Gebirgsland begann vor 2500 Jahren die Demokratie. Von meinen über 3000 Inseln im Mittelmeer sind nur knapp 90 bewohnt. Während der Antike galt ich als Wiege Europas.

L In meinem Königreich gelten drei verschiedene Amtssprachen: Niederländisch, Französisch und Deutsch. Ich liege zwischen den Ardennen und der Nordsee und gehöre ebenfalls zu den Gründerstaaten der EU.

M Das Königreich, in dem ich lebe, grenzt im Süden an Deutschland. Es besteht aus einer Halbinsel und rund 400 Inseln. Auf einer dieser Inseln liegt die Hauptstadt.

N Nur ein Teil meines Landes gehört zu Europa. Unsere größte Stadt liegt auf zwei Kontinenten. Wir streben die Aufnahme in die Europäische Union an.

O Ich lebe auf dem größten Inselstaat Europas, einem Land mit langer Tradition. Im 19. Jahrhundert begann bei uns die industrielle Revolution, außerdem waren wir eine Seefahrernation und besaßen ein großes Kolonialreich.

P Ich komme von einer Mittelmeerinsel, deren nördlicher Teil seit 1974 von einem anderen Staat besetzt ist.

Q Der Einwohnerzahl nach ist mein Heimatland das größte der EU, der Fläche nach das viertgrößte. Es hat die meisten Grenznachbarn, nämlich neun.

R Mein Heimatland liegt im Süden Europas. Es ist als Urlaubsland bei vielen Millionen Touristen beliebt. Vom südlichsten Punkt meines Landes ist es nicht mehr weit bis Afrika.

S Ich komme von einer kleinen Insel im Mittelmeer, die früher eine englische Kolonie war. Daher wird im kleinsten EU-Mitgliedsstaat auch heute noch Englisch gesprochen.

T Mein Land ist das südlichste der drei baltischen Staaten. Touristen besuchen unsere Hauptstadt und die Kurische Nehrung, einen Landstreifen in der Ostsee mit riesigen Wanderdünen.

AUFGABEN >>

1. *Staatenraten. Von welchen europäischen Staaten ist in den Sprechblasen jeweils die Rede?*
2. *Ordne die Sehenswürdigkeiten den entsprechenden Ländern zu.*
3. *Denke dir für deine Klasse eigene Staatenrätsel aus.*

Üben und Wiederholen

Das Haus Europa

Die Arbeitsaufträge zu dieser Abbildung können in Gruppen bearbeitet werden:

1. Benennt die in der Abbildung dargestellten Themen.
2. Erläutert die angesprochenen Probleme, verwendet dazu auch Informationen aus den entsprechenden Schulbuchseiten.

Karikatur

Werte die Karikatur aus.

Jahreszahlen

Finde zu den Jahreszahlen die passenden Ereignisse:

1951 1957 1968 1979
1993 2002 2004 2007

Was wäre, wenn ...
Stelle dir vor, es gäbe die EU nicht. Welche Errungenschaften der Gemeinschaft werden in der erfundenen Pressemeldung angedeutet?

Extrablatt

Die Europäische Union hat sich aufgelöst

An den Grenzen Deutschlands werden Ein- und Ausreisende seit dem frühen Morgen gründlich kontrolliert. Die Warteschlangen an den Grenzübergängen sind stellenweise auf über fünfzig Kilometer angewachsen.

Frankreich, Italien und die Benelux-Staaten bilden eine Zollunion. Alle Pkw-Importe aus Deutschland belegen diese Staaten seit heute mit einem Einfuhrzoll von zwanzig Prozent.

Die Preise für Milch und Brot sind in Deutschland über Nacht auf das Doppelte gestiegen.

Frankreich, Großbritannien und die Benelux-Staaten wollen das Abkommen von Dünkirchen erneuern. Es soll eine deutsche Vormachtstellung verhindern.

Alle europäischen Staaten haben ihre alten Währungen wieder eingeführt und gegenüber der D-Mark drastisch abgewertet. Vertreter der deutschen Industrie befürchten, dass der deutsche Export zusammenbricht.

Viele Firmen melden Kurzarbeit an. Sie hatten bisher die meisten ihrer Produkte in die EU geliefert. Massenentlassungen drohen.

Österreich, Ungarn und Deutschland wollen sich zu einem mitteleuropäischen Block zusammenschließen. Gerüchte über entsprechende Pläne kursieren in Berlin.

Mehrere Staaten des ehemaligen Ostblocks haben die Mobilmachung ihrer Truppen angeordnet. Als Grund werden Besorgnisse über die künftige politische Entwicklung in Deutschland angegeben.

Korrespondenten aus Athen, Madrid und Lissabon berichten übereinstimmend, dass man in Spanien, Portugal und Griechenland mit einem Rückfall in die Diktatur rechnen müsse. Entsprechende Befürchtungen bestehen bei den Führern der demokratischen Parteien dieser Länder.

(verändert nach: Politik und Unterricht, 3/93, Gerhart Maier)

Begriffe gesucht
- Er basiert auf den vier Freiheiten.
- In diesen Topf zahlen die reicheren Länder höhere Beträge als die ärmeren Länder.
- Der Wert aller innerhalb eines Jahres erbrachten wirtschaftlichen Leistungen in einem Staat heißt ...
- Die einzelnen Regionen innerhalb der EU sind unterschiedlich entwickelt.

Grundbegriffe
Binnenmarkt
Disparitäten
Bruttoinlandsprodukt (BIP)
Europäische Union
Strukturfond

3 Wirtschaftsmächte der Erde

FAX
ISD
STD
PCO
E'MAIL
BUSINESS
POINT
PHOTOSTAT
STD
ISD
PCO
HARNARAIN GOKALCHAND

Weltmacht USA

An der Ostküste der USA liegt zwischen Boston und Washington eines der bedeutendsten Ballungsgebiete der Erde: „BosWash". Dieses Gebiet ist auch eines der führenden Dienstleistungszentren der Erde. Alte Industriegebiete im Osten und im Mittleren Westen der USA haben dagegen an Bedeutung verloren und befinden sich derzeit in einem Umstrukturierungsprozess.

Der Westen der USA in der pazifischen Küstenzone ist ein weiterer Bevölkerungsschwerpunkt des Landes. Hier hat sich vor allem die Hightech-Industrie mit zahlreichen weltweit agierenden Unternehmen angesiedelt. Auch in der Landwirtschaft sind die USA führend. Fast alle landwirtschaftlichen Produkte können angebaut und auf dem Weltmarkt angeboten werden.

US-Truppen in der Welt
1 367 700 Soldaten (Reserve 1 200 600)
davon stationiert in
Europa und Balkan: 119 000
(Deutschland: 58 800)
Golfregion und Türkei: 55 400
Korea und Japan: 75 000

Militärmacht USA

Zu den grundlegenden Werten der Amerikaner gehört der feste Glaube an Freiheit, Demokratie und Gerechtigkeit.
Auch deshalb ist kein anderes Land weltweit so präsent wie die USA. Seit dem Zweiten Weltkrieg waren sie in zahlreiche Konflikte verwickelt (siehe Abb. 63.2).
Die Bedeutung des Militärs erkennt man auch daran, dass im Jahre 2003 knapp die Hälfte der weltweiten Rüstungsausgaben von den USA getätigt wurde (47 %).

Land	Anteil der weltweiten Rüstungsausgaben
USA	41,5 %
China	5,8 %
Frankreich	4,5 %
Großbritannien	4,5 %
Russland	4,0 %
Deutschland	3,2 %

AUFGABEN >>

1. *Fertige eine Mindmap zum Thema USA an.*
2. *Vergleiche die Strukturdaten der USA mit denen von Deutschland:*
   a) Einwohnerzahl *b) Lebenserwartung*
   c) Geburtenrate *d) Bruttonationalprodukt*
3. *Interpretiere die Werte.*

Land und Einwohner

Hauptstadt: Washington	
Fläche (in km²)	9 809 155
Einwohnerzahl	296 400 000
Bevölkerungsdichte (in Einw. pro km²)	30
städtische Bevölkerung (in %)	81
Bevölkerungswachstum (1990-2005, in %)	1,0
Geburtenrate	14
Sterberate	8

Bildung und Gesundheit

Einschulungsrate in der Grundschule (m/w)	94/90
Alphabetisierungsrate (m/w)	100/99
HIV-/Aids-Kranke (Erwachsene in %)	0,6
Ärzte pro 1000 Einw.	2,56
Säuglingssterblichkeit pro 1000 Geburten	6
Lebenserwartung (in Jahren)	78

Wirtschaft

Bruttoinlandsprodukt (BIP) (in Mrd. US-$)		12 416,5
Bruttonationaleinkommen (BNE) pro Kopf (in US-$)		43 560
Außenhandel:	Export (in Mrd. US-$)	1037
	Import (in Mrd. US-$)	1919
Erwerbstätigkeit:	Landwirtschaft (in %)	1,6
	Industrie (in %)	20,7
	Dienstleistungen (in %)	77,7
Arbeitslosigkeit (offizielle Angaben in %)		4,6

Umwelt und Entwicklung

Energieverbrauch pro Kopf (in kg Öleinheiten)	7920
CO_2-Emissionen pro Kopf (in t)	19,9
Human Development Index* (HDI-Weltrang)	0,951 (12)

alle Daten aus dem Fischer Weltalmanach 2008,
* Daten aus dem Human Development Report 2007/2008

Einwanderungsland USA

In den Vereinigten Staaten leben heute Menschen aus allen Gebieten der Erde. Bis zum Zweiten Weltkrieg bildeten die Europäer die größte Einwanderergruppe, wobei die Mehrzahl aus Großbritannien, Deutschland, Italien und Irland kam. Diese brachten Afrikaner als Sklaven in die USA, die ebenfalls ihre eigene Kultur mitbrachten – ebenso die Hispanics, die aus dem Süden in die USA kamen. Aus den Einwanderern und den Ureinwohnern entstand eine vielfältige und lebendige Gemeinschaft. Die USA werden daher auch als „Melting Pot" bezeichnet.

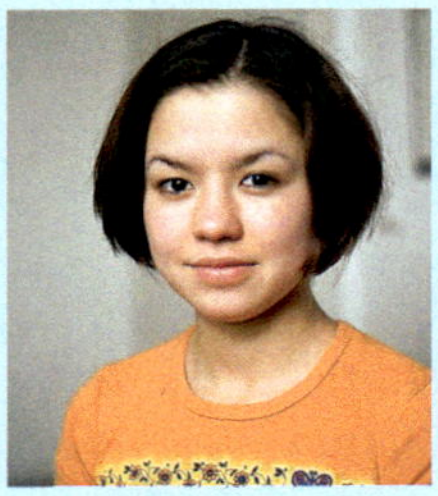

„Ich heiße Kim und bin als kleines Kind mit meinen Eltern aus China in die USA gekommen. Meine Eltern waren mit der Politik der chinesischen Regierung nicht einverstanden. Mein Vater wurde deshalb einige Male verhaftet und verhört. Wir sind dann mit weiteren unerwünschten Chinesen einfach abgeschoben worden und waren froh, so freundlich in den USA aufgenommen zu werden. Hier geht es uns sehr gut, jeder darf seine Meinung frei äußern. Jeder hat die Chance, das zu werden, was er möchte. Ich bin stolz darauf, hier leben zu dürfen."

„Mein Name ist Josuha und ich lebe in einem Indianerreservat in Arizona. Meine Vorfahren vom Stamm der Navajo siedelten auf dem amerikanischen Kontinent, schon lange bevor die ersten Europäer ins Land kamen. Jahrhunderte lang führten wir ein Leben im Einklang mit der Natur. Als die ersten weißen Siedler kamen, gab es noch über eine Million Indianer, am Ende der erbitterten, aber aussichtslosen Kämpfe nur noch 200 000. Uns blieben nur die von den Weißen zugeteilte Reservate. Meist waren dies Gebiete, die für die weißen Siedler uninteressant waren. Heute leben in den USA wieder zwei Millionen Indianer, die meisten immer noch unter schwierigen Verhältnissen in den ungefähr 300 Reservaten. Doch wir besinnen uns wieder auf unsere Traditionen und fordern auch unsere Bürgerrechte ein."

64.1 *Minderheiten in den USA*

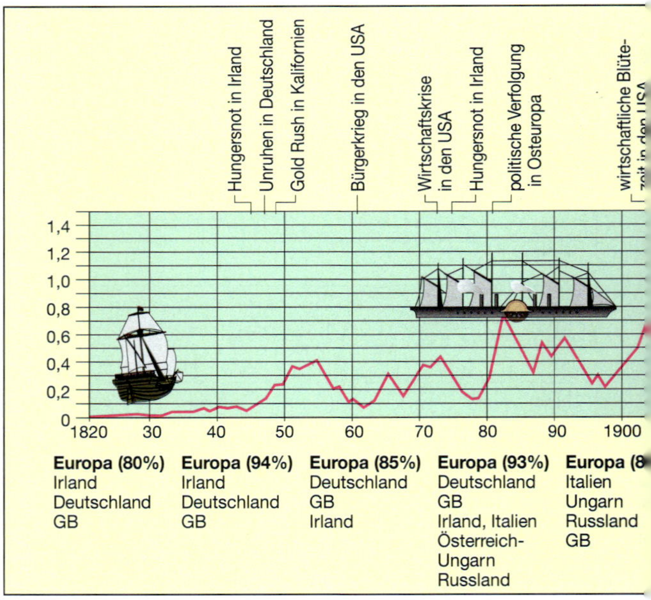

64.2 *Einwanderung in die USA*

AUFGABEN >>

1 *Beschreibe die Einwanderung in die USA von 1820 bis heute.*

2 *Nenne Gründe, die Einwanderer in die Vereinigten Staaten führten und auch heute noch führen.*

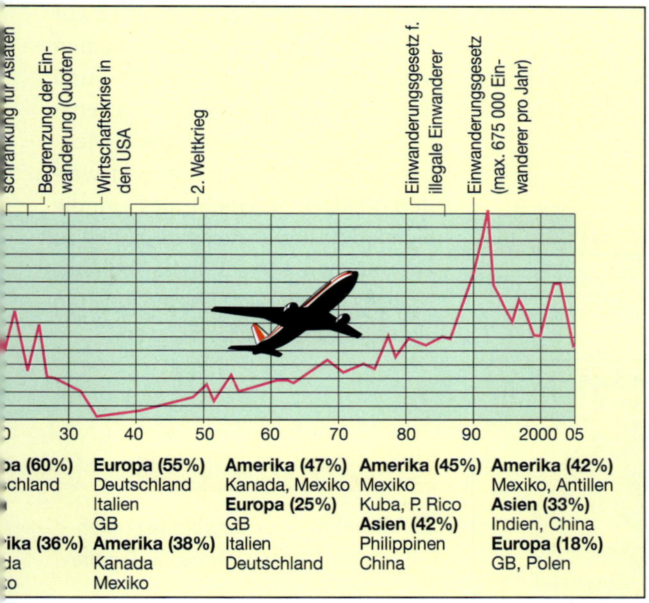

AUFGABEN >>

3 *Beschreibe mithilfe der Karte 64.1 die Verteilung der Bevölkerungsgruppen: a) der Hispanics b) der Afro-Amerikaner*

4 *Finde Gründe für die Verteilung der Bevölkerungsgruppen in den USA. Verwende dazu Abb. 64.2.*

„Mein Name ist Maria Hernandez. Meine Eltern sind in Mexiko aufgewachsen und kamen als Saisonarbeiter in die USA, um auf den großen Feldern in der Landwirtschaft zu arbeiten. Hier konnten sie mehr Geld verdienen als in Mexiko.
Sie haben deshalb versucht, für immer hierzubleiben. Das war nicht einfach, denn die amerikanische Regierung verleiht nicht jedem die Staatsbürgerschaft. Wegen unserer lateinamerikanischen Abstammung werden wir auch Hispanics genannt. Heute leben fast 30 Millionen Hispanics in den USA.
Viele Menschen aus Lateinamerika versuchen, auch ohne Aufenthaltsgenehmigung in das Land zu kommen. Wenn sie erwischt werden, müssen sie sofort wieder zurück in ihre Herkunftsländer."

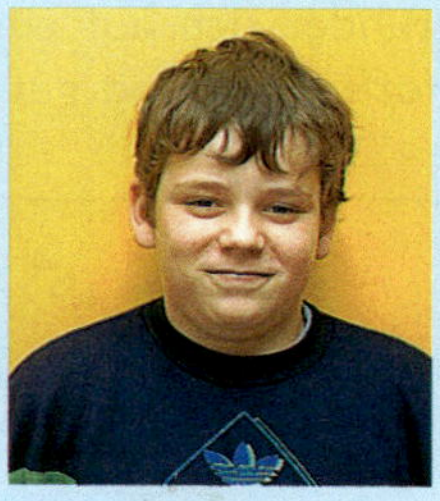

„Hallo, ich bin John O'Sullivan. Meine Urgroßeltern wanderten vor 150 Jahren von Irland nach Amerika aus, weil sie hier auf ein besseres Leben ohne Hungersnöte und Kriege hofften. Meine Eltern haben viele Landsleute als Freunde.
Ich merke aber nur an den großen gemeinsamen Festtagen, zum Beispiel am Patrickstag, dass wir ursprünglich aus Irland stammen."

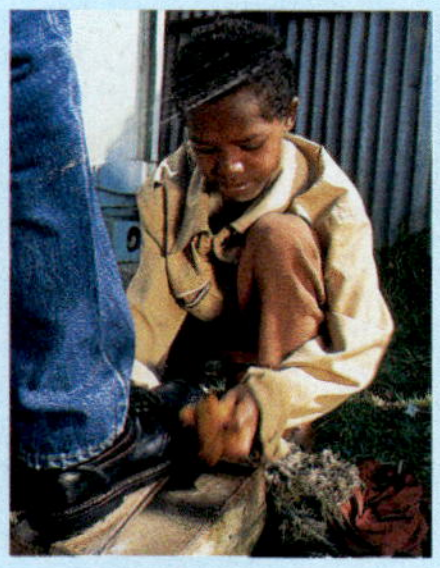

„Hi, ich bin Jarvis und lebe in Detroit. Es ist schon über 300 Jahre her, dass meine Vorfahren aus Westafrika als Sklaven in die ‚Neue Welt' geholt wurden. Sie arbeiteten in den Südstaaten auf den Baumwoll-, Tabak- oder Zuckerrohrplantagen.
Nach dem Sieg der Nordstaaten im amerikanischen Bürgerkrieg wurde 1865 die Sklaverei verboten. Aber es dauerte noch über 100 Jahre, bis wir als gleichberechtigt galten. Auf der Suche nach Arbeit sind dann meine Großeltern vor 40 Jahren in den Norden gezogen."

Wirtschaftsmacht USA

66.1 *US-amerikanische Firmen*

Die USA sind die weltweit führende internationale Wirtschafts- und Handelsmacht. Mit rund 300 Millionen Einwohnern (4,6 % der Weltbevölkerung) erwirtschaftet das Land rund ein Viertel des jährlichen Welteinkommens. Diese Spitzenstellung gründet sich auf ein großes, rohstoffreiches und gut erschlossenes Territorium, auf einen riesigen Binnenmarkt sowie auf ein Wirtschafts- und Finanzsystem, das durch unternehmerische Initiative und freien Handel gekennzeichnet ist.

Viele amerikanische Konzerne agieren weltweit und erwirtschaften einen Großteil ihres Umsatzes im Ausland – auch bei uns in Deutschland. Die dortigen Produktionslagerstätten sind häufig aufgekaufte Unternehmen.

Die multinationalen Konzerne setzen viel Kapital für Forschung und Entwicklung ein, um an der Weltspitze zu bleiben.

Die USA verfügen über fast alle wichtigen Bodenschätze, zum Teil sogar in ausreichender Menge zur Selbstversorgung. Aber sie haben auch den höchsten Energie- und Rohstoffverbrauch aller Industrienationen. Deshalb müssen große Mengen an Rohstoffen importiert werden. Vielfach geschieht dies, um die eigenen Reserven nicht zu schnell zu verbrauchen. Mit 25 % des Weltverbrauchs haben die USA den größten „Energiehunger" aller Staaten.

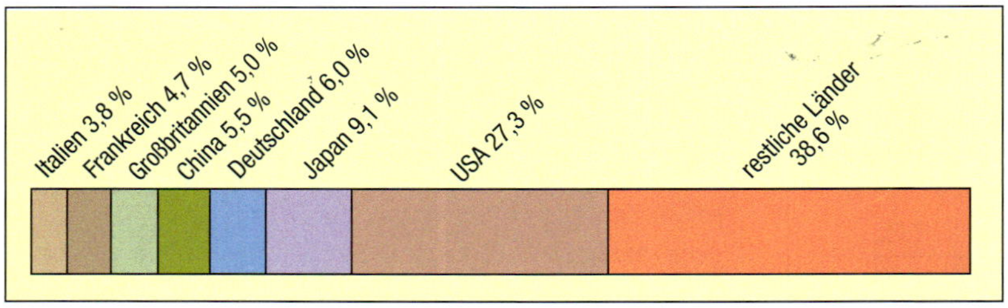

66.2 *Anteile einzelner Staaten am weltweit erwirtschafteten BNE (2008)*

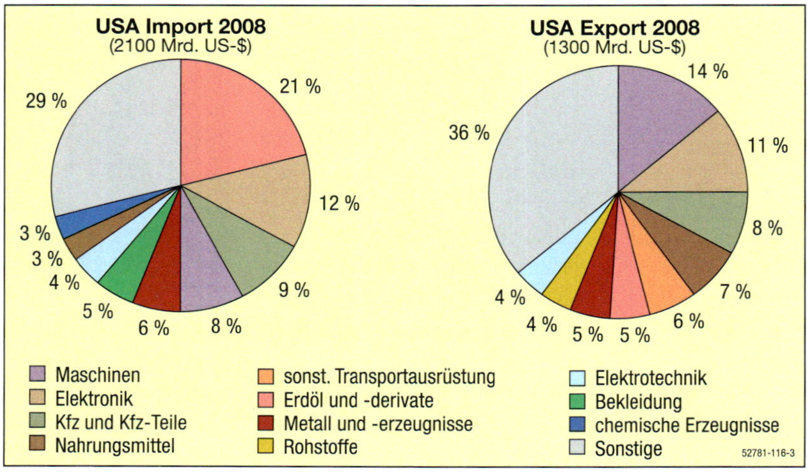

66.3 *Außenhandel der USA*

AUFGABEN >>

1 *Beim täglichen Einkauf begegnen dir ständig amerikanische Topmarken.*

a) Ordne den Logos aus Abb. 66.1 die jeweiligen Produkte zu.

b) Welche amerikanischen Topmarken kennst du noch? Erstelle eine ABC-Liste.

2 *Beschreibe mithilfe der Grafiken den Außenhandel der USA.*

67.1 *Industriegebiete und wichtige Bodenschätze*

Industrielle Strukturen

Auch in den USA unterlag die industrielle Entwicklung von Beginn an Schwankungen. Im Gegensatz zu dem einst führenden, aber zersplitterten und durch Kriege immer wieder zurückgeworfenen Europa, konnte Amerika jedoch seine Vorteile bis in die Gegenwart ausspielen. Die zunächst besonders im Nordosten günstigen natürlichen Standortfaktoren wurden dabei auf fast ideale Weise mit den für die US-Wirtschaft typischen Antriebskräften verbunden:

- großes Potenzial meist qualifizierter, leistungsbereiter und mobiler Arbeitskräfte,
- rasch wachsender Binnenmarkt mit großer Kaufkraft,
- Risikobereitschaft von Kapitalgebern und privaten Unternehmern,
- hohe Investitionen in Forschung und zukunftsfähige Technologien sowie große staatliche Aufträge für Rüstung und Raumfahrt,
- Kooperationsbereitschaft der Gewerkschaften, die in Notfällen auch Lohnsenkungen zustimmen.

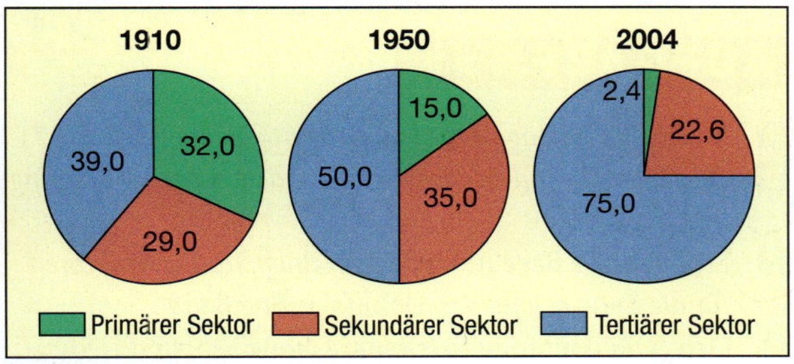

67.2 *Wirtschaftssektoren der USA (Anteil der Beschäftigten)*

Alte und neue Industrieregionen

Der Manufacturing Belt im Nordosten der USA ist der traditionelle industrielle Kernraum und auch heute noch das weltweit größte Industriegebiet.

Etwa 1970 begann jedoch ein rasanter wirtschaftlicher Niedergang, der wie in allen altindustrialisierten Revieren der Schwerindustrie durch Absatzkrisen bei Kohle, Stahl und den daraus erzeugten Produkten ausgelöst wurde. Nie gekannte Strukturprobleme und soziale Schieflagen belasteten die Unternehmen und Städte.

Die verstärkte Ansiedlung von Dienstleistungsbetrieben und Hightech-Firmen schufen die Grundlage für einen neuen Aufschwung. Der schon vor der Strukturkrise einsetzende Aufstieg des „Sunbelt" wurde durch Standortverlagerungen und Neugründungen auch aus militärstrategischen Überlegungen sowie der Erschließung neuer Energiequellen eingeleitet. Die Mehrzahl der „Sunbelt-Branchen" ist jedoch nicht auf Bodenschätze angewiesen und konzentriert sich auf wenige Staaten und Verdichtungsräume.

AUFGABEN >>

1 *Beschreibe die Lage der wichtigsten Bodenschätze und Industriegebiete der USA (Abb. 67.1).*

2 *Beschreibe die Entwicklung der Wirtschaftssektoren in den USA.*

3 *Nenne Gründe dafür, warum die USA nicht so stark vom Außenhandel abhängig sind wie Deutschland.*

68.1 *Autoproduktion 1925 in Detroit*

68.2 *Verlassener Industriebetrieb in Pittsburgh*

Der Manufacturing Belt

Im Manufacturing Belt werden rund 45 % der gesamten industriellen Güter der USA produziert. Der Manufacturing Belt lässt sich in mehrere Teilräume gliedern. Ein solcher Teilraum ist der verstädterte Raum zwischen Boston und Washington, „BosWash" genannt. Hier hat sich eine Industrie entwickelt, die modernste elektronische Ausrüstungen für alle Hightechbereiche, z. B. für die Luft- und Raumfahrt, herstellt. Davon unterscheidet sich der Großraum Pittsburgh, dessen Grundlage einst die Eisen- und Stahlindustrie bildete. Noch heute ist diese Region durch weiterverarbeitende Betriebe der Metallindustrie sowie des Maschinen- und Fahrzeugbaus gekennzeichnet. Im Großraum Detroit liegt der Schwerpunkt der US-amerikanischen Automobilindustrie mit ihren Zulieferfirmen (z.B. Autoreifenproduzenten).

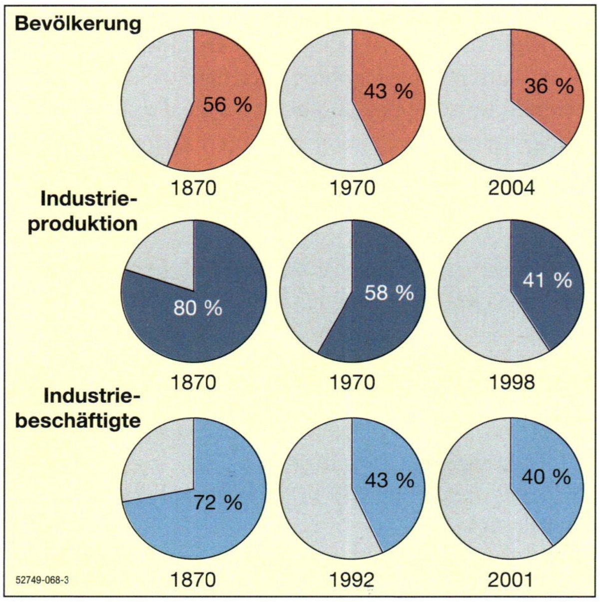

68.3 *Anteile des Manufacturing Belts in den USA*

Trotz erheblicher Veränderungen in den letzten Jahrzehnten ist der Manufacturing Belt die „Werkstatt" der Nation, der wirtschaftliche Kernraum mit einer ungeheuer vielfältigen industriellen Produktion, geblieben. Dennoch hat die alte Industrieregion einen erheblichen Bedeutungsrückgang zu verzeichnen, der zu Krisen und Entwicklungsstillstand in den Problemgebieten führte. In vielen Branchen, wie z. B. in der Automobilindustrie, wurden Arbeitsplätze unsicher oder gingen ganz verloren. Veraltete und stillgelegte Industrieanlagen führten zu der abschätzigen Bezeichnung „Rust Belt".

Standortfaktoren des Manufacturing Belts

- große, leicht abbaubare Lagerstätten von Steinkohle und Eisenerz
- starker Zustrom von Arbeitskräften durch Einwanderer
- günstige Verkehrsanbindungen
- große Absatzmärkte an der Ostküste und steigender Bedarf an Eisen, Stahl und Maschinen, Brücken, Autos, Schienen und Konsumwaren
- steigende Bedeutung der Binnenhäfen für den Überseehandel

AUFGABEN >>

1 *Beschreibe die Lage des Manufacturing Belts (Karte S. 67).*

2 *Durch welche Industriebereiche wurde der Manufacturing Belt geprägt?*

3 *Erläutere die Bedeutung der einzelnen Standortfaktoren für die Entwicklung des Manufacturing Belts.*

4 *Den Manufacturing Belt könnte man auch als das Ruhrgebiet der USA bezeichnen. Erkläre.*

69.1 *Miami Beach*

69.2 *Flugzeugproduktion in Seattle*

Der Sunbelt

Der nationale und internationale Bedarf an Produkten der Wachstumsindustrien führte dazu, dass im Süden ein wirtschaftliches Gegengewicht zum Nordosten entstand. Große Investitionen zogen die Ansiedlung vieler Unternehmen nach sich. Petrochemie, Raumfahrttechnik, Flugzeugbau, Mikroelektronik, Rüstungsindustrie und Agrobusiness brachten den Aufschwung. Houston, Dallas und Atlanta entwickelten sich zu wichtigen Industrie-, Handels-, Finanz- und Verkehrszentren. Houston wurde vor allem als Sitz der NASA bekannt, Atlanta ist Sitz in- und ausländischer Wirtschaftsunternehmen. Die neuen Industriegebiete liegen überwiegend im sogenannten „Sunbelt". Der Verlagerung bzw. Neuansiedlung der Industrie folgte eine enorme Wanderung der Beschäftigten vom „Snowbelt" im Norden zum „Sunbelt" im Süden. Die z. T. hoch qualifizierten Arbeitskräfte wurden vom warmen Klima, einer höheren Lebensqualität und geringeren Lebenshaltungskosten angezogen. Eine weitere Wirtschaftsregion der Zukunft entwickelt sich im Nordwesten im Raum Seattle (Region Cascadia).

Standortfaktoren des Sunbelts

- großes Industrieflächenangebot
- niedrige Grundstückspreise
- staatliche Subventionen
- geringe Steuerbelastungen
- Infrastrukturvorgaben (Verkehrserschließung, Industrieparks)
- geringer gewerkschaftlicher Organisationsgrad der Arbeitnehmer
- niedrige Bau- und Energiekosten
- wachsender Absatzmarkt

AUFGABEN>>

1. *Beschreibe die Lage des Sunbelts.*
2. *Welche Industrien sind typisch für den Sunbelt?*
3. *Erläutere die Bedeutung der einzelnen Standortfaktoren für die Entwicklung des Sunbelts.*
4. *Erkläre den Zusammenhang zwischen der Entwicklung der Beschäftigtenanteile und des Sunbelts.*

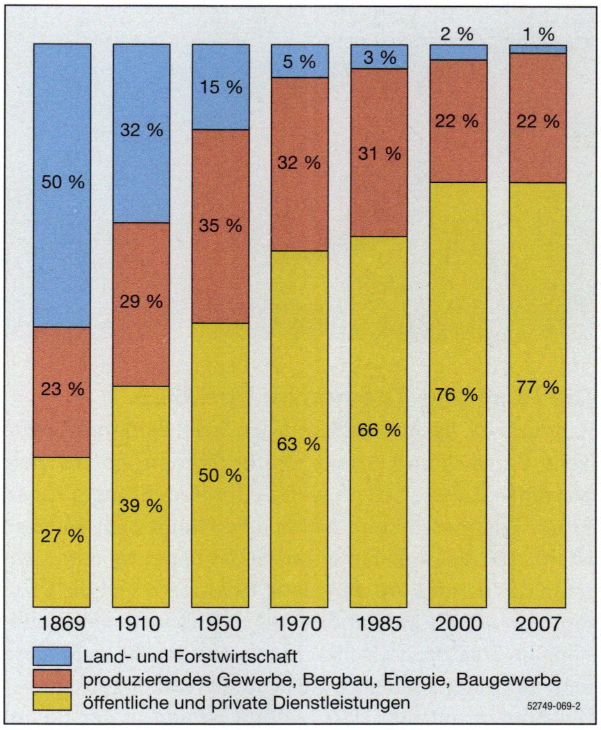

69.3 *Beschäftigtenanteile nach Wirtschaftssektoren*

Russland – größtes Land der Erde

Die Russland-Themen im Überblick

Russland ist das größte Land der Erde. Es nimmt weite Teile Europas und Asiens ein. In Sibirien gibt es viele wertvolle Rohstoffe von weltweiter Bedeutung: Erdgas, Erdöl, Edelmetalle und Kohle. Die Hauptstadt Moskau ist mit 10 Millionen Einwohnern das bedeutendste Zentrum des Landes. Ab dem Jahr 1991 löste sich die Sowjetunion auf. Es entstanden neben Russland viele unabhängige Staaten. Zwischen Russland und diesen Staaten kam es immer wieder zu Auseinandersetzungen.
Zusammen mit den USA bildet Russland in der Raumfahrttechnik die Weltspitze.

AUFGABEN >>

1. *Was fällt euch zum Thema Russland ein? Sammelt euer Vorwissen mihilfe einer Kartenabfrage.*
2. *Erstelle eine Skizze zu Russland und trage darin die Nachbarstaaten, die Millionenstädte und die wichtigsten Flüsse und Gebirge ein.*
3. *Ermittle die Ost-West und Nord-Süd-Ausdehnung von Russland.*
4. *„Vielvölkerstaat Russland" – vergleiche die Situation mit der in den USA (Seite 65/65).*

Vielvölkerstaat Russland

Russland ist das größte Land der Erde. Kein Wunder, dass auf seiner gigantischen Fläche auch eine große Völkervielfalt zu finden ist. Die 142 Mio. Menschen in Russland gehören rund 100 verschiedenen Volksgruppen an. Fast 80 % der Bevölkerung sind Russen. Völker wie die Ewenken zählen jedoch nur wenige Zehntausend Menschen. Anders als in den USA, wo die Menschen von sich aus eingewandert sind, sind die meisten Volksgruppen Russlands nicht freiwillig russische Staatsbürger geworden. Sie wurden im Laufe der Jahrhunderte mit der Ausweitung des russischen Reiches „einverleibt". Dabei wurden viele Menschen gegen ihren Willen umgesiedelt und man versuchte, die Völker zu einem gemeinsamen Volk zu verschmelzen. So sind z. B. mit der industriellen Erschließung Sibiriens ganze Volksstämme in Industriestädte umgesiedelt worden. Diese verlieren langsam ihre Kultur, ihre Sprache und ihr Nationalbewusstsein. Viele frühere Jäger und Fischer sind in der Großstadt nichts mehr als unqualifizierte Hilfsarbeiter.

71.1 *① Ewenin, ② Tuwiner, ③ Jakutin, ④ Nenze, ⑤ Chante, ⑥ Russe*

71.2 *Völker in Russland*

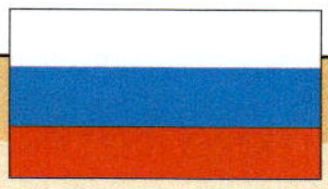

Land und Einwohner

Hauptstadt: Moskau	
Fläche (in km²)	17 075 400
Einwohnerzahl	143 000 000
Bevölkerungsdichte (in Einw. pro km²)	8,3
städtische Bevölkerung (in %)	73
Bevölkerungswachstum (1990-2005, in %)	– 0,5
Geburtenrate	10
Sterberate	16

Bildung und Gesundheit

Einschulungsrate in der Grundschule (m/w)	91/92
Alphabetisierungsrate (m/w)	100/99
HIV-/Aids-Kranke (Erwachsene in %)	1,1
Ärzte pro 1000 Einw.	4,3
Säuglingssterblichkeit pro 1000 Geburten	14
Lebenserwartung (in Jahren)	65

Wirtschaft

Bruttoinlandsprodukt (BIP) (in Mrd. US-$)		763,7
Bruttonationaleinkommen (BNE) pro Kopf (in US-$)		4460
Außenhandel:	Export (in Mrd. US-$)	241,2
	Import (in Mrd. US-$)	98,6
Erwerbstätigkeit:	Landwirtschaft (in %)	10
	Industrie (in %)	30
	Dienstleistungen (in %)	60
Arbeitslosigkeit (offizielle Angaben in %)		7,3

Umwelt und Entwicklung

Energieverbrauch pro Kopf (in kg Öleinheiten)	4460
CO_2-Emissionen pro Kopf (in t)	10,3
Human Development Index* (HDI-Weltrang)	0,802 (67)

alle Daten aus dem Fischer Weltalmanach 2008,
* Daten aus dem Human Development Report 2007/2008

Moskau – Hauptstadt im Umbruch

72.1 *Stadtansicht von Moskau*

Metropole Moskau
Bedeutung: politisches, wirtschaftliches, kulturelles und religiöses Zentrum Russlands, Hauptstadt
Einwohner: 10 508 000 (2009)
Fläche: 1097 km²
Gründung: vor 1147
Sehenswürdigkeiten: Kreml (Sitz der russischen Regierung), Weißes Haus (Sitz des russischen Parlaments), Roter Platz, Warenhaus GUM
Fluss: Moskwa

72.2 *Das Bolschoi-Ballett ist weltberühmt*

72.3 *Für die „neuen Russen" ist das Teuerste gerade gut genug*

Moskau ist berühmt für den Kreml mit seinen zahlreichen Palästen und Kirchen, den Roten Platz und die Basiliuskathedrale mit den vergoldeten Kuppeln: All diese Gebäude sind Zeugen einer großen Vergangenheit. Doch wie sieht die Stadt heute aus?

Boomtown Moskau

Seit Mitte der 1990er-Jahre wurden in der Innenstadt glitzernde Einkaufspassagen und gläserne Neubauten errichtet. Fußgängerzonen mit Boutiquen, die denen in London oder Paris kaum nachstehen, entstanden. Geschäfte und Werbeplakate zeigen, dass sich Russland der westlichen Wirtschaft geöffnet hat. Überall wird gebaut, umgebaut und restauriert. Alle großen Unternehmen der Welt wollen in Moskau vertreten sein und gründen Niederlassungen und Geschäfte. Moskau „boomt"! Das wichtigste innerstädtische Verkehrsmittel, die Metro, befördert in 2500 Zügen täglich mehr als sechs Millionen Menschen. Fast alle große russische Unternehmen und Banken haben ihren Sitz in Moskau.

73.1 *Straßenkinder schnüffeln betäubende Dämpfe*

73.2 *Obdachloser*

Schattenseiten der Stadt

Das Leben in der Stadt ist sehr teuer geworden. Die Preise für Lebensmittel, Kleidung, Energie und Miete sind in den vergangenen Jahren enorm gestiegen. Anders als in Zeiten der Sowjetunion kann man heute alles kaufen, die meisten Menschen können es sich aber nicht leisten. Der Durchschnittslohn eines Moskauer Arbeiters beträgt monatlich 18 000 Rubel (2009) – das sind etwa 600,- €. Rentner sind besonders arm dran. Sie müssen mit einer durchschnittlichen Rente von 1700 Rubel (2009) – etwa 57,- € – auskommen. Da dieser Betrag unter dem offiziellen Existenzminimum liegt, müssen viele ihre Rente durch Nebenjobs aufbessern. Die Arbeiten als Garderobenfrau in einem Museum oder als Rolltreppenaufseherinnen in der Moskauer Metro sind fest in der Hand alter Menschen. Viele können sich nur einfachste Lebensmittel kaufen: Graupen, Gries, Brot, Salz und Tee.

Auch viele Kinder stehen auf der Schattenseite. Oft sind sie von zu Hause weggelaufen und leben auf der Straße. Es gibt bereits Zehnjährige, die drogenabhängig sind und kriminell werden.

Ware/Leistung	Preis in Rubel
Brot	8–9
1 Liter Milch	24
Big Mac	52
Miete einfache 1-Zi.-Whg. (schlechte Lage)	2000
offizielles Existenzminimum	6441

73.3 *Lebenshaltungskosten in Moskau*

Da fragt man sich, warum so viele Menschen im „Herzen Russlands" leben wollen. Moskau liegt nah am Westen und orientiert sich stark an Europa. Dazu bieten die Unternehmen aus aller Welt bessere Arbeitsmöglichkeiten als in weiten Teilen Russlands. Die Hoffnung der Zuwanderer ist also groß, hier Arbeit zu finden und in die Mittelschicht aufzusteigen. Es lebt sich also trotz der hohen Preise in der Hauptstadt immer noch angenehmer als im Rest des Landes.

AUFGABEN >>

1. *Beschreibe mithilfe des Atlasses die Lage Moskaus in Russland und in Europa.*
2. *Was hat sich in Moskau seit 1990 geändert? Beschreibe, was dies für die Menschen bedeutet.*
3. *Ermittle die deutschen Preise für die in Abb. 73.3 genannten Waren und informiere dich auch über die durchschnittlichen Einkünfte deutscher Rentner. Was fällt dir beim Vergleich des Lebensstandards auf?*
4. *Erweitere den Steckbrief Moskaus mithilfe des Internets, um die Metropolstellung der Hauptstadt darzustellen.*

Millionendeal für Schalke 04: Gazprom steigt ein

Bis ins Jahr 2012 wird der russische Energiekonzern Hauptsponsor des Fußball-Bundesligisten sein. Schalke fließen dadurch Sponsorengelder in dreistelliger Millionenhöhe zu; der Verein liegt damit in einer Preisklasse mit dem FC Bayern München. Ein Firmensprecher erklärte, Ziel sei es, den Bekanntheitsgrad Gazproms zu erhöhen, da nach einer Richtlinie der Europäischen Union auch der Endverbraucher bald sein Gas direkt von Gazprom beziehen kann.

(Aus einer Pressemitteilung vom Oktober 2006)

Gas aus Russland

Neben Norwegen und Großbritannien deckt Russland den Großteil unseres Erdöl- und Erdgasbedarfs (Abb. 74.2). Das Erdgas wird vor allem in Sibirien gewonnen. Durch Pipelines kommt es auch zu uns. Das gesamte Gaspipelinenetz Russlands umfasst mehr als 400 000 Kilometer, das entspricht dem Zehnfachen des Erdumfangs am Äquator!

Gaslieferungen aus Russland – ein politisches Druckmittel?

Auch bei uns in Deutschland heizen die meisten Haushalte mit Erdöl und Erdgas oder bereiten damit ihr Warmwasser zu. Aufgrund der großen Einfuhren aus Russland befürchten viele Politiker eine Abhängigkeit von Russland. Liefereinschränkungen hätten nicht bloß auf die Privathaushalte, sondern auf die gesamte Wirtschaft einen Einfluss. Doch nicht nur Deutschland, auch die Staaten Osteuropas sind auf russisches Gas angewiesen. Durch die Ukraine führen zahlreiche Pipelines, die Europa versorgen (Abb. 75.1). Im Januar 2009 stellte Gazprom die Lieferungen durch die Ukraine für drei Tage ein, weil sich die Ukraine weigerte, marktübliche Preise zu zahlen. Außerdem wurde der Ukraine vorgeworfen, zu viel Gas für den eigenen Bedarf abgezweigt zu haben. Der russischen Regierung ging es jedoch nicht nur um den höheren Profit, sie wollte auch ihren politischen Einfluss auf die ehemaligen Sowjetstaaten behaupten.

Hätte dieser Streit länger angedauert, so wäre auch die deutsche Gasversorgung gefährdet gewesen, da wir ebenfalls über Pipelines versorgt werden, die durch die Ukraine führen. In einigen Staaten Südosteuropas brach mitten im Winter die Energieversorgung zusammen. Viele Menschen mussten frieren.

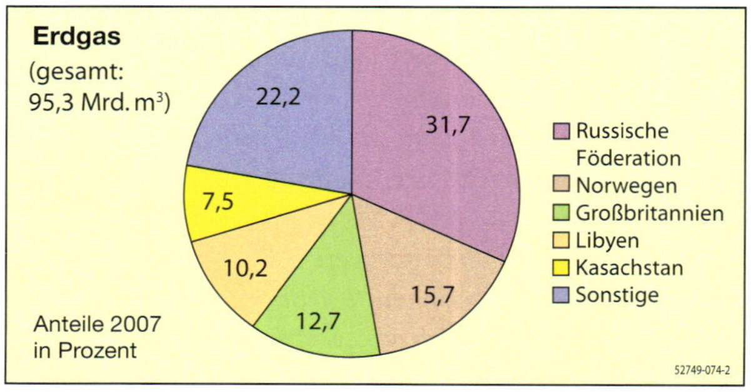

74.2 *Erdgaslieferanten Deutschlands*

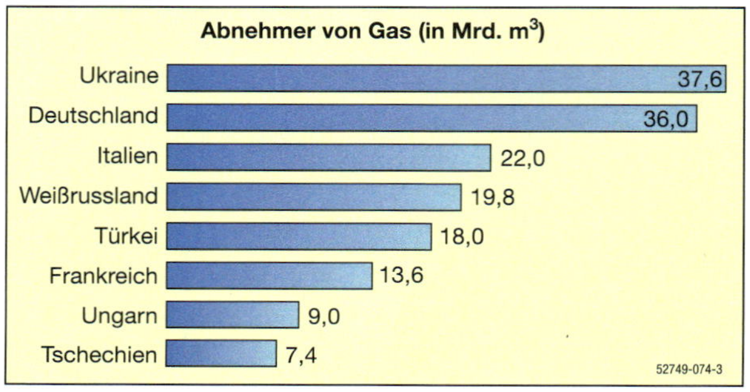

74.3 *Russlands Erdgaskunden (2008)*

75.1 *Erdgas aus Russland*

Erdgasreserven

26 % der nachgewiesenen Erdgasvorkommen befinden sich in Russland. Der Gazprom-Konzern rechnet ferner damit, 2013 in der Barentsee weitere 3,5 Bio. m³ Erdgas fördern zu können. Die Erschließungskosten belaufen sich auf 15 Mrd. $. Dieses aus 330 m Wassertiefe geförderte Erdgas soll die Versorgung der Abnehmerländer auf viele Jahrzehnte hinaus sicherstellen. So wird fast die Hälfte des in Deutschland verbrauchten Erdgases von Gazprom geliefert. Die russischen Erdgasreserven stellen sich im Vergleich von 1990 bis 2008 wie folgt dar:

	1990	2002	2007	2008
Mrd. m³	45 280	47 000	47 544	44 650

75.2 *Erdgasreserven Russlands*

75.3 *Erdgaspipeline*

AUFGABEN >>

1 *Deutschland ist abhängig von russischem Gas. Belege die Aussage am Kreisdiagramm.*

2 *Beschreibe, wie Russland das Gas als politisches Druckmittel gegenüber den Abnehmerländern einsetzen kann.*

3 *Erläutere die Tabelle der russischen Erdgasreserven.*

4 *Wie kann Deutschland seine Abhängigkeit von russischem Erdgas verringern?*

a Eine Reise durch die GUS

Benenne die Stationen der Reise und ordne jeweils eine Beschreibung einer Station zu; zum Beispiel Station 1:
1 Hauptstadt Russlands ... Moskau

2 die zweitgrößte Stadt gilt als die schönste Russlands und hieß lange Zeit Leningrad
3 Gebirge, das Europa und Asien trennt
4 mit 4440 km der längste Nebenfluss des Ob
5 Hauptindustriezentrum und größte Stadt Sibiriens
6 kältester bewohnter Ort der Erde (bis – 78 °C)
7 große Halbinsel im äußersten Osten
8 in dieser Stadt endet die Transsibirische Eisenbahn
9 Grenzfluss zwischen China und Russland
10 tiefster und wasserreichster See der Erde
11 hohes Gebirge an der Grenze zur Mongolei und China
12 Hauptstadt Kasachstans
13 dieser See war 1960 noch der viertgrößte der Erde
14 größter See der Erde mit reichen Erdölvorkommen
15 längster europäischer Fluss
16 Hauptstadt der Ukraine

76.1 *Der Reiseverlauf*

76.2 *Dorf in Sibirien*

76.3 *St. Petersburg*

77.1 *Pamir-Gebirge*

77.2 *Baikalsee*

Üben und Wiederholen: USA

Melting Pot

Beschreibe, wie sich die Bevölkerungsanteile zwischen 1900 und 2000 verändert haben und wie sie sich bis 2080 voraussichtlich verändern werden.

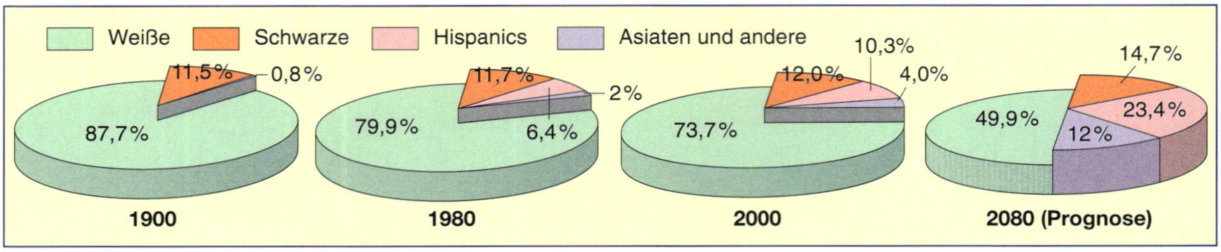

Wirtschaftsregionen

Vergleiche die beiden Bilder miteinander.

a) Wo wurden sie jeweils aufgenommen?

b) Welche Grundbegriffe verbindest du mit dem jeweiligen Bild?

c) Wähle einen der beiden Wirtschaftsräume aus und bereite einen Kurzvortrag dazu vor.

Firmen in den USA

Informiere dich näher über die beiden Firmen und beschreibe ihre Bedeutung..

„Ich heiße Joe Montera und arbeite bei General Motors in Detroit. Detroit ist auch der Sitz unserer Konkurrenten Ford und DaimlerChrysler. Steinkohle- und Eisenerzlagerstätten waren Grundlage für die Entstehung des Manufacturing Belts, des größten Industriegebiets der Erde. Mit meinem Verdienst bin ich sehr zufrieden. Wenn allerdings weniger Autos verkauft werden, können Zehntausende ihren Job verlieren." (www.gm.com)

„Hi, ich bin Gindy Hard und arbeite bei Microsoft in der Entwicklungsabteilung für Computersoftware. Unser Betrieb liegt im Silicon Valley, dem Zentrum der amerikanischen Hightechindustrie. Vor allem die Nähe zu den Eliteuniversitäten Stanford und Berkeley war ausschlaggebend für die Ansiedlung und Entwicklung hochspezialisierter Betriebe. Auf sehr vielen Computern ist unsere Software installiert." (www.microsoft.com)

Grundbegriffe

Manufaturing Belt
Melting Pot
Sunbelt

Üben und Wiederholen: Russland

79.1

Umweltverschmutzung in Russland

a) Erstelle mithilfe der Karte eine Tabelle der Umweltprobleme der GUS.

b) Nimm Stellung zu den Zitaten.

„Soweit wir wissen, leben in der Tundra nicht viele Menschen – und diese leben auch nicht vom Ackerbau. Wir glauben deshalb, dass die Menschen, die dort wohnen, eine brennende Gasleitung oder ausgelaufenes Erdöl kaum stören wird."

(Boris Jakutin, zuständig für die Förderung bei Gazprom)

„Umweltschutz gibt es nur für reiche Länder. Wenn wir reich sind, werden wir uns mit der Umwelt befassen. Doch bis dahin wird die Umwelt um jeden Preis ausgebeutet, um Russland reich zu machen."

(Bemerkung eines russischen Umweltaktivisten zur Umweltsituation in Russland in einem Interview 2003)

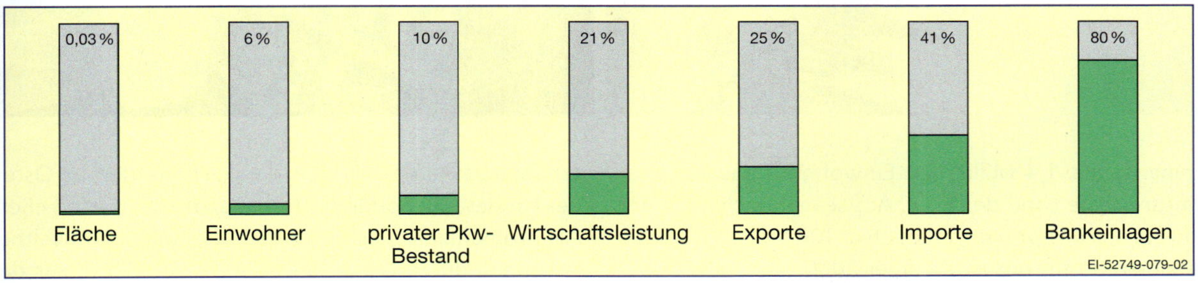

79.2 *Anteile Moskaus innerhalb Russlands*

Metropole Moskau

Beschreibe die Bedeutung der Metropole Moskau mithilfe des Balkendaigramms.

Grundbegriffe

Metropole

Vielvölkerstaat

China – bevölkerungsreichstes Land der Erde

China ist mit 1,4 Milliarden Einwohnern das bevölkerungsreichste Land der Erde. Auf seiner Fläche, die der von Europa entspricht, gibt es etwa 100 Millionenstädte. Faszinierend für uns ist die über 2000 Jahre alte chinesische Mauer. Sie ist das längste je von Menschenhand errichtete Bauwerk. 6250 Kilometer der Mauer sind noch erhalten.

Der Armut auf dem Land entfliehen viele ungelernte Arbeitskräfte, die Wanderarbeiter, in die Städte. Dort bilden sie ein unermessliches Heer an billigen Arbeitskräften für ausländische Firmen, die sich besonders im Osten des Landes – in Sonderwirtschaftszonen – niederließen. Als problematisch erweisen sich die hohen Umweltbelastungen durch die giftige Abgase und Abwässer der Industriebetriebe.

Der raschen Bevölkerungszunahme begegnete die chinesische Regierung mit dem Programm der „Ein-Kind-Politik“: Familien mit nur einem Kind werden durch zahlreiche Maßnahmen belohnt. Doch lässt sich so dieses Problem wirklich lösen?

81.1 *Demonstrant auf dem Platz des Himmlischen Friedens*

Menschenrechte in China

Die allgemein gültigen Menschenrechte werden in China wenig beachtet. Freiheiten, die in der Wirtschaft gewährt wurden, hat man nicht auf die politischen Entscheidungen übertragen. So haben z. B. Arbeiter keinerlei rechtlichen Schutz, Gewerkschaften sind ebenso wenig gestattet wie Streiks.

Kritische Meinungen, z. B. die Umwelt betreffend, werden mit Gewalt unterdrückt. Kritiker werden ohne Gerichtsverhandlungen in Lager weggesperrt. Nirgendwo auf der Welt werden mehr Todesstrafen ausgesprochen und Hinrichtungen ausgeführt als in China. Unterdrückung von Demonstranten, die für mehr Demokratie und Pressefreiheit auf die Straße gehen, spiegelt sich im Einsatz von Militär wider.

Ein-Parteien-Herrschaft in China

In China herrscht seit 1949 als einzige Partei die Kommunistische Partei Chinas (KPCH). Seit den Reformen der 1980er-Jahre lässt sie allerdings der wirtschaftlichen Entwicklung freien Lauf.

In der Politik hält sie jedoch eisern an ihren Machtpositionen fest. Die freie Meinungsäußerung ist nur in engen, von der Partei abgesteckten Grenzen erlaubt. Kritik am System wird als Umsturzversuch mit Hausarrest, Arbeitslager oder mit langen Haftstrafen geahndet.

AUFGABEN >>

1. *Sicher wisst ihr bereits einiges über China. Nennt Schlagwörter und formuliert Fragen.*
2. *Zeichne eine Skizze zu China. Trage die fünf größten Städte, zwei Flüsse und die Nachbarstaaten ein.*
3. *Diskutiert in Gruppen über die Menschenrechtsverletzungen in China.*

Land und Einwohner	
Hauptstadt: Peking	
Fläche (in km²)	9 572 419
Einwohnerzahl (in Mio.)	1311,9
Bevölkerungsdichte (in Einw. pro km²)	137
städtische Bevölkerung (in %)	40
Bevölkerungswachstum (1990-2005, in %)	– 0,5
Geburtenrate	10
Sterberate	16
Bildung und Gesundheit	
Einschulungsrate in der Grundschule (m/w)	99/99
Alphabetisierungsrate (m/w)	96,5/90
HIV-/Aids-Kranke (Erwachsene in %)	0,1
Ärzte pro 1000 Einw.	1,41*
Säuglingssterblichkeit pro 1000 Geburten	23
Lebenserwartung (in Jahren)	72
Wirtschaft	
Bruttoinlandsprodukt (BIP) (in Mrd. US-$)	2234,3
Bruttonationaleinkommen (BNE) pro Kopf (in US-$)	1740
Außenhandel: Export (in Mrd. US-$)	969,110
Import (in Mrd. US-$)	791,6
Erwerbstätigkeit: Landwirtschaft (in %)	44
Industrie (in %)	18
Dienstleistungen (in %)	16
Arbeitslosigkeit (offizielle Angaben in %)	4,1
Umwelt und Entwicklung	
Energieverbrauch pro Kopf (in kg Öleinheiten)	1242
CO_2-Emissionen pro Kopf (in t)	3,20,802 81
Human Development Index* (HDI-Weltrang)	

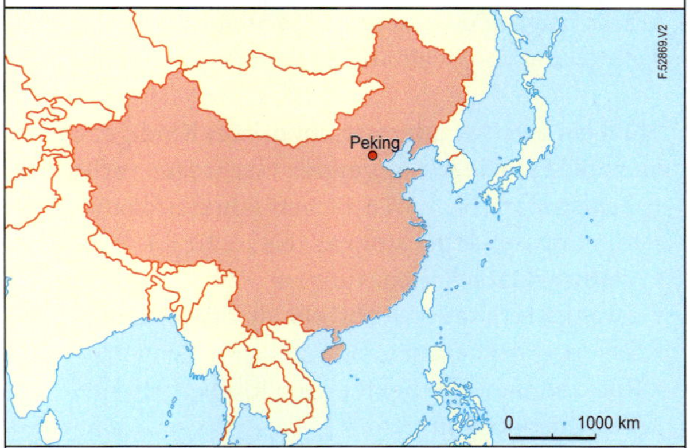

alle Daten aus dem Fischer Weltalmanach 2008,
* Daten aus dem Human Development Report 2007/2008

82.1 *Die chinesische „Idealfamilie"*

82.2 *Werbung für die Ein-Kind-Familie*

China – Familienplanung von oben

Ein chinesisches Sprichwort lautet: „Viele Kinder – großes Glück!" Als die Volksrepublik China 1949 gegründet wurde, lebten dort 540 Mio. Menschen, nur drei Jahrzehnte später waren es bereits 800 Mio. Damals stellte China ein Viertel der Erdbevölkerung. Als sich in China in den 1980er-Jahren die Bevölkerungszahl mit atemberaubender Geschwindigkeit der Milliardengrenze näherte, sah sich Chinas Regierung gezwungen, eine staatlich regulierte Geburtenkontrolle einzuführen.

Familien mit nur einem Kind erhalten z. B. folgende Vergünstigungen:
- zusätzlichen Urlaub
- höhere Altersversorgung
- kostenlose medizinische Betreuung des Kindes
- Vorzugsplatz in Kindergarten, Schule, Hochschule und Arbeitsstätte
- bevorzugte Zuweisung von Wohnungen
- Zuteilung von qualitativ hochwertigem Saatgut

Wird ein zweites oder gar ein drittes Kind geboren, muss die Familie mit folgenden Nachteilen rechnen:
- Geldstrafen (bis zum 6-fachen Jahreseinkommen)
- Kürzung des Arbeitslohnes (bis zu 10 %)
- Verlust staatlicher Leistungen
- Zwangssterilisation/-abtreibung bei weiteren Schwangerschaften
- Rückzahlung aller beim ersten Kind erhaltenen Vergünstigungen

82.3 *Maßnahmen zur Familienplanung in China*

Ohne diese Maßnahme hätte China heute etwa 200 Mio. Einwohner mehr. Doch die „Ein-Kind-Politik" geriet u. a. wegen der Überalterung der Gesellschaft in die Kritik. Außerdem wurde der Männerüberschuss immer größer, vor allem bei den Bauern.

Der traditionelle Wunsch nach Söhnen und eine freizügige Abtreibungspraxis ermöglichte dieses Ungleichgewicht unter den Neugeborenen.

Doch mittlerweile hat die Regierung ihre Politik etwas gelockert. Unter bestimmten Umständen ist auch ein zweites Kind erlaubt, z. B. wenn beide Eltern Einzelkinder sind oder wenn bei wiederverheirateten Paaren ein Partner noch keine Kinder hat

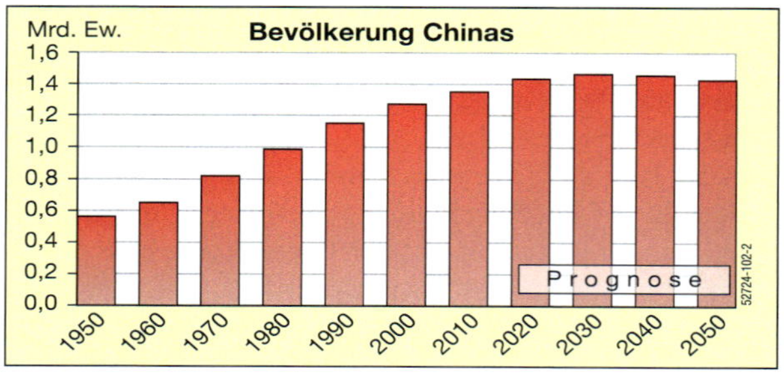

82.4 *Bevölkerungsentwicklung in China*

AUFGABEN >>

1 *Nenne Probleme, die in China ohne eine staatliche Geburtenregelung entstanden wären.*

2 *Die Ein-Kind-Politik ist bei der chinesischen Bevölkerung sehr umstritten. Nenne Gründe.*

3 *Bewerte die Familienpolitik der chinesischen Regierung.*

Erziehung nach alter Tradition

Unter Erziehung wird in China eine strenge und auf Drill ausgerichtete Unterweisung verstanden. Ein Merkmal dieser Erziehung ist der Respekt vor dem Alter, da nur die Alten über die von Konfuzius eingeforderte Lebenserfahrung verfügen. Alter gilt in China also als Reichtum an Erfahrung, man spricht von der Weisheit des Alters.
Eine große Rolle spielt im Alltagsleben auch die Körperschulung, z. B. durch Akrobatik. Während wir zum Beispiel beim Joggen häufig nur an die rein körperliche Ertüchtigung denken, sollen sich bei den chinesischen Sportarten Qi Gong oder Tai-Chi stets der Körper, der Geist und die Seele im Einklang befinden.
Ebenso strenge Vorschriften gelten für das Lernen in den Schulen. Dort herrschen strenge Regeln, was die Aufnahme, aber auch die Prüfungen betrifft. Außerdem ist der Besuch von Schulen und Universitäten für die meisten Chinesen sehr teuer. Bisweilen fließt ein Großteil des Einkommens einer Familie in die Ausbildung des Kindes. Man hat erkannt, dass der Lebensstandard stark von der Bildung abhängt und sich der Einzelne nur durch Bildung aus der großen Menschenmasse herauslösen kann.

83.1 *Akrobatik als körperliche Grundbildung*

83.2 *Schulkinder in China*

Ein Tag in der Schule

Die 15-jährige Li Mei Song erzählt: *„Bei uns beginnt die Schule um 7.30 Uhr. In meine Klasse gehen 54 Schüler. Wenn wir einen Lehrer sehen, grüßen wir immer freundlich. Vor dem Unterricht machen Schüler und Lehrer Morgengymnastik. Der Lehrer legt nach Körpergröße und Charakter fest, wer neben wem sitzt. Pro Woche haben wir sechs Tage Unterricht: morgens vier, nachmittags zwei Stunden. Wir essen auch zusammen in der Schule. Danach prüft der Ordnungsdienst, ob auch niemand Speisereste hinterlassen hat. Denn wir wissen: Jedes Getreidekorn ist das Ergebnis von viel Schweiß und Mühe. Nach dem Essen müssen wir alle eine Stunde schlafen. Danach kommt das „Selbststudium". Dabei helfen wir uns gegenseitig. Um 18 Uhr ist Schulschluss. Zu Hause muss ich dann noch meiner Mutter helfen und bis spät in die Nacht Hausaufgaben machen. Häufig schlafe ich dabei ein. Trotzdem bin ich zufrieden, denn ich weiß, dass Millionen Kinder gerne in die Schule gehen würden, ihre Eltern aber das Schulgeld nicht bezahlen können."*

83.3 *Kinder bei den Hausaufgaben*

AUFGABEN >>

1 *Welche besonderen Merkmale weist die Erziehung in China auf? Vergleiche diese mit der Erziehung in Deutschland.*

2 *Chinesische Kinder haben ein beschwerliches Leben in der Schule. Beschreibe die Merkmale des Schullebens in China.*

3 *Warum sind chinesische Familien bereit, einen Großteil ihres geringen Einkommens für die Schulbildung des Kindes auszugeben?*

China – Werkbank der Welt

Ein Leben ohne Produkte aus China

Die Amerikanerin Sara Bongiorni hat ein Jahr lang auf Produkte aus China verzichtet und ein Buch darüber geschrieben:
Sie konnte plötzlich fast kein Spielzeug mehr für ihren Sohn kaufen. Selbst auf Geburtstagskerzen, ein Planschbecken und eine neue Kaffeemaschine musste verzichtet werden. Es gibt sicher Menschen, die versuchen, ohne Produkte „Made in China“ zu leben. Sie müssen aber auf vieles verzichten und viel mehr Geld für entsprechende Waren aus anderen Herkunftsländern ausgeben. Die Chinesen waren jedoch von Bongiornos Idee begeistert:
„Ohne unsere Produkte kein normales Leben, und das weltweit.“

84.1 *Buchcover*

Mittlerweile besitzt wohl jeder Haushalt in Europa Produkte „Made in China“ – oft ohne es zu ahnen. Jedes dritte Fahrrad, knapp drei Viertel aller Uhren und 80 % der künstlichen Weihnachtsbäume weltweit werden in China produziert. Dazu kommen Haushaltsgeräte, Spielzeug, Unterhaltungselektronik, Bekleidung, Mobiltelefone, Computer, ...
Immer mehr westliche Unternehmen nutzen die günstigen Möglichkeiten, die ihnen China bietet. Vor allem die niedrigen Lohnkosten veranlassen sie, Produktionsbetriebe nach China zu verlagern. Das hat natürlich Auswirkungen: Viele Arbeitsplätze gehen dadurch in den Ländern der früheren Standorte verloren.

84.2 *Schuhfabrik in Donguan*

AUFGABEN >>

1 *„China – Werkbank der Welt“ – Erkläre die Überschrift.*

2 *Beschreibe die Entwicklung der chinesischen Industrieproduktion. Nenne Gründe dafür.*

3 *Bewerte die Arbeitsbedingungen in China. Vergleiche sie mit denen in Deutschland.*

4 *Diskutiert gemeinsam das Problem der Produktpiraterie.*

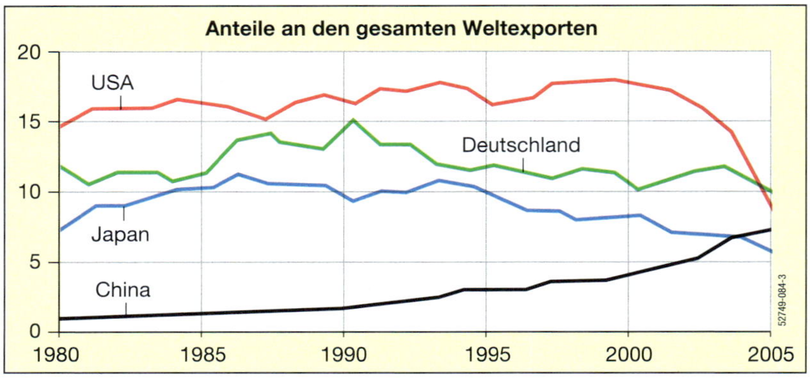

84.3 *Industrieproduktion ausgewählter Staaten*

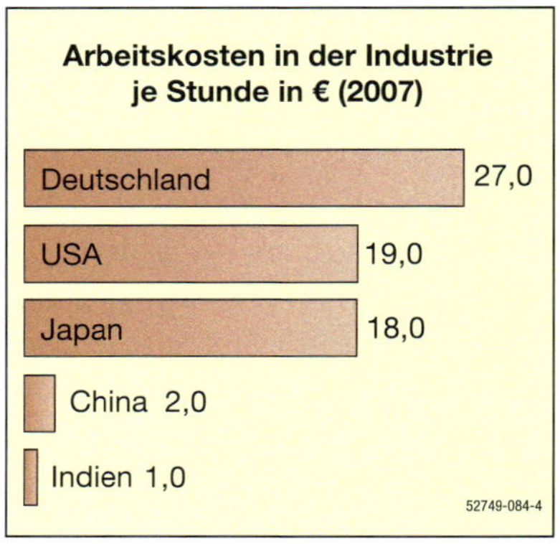

84.4 *Arbeitskosten im Vergleich*

Liu Yong, eine Arbeiterin in einer Lackiererei, berichtet:
„Zurzeit müssen wir bis 23.00 Uhr arbeiten. Wenn wir dann in die Unterkunft kommen, müssen wir Schlange stehen, um duschen zu können und die Kleider zu waschen. Naja, und dann kannst du erst um zwei Uhr in der Früh einschlafen. Am Morgen musst du aber schon wieder um halb sieben aufstehen, frühstücken und um halb acht geht die Arbeit wieder los. Wie soll man da genug Schlaf kriegen? Am Arbeitsplatz stinkt es nach Chemie und überall schweben Farbwolken rum. Als ich kam, wollte ich jeden Tag abhauen. Ständig hatte ich Magenschmerzen, und immer war mir schwindlig. Wir arbeiten im Akkord, und da will natürlich jede so viel wie möglich schaffen. Letztes Jahr haben wir mehr verdient, dieses Jahr ist es viel schlimmer. Jeden Tag gehe ich arbeiten, und was kriege ich dafür? Nur 600 bis 700 Renminbi (etwa 86 bis 100 Euro) im Monat. Und dann müssen wir noch für Essen und Unterkunft zahlen. Wenn ich das Geld nicht bräuchte, damit mein Sohn zur Schule gehen kann, würde ich niemals in der Lackiererei arbeiten."

(nach: MISEREOR)

85.1 *Arbeitsbedingungen in einer chinesischen Lackiererei*

85.2 *Morgenappell im Betrieb. Die 800 Arbeiter des Klimaanlagenherstellers singen die Firmenhymne: „Ich liebe unsere Kunden und mehre ihr Vermögen."*

Z Produkt-Piraten erobern die Welt

Deutsche Unternehmer klagen, dass in China nahezu alles, was ausreichend Gewinn verspricht, kopiert wird. Nach Schätzungen könnten hierzulande mehrere Zehntausend Menschen mehr einen Arbeitsplatz haben, wenn es die Plagiate nicht gäbe.

85.3 *Vernichtung von Turnschuhen beim Zoll*

Coup gegen Produktpiraten im Hamburger Hafen

Ob Nike, Adidas oder Puma – tonnenweise fielen den Zollbeamten in den letzten Monaten gefälschte Schuhe der Markenartikelhersteller im Hamburger Hafen in die Hände. Darunter befanden sich fast eine Million Paar Schuhe von Nike, mehr als 70 000 von Adidas und 33 000 von Puma, mit einem Warenwert von fast 400 Mio. Euro.
„Bei der Markenpiraterie handelt es sich nicht um ein Kavaliersdelikt, sondern um organisierte Kriminalität", sagte ein Firmensprecher von Puma. 2005 wurden weltweit 1,8 Mio. gefälschte Puma-Produkte sichergestellt. Davon stammen rund 80 % aus China. Auch EU-Kommissar Kovacs kennt das Problem. Er hatte noch vergangene Woche von einer ernsthaften Bedrohung Europas gesprochen.
Die europäischen Zollbehörden stellten 2005 rund 75 Mio. nachgeahmter Artikel sicher. Besonders Lebensmittel und Arzneien sowie andere Waren, die die Gesundheit der Verbraucher ernsthaft bedrohten, wurden in großen Mengen hergestellt. Auch Haushaltswaren haben die Produktpiraten im Visier. Sie weisen teilweise „eine so hohe Qualität auf, dass sie ohne Fachwissen nicht vom Original zu unterscheiden sind", heißt es in der EU-Kommission.

(nach: Handelsblatt Nr. 221 S. 22, Gregor Lipinski, vom 15.11.2006)

86.1 *Containerhafen in Shenzhen*

An die Küste – fertig – los

China öffnet sich

China ist seit 1949 eine kommunistische Volksrepublik. In der zentral gelenkten Planwirtschaft wurden Landwirtschaft und Industrie, aber auch das Privatleben vom Staat geregelt. Verschiedene wirtschaftliche Reformen blieben wirkungslos. Das Volk lebte in großer Armut.
Lange Zeit hatte die politische Führung jeden westlichen Einfluss verboten. Mit Beginn der 1980er-Jahre verordnete die Regierung dem Land einen Reformkurs, der von der bisherigen Politik abwich. Nicht mehr die gleichmäßige Erschließung, sondern die möglichst rasche Entwicklung ausgesuchter Gebiete wurde zum Ziel gesetzt. China begann sich dem Westen zu öffnen.

China boomt

Das Land wurde in drei Wirtschaftszonen aufgeteilt. Eine Sonderstellung nahm die Zone an der Pazifikküste ein. In Sonderwirtschaftszonen wurden ausländischen Unternehmen sehr gute Bedingungen zur Ansiedlung geboten: niedrige Löhne und Steuern, preiswerte Grundstücke, bevorzugte Zuteilung von Rohstoffen und freie Exportmöglichkeiten.
Wenige Jahre später kamen weitere Städte mit ihren offenen Häfen als „Tore zum Westen" hinzu. Zuletzt erfolgte die Öffnung von 270 Städten und Kreisen im Binnenland. Hier können ausländische Kapitalanleger zu Vorzugsbedingungen eigenständige Betriebe eröffnen und verwalten.

China exportiert

Firmen aus aller Welt investierten in China. Nicht zuletzt lockte auch der gewaltige chinesische Markt mit über einer Milliarde Menschen. Die westlichen Unternehmen lieferten Kapital, Produktionsanlagen und Know-how, die chinesischen Partner Arbeitskräfte, Grundstücke, Gebäude und Dienstleistungen. Solche gemeinsam geführten Unternehmen, Joint Ventures genannt, trugen wesentlich zum Aufschwung Chinas bei.
Als die Wirtschaftskrise den langjährigen Exportweltmeister Deutschland erfasste, rückte China 2009 an die Spitze der Exportnationen. Und ein Ende des Wachstums ist noch nicht in Sicht.

86.2 *Wanderarbeiter Wang*

Der Wanderarbeiter Wang kam 2002 aus seinem Dorf nach Shanghai. Er arbeitet für eine Baufirma, die ein Hochhaus mit Luxusappartements baut. Jeden Tag schiebt er zwei Schichten zu je sechs Stunden, sieben Tage die Woche ... In den Pausen schläft er in einem Etagenbett in einer kargen Baracke, zehn Mann schlafen in einem Raum. Für jeden Arbeitstag stehen ihm knapp vier Dollar zu, der Arbeitgeber zieht ihm einen davon fürs Kantinenessen und das Bett ab. Mit dem ersparten Geld bezahlt er die Schulgebühr für seine Söhne. Sein einziger Luxus ist ein Handy. Einmal im Monat ruft Wang seine Frau an, um mit ihr und den beiden Söhne kurz zu telefonieren. Zur Erntezeit im Oktober fährt er zurück in sein Dorf, um der Familie zu helfen. (nach: Der Spiegel, Nr. 42/2004)

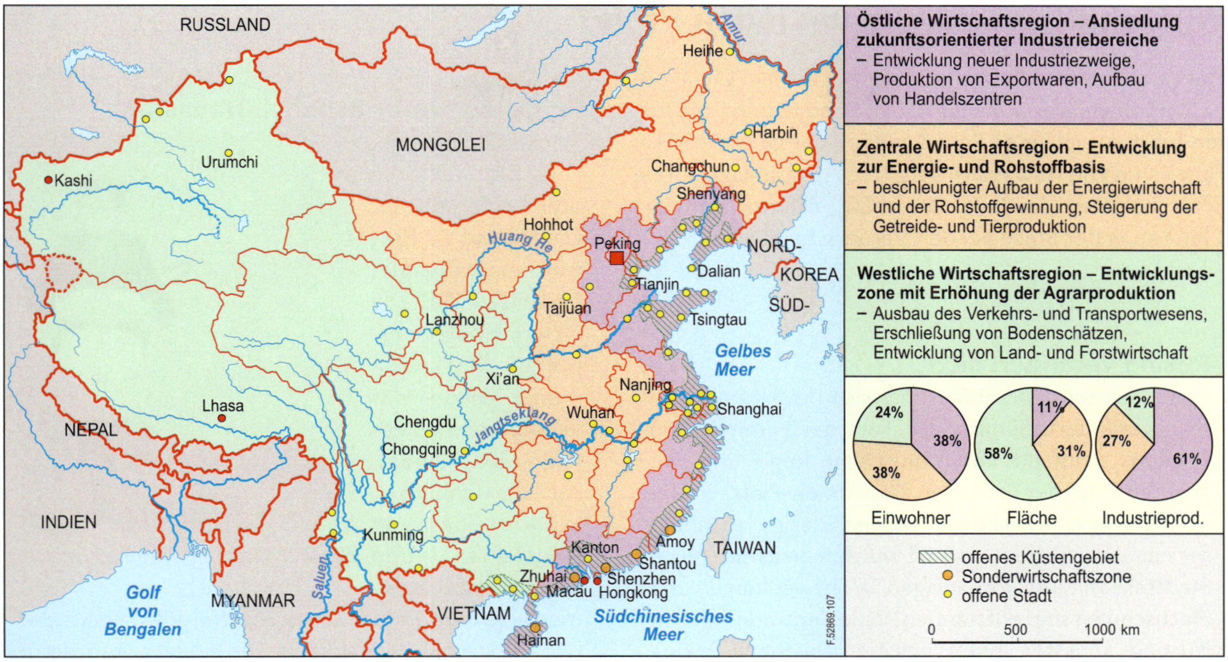

87.1 *Wirtschaftszonen in China seit 1980*

87.2 *Shenzen früher und heute*

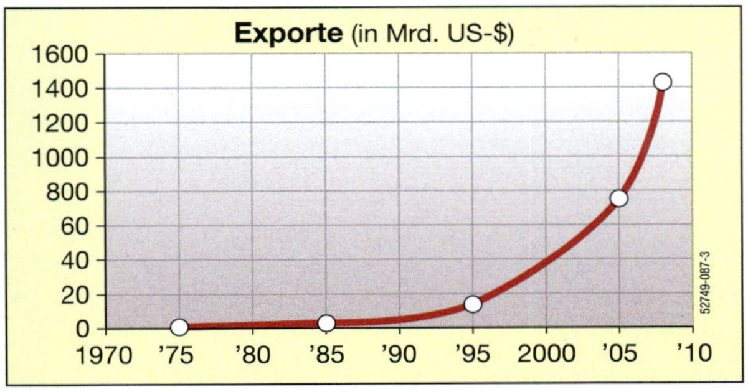

87.3 *Chinas Exporte (in Mrd. Euro)*

AUFGABEN >>

1 *Beschreibe die wirtschaftliche Entwicklung Chinas.*

2 *Notiere die Merkmale der drei Wirtschaftsregionen Chinas (Abb. 87.1). Nenne ebenfalls die fünf Sonderwirtschaftszonen.*

3 *Begründe die Lage der Sonderwirtschaftszonen.*

4 *Nenne Gründe, warum viele ausländische Firmen in China investieren.*

5 *Erläutere die Grafik Abb. 87.3.*

Wirtschaftswachstum um jeden Preis?

Das rasante Wirtschaftswachstum hat auch in China negative Folgen. Der hohe Bedarf an Energie und Rohstoffen führt zu schweren Schädigungen der Umwelt. Viele Flüsse sind von Abwässern vergiftet. Abgasanlagen ohne Filter belasten die Luft. Beim CO_2-Ausstoß rangiert China an erster Stelle bei den Verursacherländern.

Peking verändert sich

In den letzten Jahrzehnten hat sich Peking vollkommen verändert. Südlich des Tors des Himmlischen Friedens schuf die kommunistische Regierung den größten Platz der Erde, den Tiananmen-Platz. Er bietet Platz für eine Million Menschen. Riesige Hochhäuser nach westlichem Vorbild wurden errichtet. Neue Stadtteile mit Industrieanlagen, Wohnsiedlungen und Hochschulen sind entstanden. Viele der traditionellen Hutongs mussten ihnen weichen. Das neue Peking wuchert ins Umland und in die Altstadt hinein. Die Ringstraßen können den immer stärker werdenden Autoverkehr schon lange nicht mehr verkraften. Häufig liegt die Stadt unter einer Dunstglocke aus Dieselgestank und den Schadstoffen der Industrie.

88.1 *Pekings Zentrum um 1990*

Folgenschwerer Schadstoffausstoß

Wichtigster Energierohstoff ist die Steinkohle, mit der China rund 70 Prozent seines Energiebedarfs deckt. Die vielen Kohletransporte blockieren immer wieder das veraltete Schienennetz des Landes. Aus den zahllosen Schornsteinen von Haushalten und Kraftwerken kommen mit dem Rauch Schwebstoffe, Ruß, Flugasche und vor allem Schwefeldioxid. Die in China geförderte Kohle ist besonders schwefelhaltig. In Chinas Norden legt sich im Winter regelmäßig Smog über die Großstädte. Nach Angaben der Weltbank sterben in China jedes Jahr rund 300 000 Menschen an den Folgen der starken Luftverschmutzung.

88.2 *Fahren mit Mundschutz*

88.3 *Luftverschmutzung in China*

AUFGABEN >>

1. *Beschreibe die ökologischen Folgen des Wachstums.*
2. *Wie hat sich Peking in den letzten Jahren verändert?*
3. *Vergleiche die Ausdehnungen des Stausees mit denen des Rheintals ab Basel (Atlas).*
4. *Wäre ein Projekt wie der Drei-Schluchten-Damm in Deutschland denkbar?*
5. *Stelle positive und negative Folgen des Staudammprojekts gegenüber.*
6. *Nicht alle Vor- und Nachteile sind gleichwertig. Nimm aus chinesischer Sicht eine Gewichtung vor und bewerte die Argumente.*

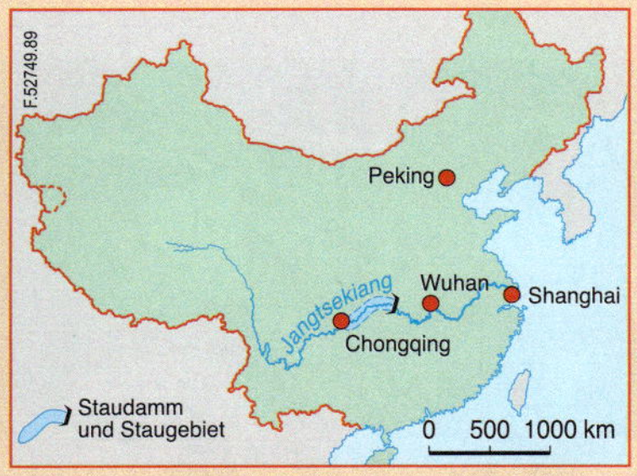

89.1 *Lage des Damms in China*

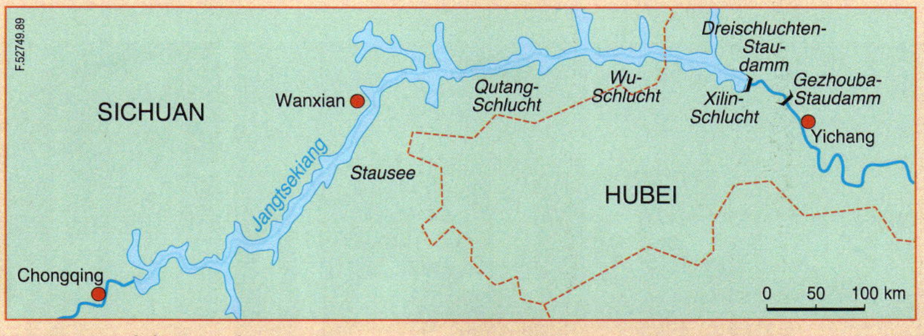

89.2 *Ausdehnung des Stausees*

89.3 *Modell des Damms*

89.4 *Abwanderung*

Der Drei-Schluchten-Damm

Jahr für Jahr führt der Jangtsekiang unvorstellbare Wassermassen vom „Dach der Welt", dem Himalaya, in Richtung Pazifik. Im flachen Unterlauf sorgt er dabei regelmäßig für verheerende Überschwemmungen. Um diese einzudämmen, hat sich Chinas Führung entschlossen, ein ehrgeiziges Staudammprojekt umzusetzen. Gegenüber Kritikern wird auch auf die dringend erforderliche Energieversorgung des wachsenden Landes und die Möglichkeit verwiesen, den wasserarmen Norden Chinas mit Wasser versorgen zu können.

Daten zum Drei-Schluchten-Damm

Länge der Staumauer:	2300 m
Höhe der Staumauer:	185 m
Länge des Stausees:	ca. 600 km
Oberfläche des Stausees:	ca. 1100 km^2
Stromerzeugung:	18 200 Megawatt (ca. 1/15 des Energiebedarfs von China)
offizielle Gesamtkosten:	ca. 25 Mrd. Euro

Der Fluss wird nahe der Stadt Wuhan aufgestaut. Ein Schleusensystem ermöglicht die Schifffahrt weiterhin. Die Turbinenanlagen sollen den Strom von 15 Kernkraftwerken ersetzen. Der Stausee verschluckt allerdings eine einmalige Flusslandschaft, Flora und Fauna sind unwiderruflich zerstört. Außerdem sind von dem politisch gewollten Projekt Millionen Menschen direkt betroffen: Mehr als 100 Städte und mehrere Tausend Dörfer sowie etwa 30 000 Hektar Ackerland sind überspült worden. Historische Stätten verschwanden und damit das kulturelle Erbe ganzer Generationen. Mehr als 1,2 Mio. Menschen waren durch das wohl größte Umsiedlungsprojekt der Welt betroffen. Sie hatten kaum Einfluss auf ihr Schicksal und mussten umziehen.

Der in den 1990er-Jahren begonnene Bau wurde im Jahr 2009 fertiggestellt. Ob das Projekt hält, was es verspricht, muss die Zukunft zeigen. Experten sehen Probleme beim Schlammtransport im Fluss und befürchten, dass die enorme Wasserlast Erdbewegungen sowie weitere Umweltschäden verursachen könnte. Wirtschaftlich muss der Bau jedoch erfolgreich werden, denn China hat für lange Zeit seine Finanzkraft an das Drei-Schluchten-Projekt gebunden.

Indien – Subkontinent der Gegensätze

Indien ist halb so groß wie Europa und zählt 1,1 Milliarden Einwohner. Das Land wächst jährlich um etwa 15 Mio. Einwohner.

Qualifizierte Beschäftigte in Hochtechnologien stehen zahllosen Tagelöhnern in bitterer Armut gegenüber, die in Slums hausen. Ihre Blechhütten liegen neben den modernen Hochhäusern der Finanzzentren. Die indische Software-Industrie gehört mit ihren gut ausgebildeten Experten zu den führenden in der Welt.

Viele Frauen werden auch heute noch unterdrückt und leben wie ihre Kinder unter menschenunwürdigen Bedingungen. Millionen Kinder gehen nicht zur Schule, sondern tragen zum Lebensunterhalt der Familien bei. Um die Lebenslage der Landbevölkerung zu verbessern, wurden landwirtschaftliche Modernisierungsprogramme eingeführt, z. B. die sogenannte „Grüne Revolution".

AUFGABEN >>

1 *Erstelle eine A-B-C-Liste zu Indien.*
2 *Vergleiche Schülerarbeit in Deutschland mit Kinderarbeit in Indien.*
3 *Kühe gehören zum indischen Straßenbild. Weißt du warum?*
4 *„Bollywood – Welt der Gegensätze." Erkläre diese Aussage.*
5 *Erläutere den Begriff „Subkontinent".*

Bollywood boomt

„Bollywood" – ein Kunstwort, zusammengesetzt aus „Bombay", das seit 1995 offiziell Mumbai heißt, und „Hollywood" – ist zum Synonym für die indische Filmindustrie geworden. Die populären Unterhaltungsfilme, berühmt für ihre bunten Gesangs- und Tanznummern, begeistern jährlich drei Milliarden Zuschauer. Mehr als eintausend Streifen entstehen jedes Jahr, weitaus mehr als in Hollywood.

Eine typische Romanze „Made in Bollywood" handelt von fantastischen Affären zwischen Arm und Reich. In den Musikszenen zirpen zuckersüße Frauenstimmen mit großer Hingabe und beschwören die ewige Liebe. Männer mimen den Part des Eroberers, scheuen sich aber auch nicht, einmal eine Träne zu vergießen.

Der Kontrast zwischen Bühne und Produktionsstätte ist ein Symbol für ganz Bollywood. Während das Bühnengeschehen pompös ausgestattet ist, entstehen die verspielten Kostüme der Darsteller an beengten Orten, wo sich vier Näher auf zehn Quadratmetern krümmen und kaum Platz finden, um die bunten Stoffbahnen zuzuschneiden.

Vom dargestellten Reichtum, vom Leben in Luxus und Überfluss können die meisten Zuschauer des Subkontinents nur träumen. Doch hierin liegt das Geheimnis: Die Filmstadt verkauft Träume für Millionen, kleine Fluchten aus dem Alltag.

(nach: Zeitschrift der Deutschen Bahn: „mobil" 9/2006, S. 64–69, H. Merschmann)

Land und Einwohner	
Hauptstadt: Delhi	
Fläche (in km²)	3 287 263
Einwohnerzahl	1 094 600 000
Bevölkerungsdichte (in Einw. pro km²)	333
städtische Bevölkerung (in %)	29
Bevölkerungswachstum (1990-2005, in %)	1,7
Geburtenrate	24
Sterberate	8

Bildung und Gesundheit	
Einschulungsrate in der Grundschule (m/w)	92/87
Alphabetisierungsrate (m/w)	76,9/54,5
HIV-/Aids-Kranke (Erwachsene in %)	0,3
Ärzte pro 1000 Einw.	0,6
Säuglingssterblichkeit pro 1000 Geburten	56
Lebenserwartung (in Jahren)	64

Wirtschaft		
Bruttoinlandsprodukt (BIP) (in Mrd. US-$)		805,7
Bruttonationaleinkommen (BNE) pro Kopf (in US-$)		730
Außenhandel:	Export (in Mrd. US-$)	103
	Import (in Mrd. US-$)	133
Erwerbstätigkeit:	Landwirtschaft (in %)	58
	Industrie (in %)	k.A.
	Dienstleistungen (in %)	k.A.
Arbeitslosigkeit (offizielle Angaben in %)		9,1

Umwelt und Entwicklung	
Energieverbrauch pro Kopf (in kg Öleinheiten)	531
CO_2-Emissionen pro Kopf (in t)	1,2
Human Development Index* (HDI-Weltrang)	0,619 (128)

alle Daten aus dem Fischer Weltalmanach 2008,
* Daten aus dem Human Development Report 2007/2008

„Dorf der gekochten Bohnen" lautet die wörtliche Übersetzung von Bangalore (Bengaluru), aber anstatt mit Bohnen beschäftigt man sich hier vielmehr mit der Entwicklung modernster Software.

92.1 *In einem Hightech-Unternehmen in Bangalore*

Bangalore – das indische Silicon Valley

Vom Bauerndorf zur Softwareschmiede

Die Erfolgsstory der Region im Hochland von Dekkan begann Mitte der 1980er-Jahre, als Steuervergünstigungen und Exporthilfen von staatlicher Seite gewährt wurden. Diese lockten Branchengrößen wie Intel, HP, Siemens und Motorola an. Ermutigt durch deren Erfolge wagten nun auch einheimische Computerspezialisten den Weg in die Selbstständigkeit. Sie gründeten ihre eigenen Unternehmen und bauten bestehende weiter aus. Hinzu kam auch, dass Bangalore über eine Vielzahl sogenannter weicher Standortfaktoren verfügt (siehe Geo-Lexikon). Besonders hervorgehoben wird das für Europäer angenehme Klima sowie das äußerst attraktive Stadtbild. Außerdem verfügt die Region über gut qualifizierte Arbeitskräfte. Da Indien früher eine englische Kolonie war, sprechen viele von ihnen sehr gut Englisch. Auch die Lohnkosten sind geringer als in Deutschland (vgl. Abb. 84.4). Diese Faktoren haben dazu beigetragen, dass Bangalore seit Anfang der 1990er-Jahre das bedeutenste IT-Zentrum Indiens ist.

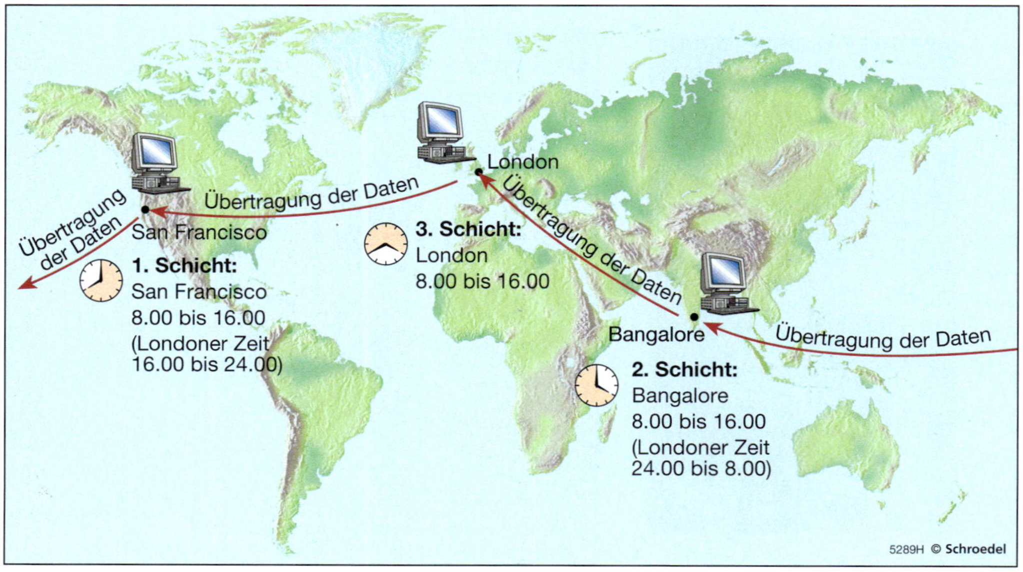

92.2 *Ausnutzung der Zeitverschiebung*

Schattenseiten von Shining India

Auch wenn indische Parteien seit Jahren mit dem Slogan „Shining India" werben: Der Aufstieg hat auch seine Schattenseiten. So kann die Infrastruktur Bangalores mit dem rasanten Wachstum nicht mithalten. Das Straßensystem der Stadt ist noch immer auf dem Stand der 1960er-Jahre, obwohl die Bevölkerung seitdem stark zugenommen hat.

Die Folgen: Ständig gibt es Verkehrsstaus. Stromausfälle und Wasserknappheit sind an der Tagesordnung. Außerdem sind in Bangalore die Mietpreise inzwischen so stark gestiegen, dass sogar Menschen, die eine gut bezahlte Arbeit haben, sich kaum mehr die Mieten leisten können. Manche Firmen denken bereits an eine Abwanderung an günstigere Standorte.

93.2 *Überlastete Infrastruktur*

	1991	1996	2001	2005
Verdichtungsraum in km²	446	489	531	600
Einwohner in Mio.	4,1	4,9	5,7	6,5
Mitarbeiter in IT- Firmen	3500	30 000	80 000	400 000

93.1 *Entwicklung Bangalores in Zahlen*

AUFGABEN>>

1. *Beschreibe mithilfe der Tabelle 93.1 die rasante Entwicklung von Bangalore zum Software- und IT-Standort.*
2. *Erstelle eine Tabelle mit den positiven und negativen Folgen, die die IT-Branche für das Leben in Bangalore hat.*
3. *Erläutere, warum der Standort Hyderabad für Firmen attraktiv ist.*

Hyderabad – neuer Stern am indischen IT-Himmel

Nach dem Vorbild von Bangalore entstehen zurzeit zahlreiche Technologieparks, so zum Beispiel in Hyderabad. Hier werden mit Zollvergünstigungen, günstigen Immobilienpreisen und speziellen Infrastruktureinrichtungen (Notstromversorgung, Großrechner zur Miete etc.) ideale Voraussetzungen für die Neuansiedlung von Softwarefirmen geschaffen. Es besteht sogar eine eigens eingerichtete Satellitenverbindung nach Europa und von dort über Lichtwellenleiter in die USA. Der Grund dafür ist die perfekte Lage Indiens auf dem Globus: zeitlich vier Stunden hinter Australien und Japan, vier Stunden vor Europa und zehn Stunden vor den USA (Abb. 92.2). Das ist eine ideale Position, die zahlreiche Firmen nutzen, um an mehreren Stellen auf der Welt – in Australien, Indien, USA – rund um die Uhr Softwarekomponenten zu entwickeln und über Datenleitungen abzugleichen.

93.3 *Technologiepark in Hyderabad*

Wir arbeiten mit Bevölkerungsdiagrammen

Die Bevölkerung eines Landes ist keine konstante Größe, sondern verändert sich ständig. Faktoren, die die Bevölkerungszahl beeinflussen, sind die Geburtenrate und die Sterberate. Aber auch Zu- und Abwanderungen wirken sich auf die Bevölkerungszahl aus.
Die sich daraus ergebende Altersstruktur der Bevölkerung lässt sich mithilfe eines Bevölkerungsdiagramms darstellen und ablesen.

1. Wir lesen ein Bevölkerungsdiagramm

Ein Bevölkerungsdiagramm ist also eine grafische Darstellung der Bevölkerung eines Landes. Aus dem Diagramm kann man erkennen,

- wie die Verteilung der Bevölkerung nach bestimmten Altersgruppen oder Jahrgängen ist,
- wie die Verteilung nach Geschlechtern ist,
- und wie groß für eine Altersgruppe der prozentuale Anteil oder der absolute Anteil ist.

An der Grundform des Diagramms (Abb. 94.2) kann man außerdem den derzeitigen Entwicklungsstand einer Bevölkerung ablesen. Zum Beispiel sieht man, wie hoch die Lebenserwartung eines Landes ist, ob die Geburtenrate hoch oder niedrig ist und ob diese schwankend oder gleichbleibend ist. Daraus lassen sich Prognosen für die Zukunft ableiten.

Es muss klar sein, dass ein Bevölkerungsdiagramm kein stabiles Gebilde ist, sondern einem ständigen Wandel unterliegt. Menschen werden geboren und „schieben" – wie auf einem Förderband – die darüberliegenden Altersgruppierungen schrittweise nach oben.

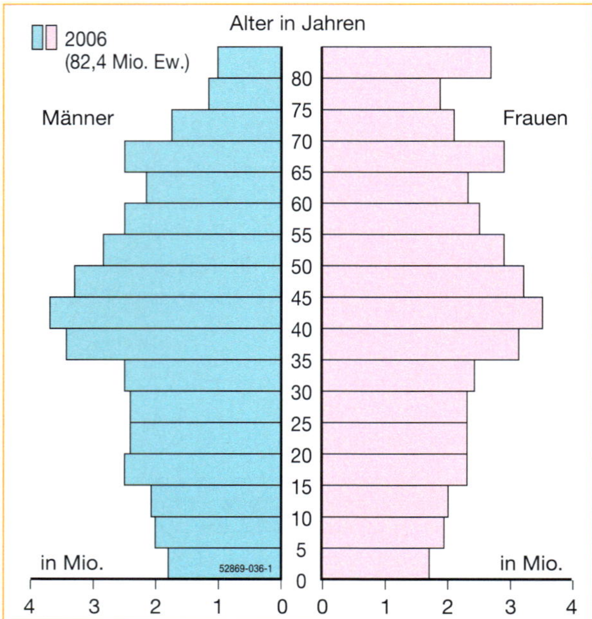

94.1 *Bevölkerungsdiagramm von Deutschland*

Überprüfe dein Wissen

- Wie viele Frauen sind zwischen 15 und 20 Jahre alt?
- Gibt es zwischen 80 und 85 Jahren mehr Männer oder Frauen?
- Wurden in den letzten Jahren mehr Jungen oder mehr Mädchen geboren?
- Um welche Grundform handelt es sich bei dem Bevölkerungsdiagramm von Deutschland?

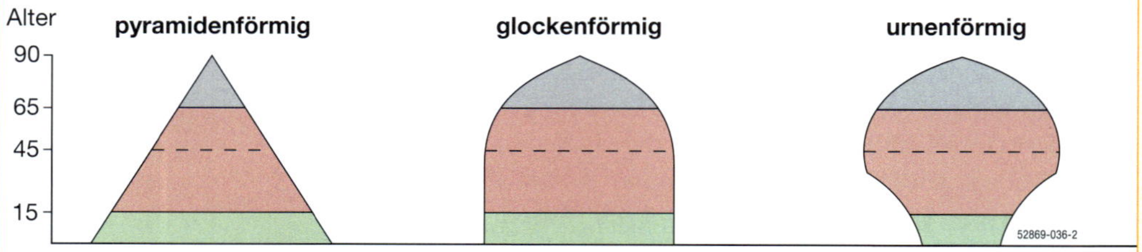

Die „Pyramide" ist kennzeichnend für eine wachsende Bevölkerung. Jeder neugeborene Jahrgang ist größer als der vorhergehende.

Bei der „Glocke" bleibt die Bevölkerung etwa gleich groß. Jeder neugeborene Jahrgang ist ungefähr genauso groß wie der vorhergehende.

Die „Urne" steht für eine sinkende Bevölkerungszahl. Jeder neugeborene Jahrgang ist kleiner als der vorhergehende.

94.2 *Drei Grundformen des Altersaufbaus der Bevölkerung*

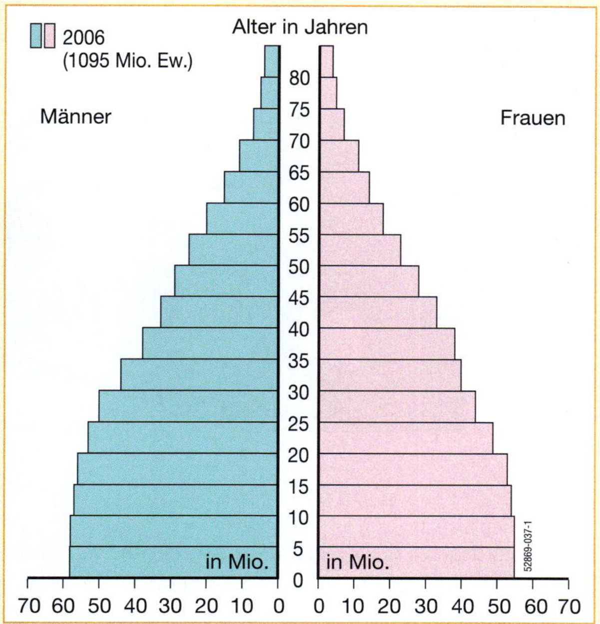

95.1 *Bevölkerungsdiagramm von Indien*

2. Wir vergleichen Bevölkerungsdiagramme verschiedener Länder

Durch den Vergleich von Bevölkerungsdiagrammen verschiedener Länder können Rückschlüsse auf die jeweiligen Lebensverhältnisse gezogen werden.

Beim Vergleich der Bevölkerungsdiagramme von Deutschland und Indien kannst du folgendermaßen vorgehen:

- Vergleiche wichtige Merkmale des Altersaufbaus (Untersuchung). Nenne Gemeinsamkeiten und Unterschiede.
- Überlege Ursachen für diese Merkmale (Erklärung).
- Ziehe Schlussfolgerungen (Erkenntnisse) für mögliche zukünftige Entwicklungen.

3. Wir vergleichen Bevölkerungsdiagramme verschiedener Zeitpunkte

Um Aussagen über die Altersstruktur weltweit zu machen, kannst du dir ein Bevölkerungsdiagramm der gesamten Weltbevölkerung ansehen. In einer solchen Darstellung werden nationale Besonderheiten allerdings nicht mehr berücksichtigt.

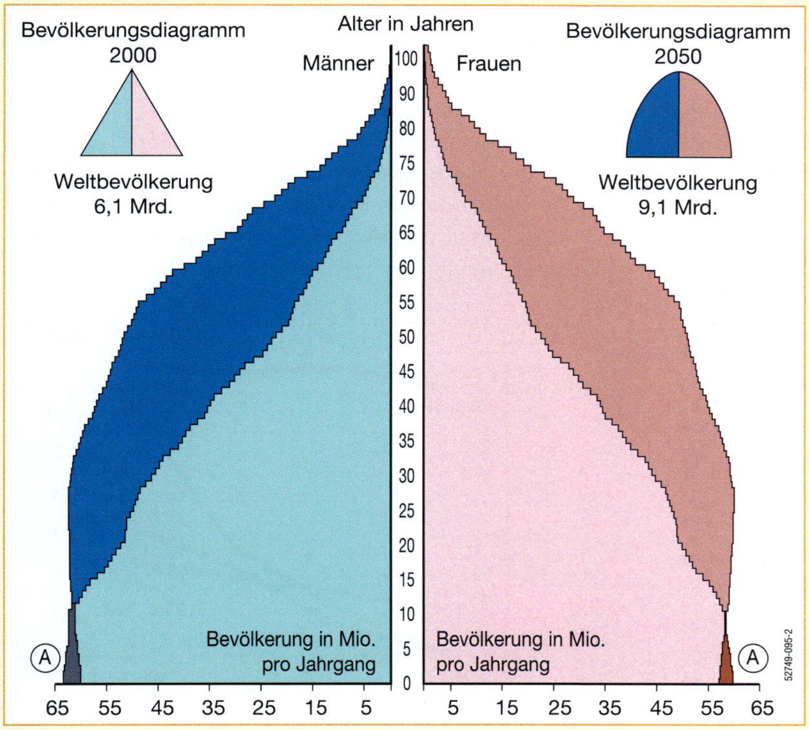

95.2 *Weltbevölkerungsdiagramm von 2000 und 2050*

In Abb. 95.2 sind zwei Bevölkerungsdiagramme in einer Grafik dargestellt. Die Angaben für das Jahr 2050 beruhen dabei auf einer Prognose. Werte die Abbildungen mithilfe folgender Fragen aus:

- Vergleiche die Altersgruppen der 15-, 45- und 65-Jährigen im Jahr 2000 und 2050. Warum wählt man gerade diese Altersgruppen?
- Welches sind die stärksten Altersjahrgänge in dem Diagramm von 2000 und 2050?
- Welche Entwicklung ist mit Ⓐ gekennzeichnet?
- Worin liegen die stärksten Bevölkerungsveränderungen der beiden Jahre?
- Welche Grundformen lassen sich den Diagrammen zuordnen?
- Welche Erkenntnis lässt sich formulieren? Bewerte die Entwicklung von 2000 bis 2050.

96.1 und 2 *Reisernte und Hütten armer Landarbeiter*

Die „Grüne Revolution"

Die Bekämpfung des Hungers und die Verbesserung der Lebensqualität der ländlichen Bevölkerung waren Kernziele der staatlich vorangetriebenen „Grünen Revolution". Tatsächlich brachte das in den 1960er-jahren gestartete landwirtschaftliche Modernisierungsprogramm Erfolge:

Durch den Einsatz neuer, schnell wachsender Hochertragssorten (Weizen, Reis), durch Bewässerung sowie durch Verwendung von Dünge- und Schädlingsbekämpfungsmitteln gelang es, auf gleicher Anbaufläche den dreifachen Ertrag zu erzielen.

Doch die moderne Agrartechnologie hat ihren Preis:

- Das Saatgut muss jedes Jahr neu gekauft werden.
- Für die Pflanzen ist der Einsatz von Mineraldünger und chemischem Pflanzenschutz lebensnotwendig.
- Moderne Maschinen für die Feld- und Erntearbeiten sind ebenso unverzichtbar wie teuer.
- Regionen mit schlechten Böden und ohne sichere Bewässerungsmöglichkeiten blieben von der „Grünen Revolution" ausgeschlossen. Sie versprachen keine guten Erträge.

Mit der Zeit wurden die Nachteile offensichtlich:

- Nur wohlhabende Großbauern profitierten von dem Programm, da sie sich den finanziellen Aufwand leisten konnten und beim Staat kreditwürdig waren.
- Durch den erhöhten Maschineneinsatz wurden zahlreiche Landarbeiter arbeitslos.
- Auch aufseiten der Kleinbauern nahmen Armut und Unterbeschäftigung zu: Die notwendigen technischen Innovationen waren zu teuer und aufwendig.
- Auf den Feldern der Großbauern wurde weniger Reis (Grundnahrung), dafür öfter das profitablere Zuckerrohr oder Baumwolle angebaut.
- Infolge der Bewässerung kam es zur Bodenversalzung, durch den hohen Einsatz von Pflanzenschutzmitteln zu Umweltschäden.

Ein weiteres Problem sind die Ertragsüberschüsse infolge der Ertragssteigerung. Diese wurden vom Staat eingelagert oder als Viehfutter ins Ausland verkauft. Die verarmte Landbevölkerung konnte sich zusätzliche, aber notwendige Nahrungsmittel nicht leisten.

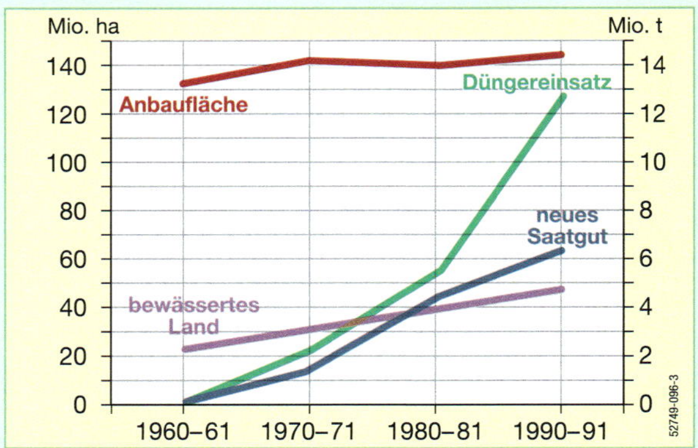

96.3 *Entwicklung der Landwirtschaft Indiens*

Der Großgrundbesitzer

„Ich heiße Vasantrao Singh und stamme aus dem Dorf Amrasi, das liegt in der Nähe des Ganges. Schon lange lebe ich mit meiner Familie in der Millionenstadt Kanpur. Dort ist das Leben angenehmer und bequemer. Da mir in Amrasi etwa 70 % des gesamten Landbesitzes gehören, kann ich es mir leisten, die Feldarbeit von einem Verwalter abstimmen zu lassen. Die körperlichen Arbeiten erledigen Landarbeiter. Wir beschäftigen sie als Tagelöhner – wenn keine Arbeit anliegt, werden sie auch nicht bezahlt. Eine weitere Einnahmequelle für mich ist die Verpachtung von Feldern an Kleinbauern. Meine Gewinne investiere ich zumeist in Aktien an der Börse – in den letzten Jahren waren vor allem Firmen der Hightech-Branche für die Anlage interessant. Auch in kapitalkräftige ausländische Firmen habe ich schon investiert."

97.1

Der Landarbeiter

„Mein Name ist Ishvar Mochi. Ich lebe mit meiner Familie in Amrasi. Seit einigen Jahren arbeite ich praktisch nur noch für Herrn Singh. Zwar besitze ich ein Stück Land von etwa 1 Hektar, jedoch konnten wir davon nicht leben. Mein Vater teilte vor seinem Tod seinen Besitz zwischen mir und meinem Bruder auf. Beide versuchten wir, durch Hinzupachten weiterer Felder unser Einkommen zu sichern. Doch reichte die darauf erzielte Ernte gerade mal für die Pacht selbst – Gewinn machte ich praktisch keinen. Mit der Zeit bin ich so zum Landarbeiter des Großgrundbesitzers aus der Brahmanen-Kaste geworden. Nun muss ich mit Harijans, dem „Unberührbaren", zusammenarbeiten! Meine Kinder werde ich wohl in die Stadt schicken, denn erbärmlicher als hier auf dem Land kann für sie das Leben in der Stadt auch nicht sein!"

97.2

Indien ist ländlich geprägt. In den 500 000 Dörfern des Landes leben 70 % der indischen Bevölkerung. Dennoch ist die Versorgung mit Nahrungsmitteln oft nicht gesichert. Immer wieder drohen Hungersnöte. Beginnt der Sommermonsun nicht rechtzeitig, so vertrocknen die Ernten. Andererseits sind die Bauern aber auch ständig von Überschwemmungen bedroht – wenn nämlich der Monsun zu viele Niederschläge bringt (S. 98/99).

Trotz der begrenzten landwirtschaftlichen Nutzfläche und der Abhängigkeit vom Monsun konnte die Nahrungsmittelproduktion erheblich gesteigert werden (S. 96). Die jährliche Zunahme der Nahrungsmittelproduktion liegt mit 3 % sogar deutlich über dem jährlichen Bevölkerungswachstum von 1,6 %.

Doch solange noch Kleinbauern, Landpächter und Tagelöhner einen Großteil der indischen Landbevölkerung ausmachen und vom Wohlwollen der Großgrundbesitzer abhängen, wird der Hunger in Indien kein Ende finden. Durch die ungerechte Landbesitzverteilung können sich viele Kleinbauern nicht von ihrem Boden ernähren (Abb. 97.3). So kommt es zu der grotesken Situation, dass Indien Getreide exportiert, auf der anderen Seite aber Millionen hungern, weil sie zu arm sind, um sich genügend Weizen oder Reis zu kaufen.

	1965	1990	2008	Weltrang 2008
Reis	58,1	112,5	141,1	2
Weizen	12,1	49,7	74,9	2
Milch	ca. 10	26,8	102,9	1
Kartoffeln	4,7	14,8	25,0	3
Zucker	2,3	11,9	22,1	2
Baumwolle	0,9	1,7	5,4	3
Tee	0,4	0,7	0,9	2

97.3 *Indien – Agrarproduktion (in Mio. Tonnen)*

AUFGABEN >>

1. *Stelle in einer Tabelle Erfolge und Probleme der „Grünen Revolution" gegenüber.*
2. *Erläutere die Lebenssituation des Großgrundbesitzers Singh und des Landarbeiters Mochi.*
   Wie könnte die Situation der Landarbeiter und Kleinbauern verbessert werden?
3. *„Indiens Schicksal entscheidet sich auf dem Land!" Begründe diese Aussage mithilfe der Materialien.*

98.1 *Nach dem Monsunregen in Mumbai (Bombay)*

98.2 *Während der Trockenzeit in Nordindien*

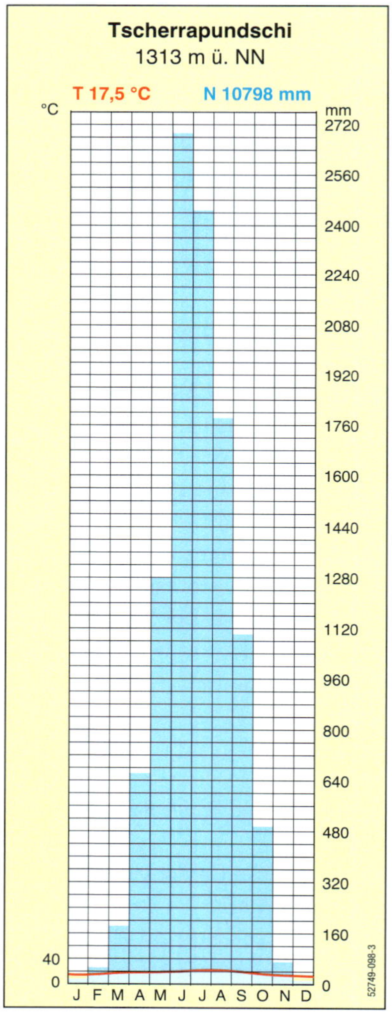

98.3 *Klimadiagramm von Tscherrapundschi*

Der Monsun – herbeigesehnt und gefürchtet

Seit Jahrtausenden bestimmt der Monsun das Leben in Indien. Er bringt Regen, aber auch Trockenheit. Jahreszeiten, die sich wie bei uns am Temperaturverlauf orientieren, gibt es im Subkontinent Indien nicht. Hier kennzeichnen die Niederschläge die verschiedenen Zeiten des Jahres.

In den meisten Gebieten Indiens ist der Winter die angenehmste Jahreszeit. Die Temperaturen sind erträglich und die Natur hat noch Feuchtigkeit von der vergangenen Regenzeit. Ab März steigen die Temperaturen. Die Böden trocknen aus und der Wasserstand der Flüsse geht zurück.

Jahr für Jahr warten dann ab Mai die Menschen sehnsüchtig auf das Einsetzen des Regens. Schon Tage vorher verfolgen sie die Wettermeldungen und schauen aufmerksam zum Himmel hoch. Wenn der Monsun kommt, rückt eine schwarze Wolkenmauer mit Stürmen, Blitz und Donner heran. Sintflutartig ergießt sich Regen übers Land. Wege und Straßen verwandeln sich in schlammige Bäche, Flüsse in reißende Ströme.

Manchmal fällt an einem Tag mehr Regen als in Mainz das ganze Jahr über. Nach einigen Stunden oder Tagen beginnt das Schauspiel erneut. In der Zwischenzeit bestellen die Bauern schnell ihre Felder. Die vorher trostlos aussehenden Landschaften verändern in wenigen Tagen vollkommen ihr Aussehen.

Kommt der Monsun nicht rechtzeitig, besteht die Gefahr von Dürre, Ernteausfällen und Hungersnöten. Sind die Niederschläge jedoch zu gewaltig, so drohen schwere Überschwemmungen. Dies führt immer wieder zu Missernten. Der Ertrag der Bauern ist dadurch auch heute noch wesentlich vom Monsun abhängig.

AUFGABEN >>

1. *Begründe, warum die Monsunniederschläge von den Indern geliebt und gefürchtet werden.*
2. *Welche Bedeutung hat der Monsun für die Menschen in Indien?*
3. *Erkläre, was den Monsun so unberechenbar macht.*

99.1 *Ausgetrocknetes Bett eines Sees (vor dem Monsun)*

99.2 *Menschen erwarten den Monsun*

Die Entstehung des Monsuns

Das Klima des indischen Subkontinents wird wesentlich vom Monsun beeinflusst. Das Wort Monsun kommt vom arabischen „mausim" und bedeutet so viel wie Jahreszeit.

Das Windsystem des Monsuns entsteht durch die unterschiedliche Erwärmung von Land und Meer. Im Sommer heizt sich der asiatische Kontinent sehr stark auf. Die erwärmende Luft steigt nach oben und saugt als Ausgleich feuchte Luft vom Meer an. Von Mai bis September ziehen feuchtwarme Luftmassen vom Arabischen Meer und vom Indischen Ozean her kommend über Indien hinweg. Im Bereich der Gebirge regnen sich die Luftmassen ab. Im Unterschied zum Sommermonsun bringt der aus Nordosten wehende Wintermonsun (Ende Oktober bis April) nur geringe Niederschläge.

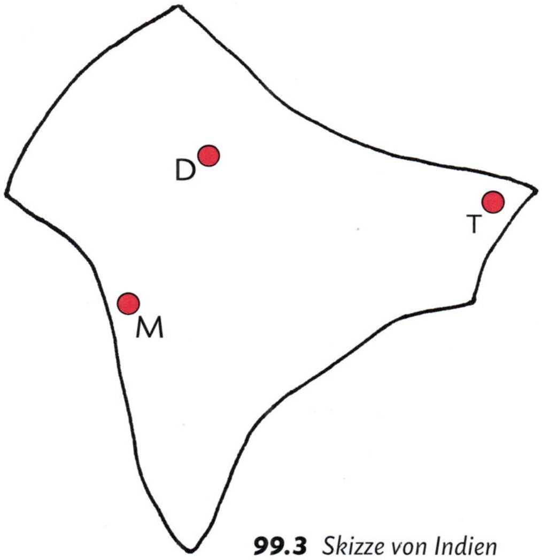

99.3 *Skizze von Indien*

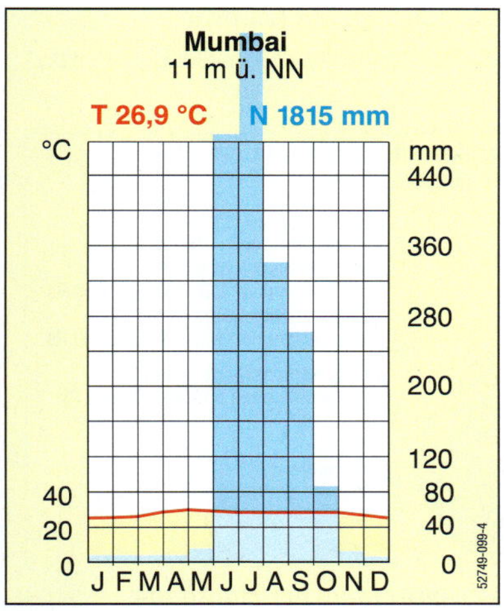

99.4 *Klimadiagramm von Mumbai*

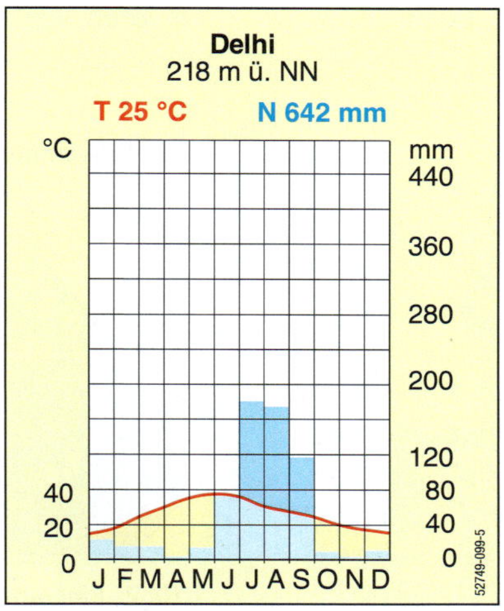

99.5 *Klimadiagramm von Delhi*

AUFGABEN >>

1. *Erstelle eine Skizze zum Sommermonsun auf der Grundlage von Abb. 99.3. Trage die wichtigsten Gebirge Indiens ein.*
2. *Markiere nun die Gebiete, die den meisten Niederschlag erhalten, farbig.*
3. *Erkläre die Verteilung der Niederschläge des Sommermonsuns.*
4. *Vergleiche die drei Klimadiagramme hinsichtlich der Niederschläge mit einem Klimadiagramm von Mainz.*

Z

Mädchen unerwünscht

Die besonderen kulturellen Rahmenbedingungen in Indien, die v. a. auf dem Hinduismus beruhen, erschweren eine nachhaltige Bevölkerungspolitik. Auffallend sind dabei u. a. folgende Problemfelder:

- Etwa 52 % der indischen Männer können lesen und schreiben, aber nur 38 % der indischen Frauen.
- Über 80 % der abgetriebenen Kinder sind weiblich.
- Auf dem Land wird die Ehe mit durchschnittlich 15,3 Jahren vollzogen. Jährlich gibt es bis zu 5000 Mitgiftmorde. (Ist die Mitgift nicht hoch genug, wird die Braut kurz nach der Hochzeit umgebracht).

Diese Fakten stehen stellvertretend für traditionsbedingte Konflikte im Leben indischer Frauen. Einige dieser Konflikte lernt ihr auf dieser Doppelseite kennen.

Frauen in Indien – Gesetz und Wirklichkeit

Viele indische Frauen werden noch heute unterdrückt, obwohl durch folgende Gesetze eine Verbesserung ihrer Lage erreicht werden sollte:

- *Verbot der Witwenverbrennung (1829)*
- *Frauen erhalten das Wahlrecht (1921)*
- *Erbberechtigung der Frauen (1937)*
- *Gleichberechtigung der Frau (1949)*
- *Abschaffung des Mitgiftzwanges (1961)*
- *Heraufsetzen des Heiratsalters auf 18 Jahre (1978).*

Die gesellschaftliche Wirklichkeit richtet sich jedoch oft nach alten Gesetzbüchern, wie nach dem des Manu (um 200 n. Chr.):

- *Frauen müssen Tag und Nacht von den männlichen Mitgliedern ihrer Familie in Abhängigkeit gehalten werden.*
- *Vater und Ehemann beschützen die Frau in Kindheit und Jugend, ihre Söhne beschützen sie im Alter. Eine Frau ist niemals zur Unabhängigkeit fähig.*
- *Als Manu die Frauen erschuf, gab er ihnen Liebe zum Bett, zum Schmuck, unreine Begierden, Zorn, Unehrlichkeit, Bosheit und schlechtes Benehmen mit.*

(Müller, M.: The Laws of Manu, Delhi 1985)

①

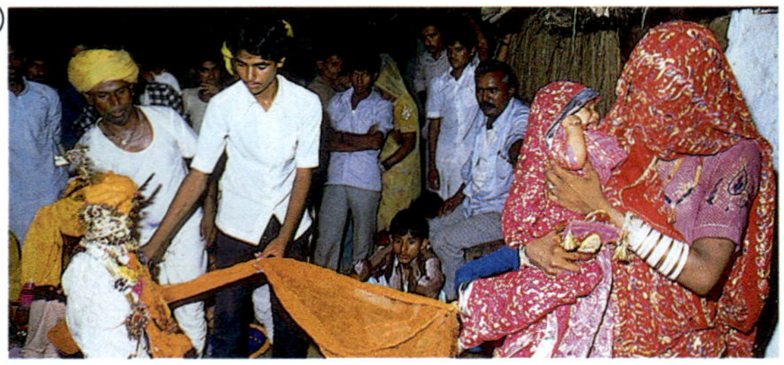

100.1 *Eine traditionelle indische Hochzeit*

Etwa 140 Millionen Hindus werden im Jahr verheiratet. Das ist eine gigantische Industrie. Umsatz: etwa 350 Milliarden Euro im Jahr. Und das in einem Land, in dem fast die Hälfte der Bevölkerung unterhalb der Armutsgrenze lebt. Aber eine anständige Hochzeit muss sein, mit üppiger Mitgift und Geschenken für die große Verwandtschaft, die tagelang beherbergt und verköstigt werden muss. Selbst einfache Leute geben Summen aus, für die sie zehn Jahre arbeiten müssen. Viele Familien verschulden sich auf Generationen, vergeuden das Geld, das eigentlich für die Ausbildung der Kinder gedacht war, oder wandern – noch schlimmer – in die Schuldknechtschaft, in die in Indien immer noch existierende Sklaverei. Viele verheiraten ihre Kinder schon als Fünf- und Sechsjährige, weil sie glauben, dann billiger davonzukommen. Mädchen werden von Geburt an als Last empfunden, da sie ohnehin eines Tages Besitz der Familie ihres zukünftigen Mannes werden. Sie bekommen weniger zu essen als ihre Brüder, werden medizinisch schlechter versorgt und gehen seltener in die Schule. Die Familie des Mannes dagegen sieht es als selbstverständlich an, Mitgift zu kassieren, weil sie die „Last" ja übernimmt.

(nach: Badische Zeitung, 23. August 2003, von Gabriele Venzky)

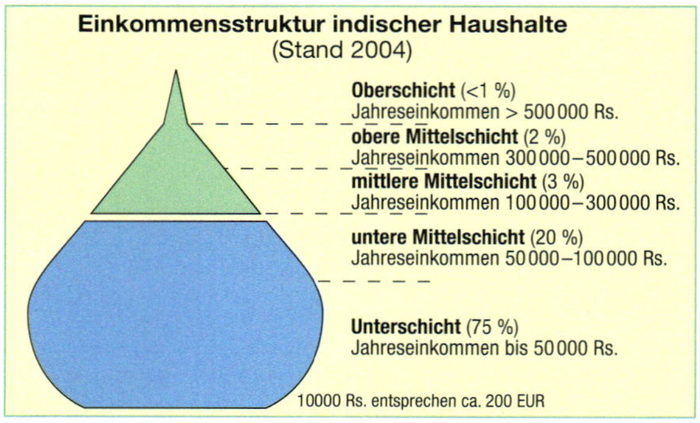

100.2 *Einkommensstruktur indischer Haushalte*

② Zehn Millionen weibliche Föten sind in den vergangenen 20 Jahren in Indien abgetrieben worden. Indiens Gesellschaft ist „sohnbesessen" und Mädchen gelten als „genetische Defekte", so das Ergebnis einer wissenschaftlichen Studie. Tödliche Diskriminierung, die dazu führt, dass in Indien im Jahr 2001 auf 1000 männliche Neugeborene nur 933 weibliche kamen. Eine verhängnisvolle Kombination von eingefleischter Tradition und moderner Technik begünstigt Indiens Mädchenschwund. Seitdem es Anfang der 1980er-Jahre mit der Einführung von Ultraschalluntersuchungen möglich geworden ist, das Geschlecht festzustellen, greifen immer mehr indische Familien zum Mittel der „selektiven" Abtreibung. Die Gesetze des Landes verbieten dies allerdings streng. So verzerrt sind die Proportionen schon, dass manche von einer Hochzeitskrise sprechen. Nach landläufiger Meinung trägt Indiens Mitgiftsystem Teilschuld an dieser Praxis. Neueste Untersuchungen zeigen allerdings, dass diese Abtreibungen, die vor allem auf Druck der Schwiegermutter und des Ehemanns vorgenommen werden, in Indiens wohlhabenden Gesellschaftsschichten am weitesten verbreitet sind und die Religion keine Rolle spielt.

(nach: Badische Zeitung, 10. Januar 2006, von Willi Germund)

101.1 *Die Mutter verabschiedet ihren erwachsenen Sohn und bietet ihm die Brust, ein Zeichen der starken Verbundenheit (die Mutter-Sohn-Beziehung ist heilig).*

③ Alles war für die schöne indische Hochzeit gerichtet: 2000 Gäste saßen erwartungsvoll in der blumengeschmückten Hochzeitshalle. Da tönte von nebenan lautes Stimmengewirr herüber. Heftiger Streit war ausgebrochen zwischen den Brauteltern und den zukünftigen Schwiegereltern. Umgerechnet 25 000 Euro verlangten diese plötzlich zusätzlich zu den zwei Fernsehapparaten, den zwei Heimkino-Sets, den zwei Klimaanlagen und dem Auto, kühl kalkulierend, dass sich wohl keine indischen Brauteltern der Schande aussetzen würden, eine Hochzeit in allerletzter Minute platzen zu lassen. Das tat dafür die Braut. Kurz entschlossen griff sie zum Handy und informierte die Polizei. Seitdem ist die 21-jährige Nisha Sharma eine Berühmtheit in Indien. „Ich bin doch keine Ware, die verschachert wird", sagt die Studentin inmitten all der unausgepackten Kartons, die für die Schwiegereltern gedacht waren. Auch ihre Eltern waren nachdenklich geworden: Lieber jetzt das bereits ausgegebene Geld abschreiben, als später etwas Schlimmeres hinzunehmen. Man weiß ja, was dann kommt. Was einmal ein typisches Phänomen der aufstrebenden und konsumorientierten indischen Mittelklasse war, erstreckt sich mittlerweile längst auf alle sozialen Schichten. Ob Nisha Sharma, die so mutig mit allen Traditionen gebrochen hat, Indien nachdenklicher machen wird, bleibt abzuwarten. Denn in einem Land, wo Frauen nur einen Wert als Gebärmaschine für Söhne haben, muss noch viel Umdenken stattfinden.

(nach: Badische Zeitung, 23. August 2003, von G. Venzky)

101.2 *Nisha Sharma vor ihrer Mitgift*

W Üben und Wiederholen

China – hier ist was falsch!

Jeweils einer von drei Begriffen gehört nicht zu China.

a) Schreibe jeweils die beiden richtigen Begriffe auf. Benutze den Atlas, ein Lexikon oder informiere dich im Internet.

b) Begründe, warum einer der drei nicht zu China gehört.

1. Mongolei • Bangladesch • Myanmar
2. Jenissei • Hwang He • Jangtsekiang
3. – 154 m NN • 8850 m NN • 1142 m NN
4. Urumqi • Pjöngjang • Tschungking
5. Tarimbecken • Rotes Becken • Okawangobecken
6. Koalabär • Dromedar • Zebra
7. Tharr • Takla Makan • Gobi
8. Tian Shan • Hindukusch • Himalaya
9. Verbotene Stadt • Taj Mahal • Potala Palast
10. Golf von Khambhat • Golf von Tongking • Gelbes Meer
11. Dongtingsee • Qinghaisee • Issykkulsee
12. nördlicher Wendekreis • nördlicher Polarkreis • 100 °ö.L.
13. Madurai • Mongolei • Mandschurei
14. Hainan • Taiwan • Paracel

China – ein Drache erwacht

Die Karikatur 102.2 zeigt eine Folge des raschen Wirtschaftswachstums Chinas. Beschreibe die Karikatur und übersetze den Titel. Erläutere den dargestellten Sachverhalt. Stelle eine Verbindung zu Tab. 102.1 her.

	Kohle	Stahl	Erdöl
Rang 1	China 46 %	China 27 %	USA 23,1 %
Rang 2	USA 16,5 %	EU-15 16 %	EU-15 17,7 %
Rang 3	EU-15 6,1 %	USA 12 %	China 9,4 %

102.1 *China als Verbraucher (Rohstoffverbrauch in Prozent des Weltverbrauchs)*

102.2 *The hungry dragon: „China's material needs"*

102.3

Wirtschaftsräume im Wandel

In den Abb. 102.3 und 103.1 siehst du Fotos aus diesem Kapitel. Sie zeigen wirtschaftliche Veränderungen in China und Indien.

a) Ordne die rechts stehenden Textkästen den richtigen Ländern zu.

b) Schreibe mithilfe der Worte und Satzteile jeweils einen kurzen Bericht zu den Fotos, in dem der dargestellte Raum charakterisiert wird.

Indien – Rätsel

Was steckt hinter den Begriffen a – d ? Die Buchstaben hinter den richtigen Antworten ergeben ein Lösungswort, das für Indien charakteristisch ist.

a) Mithilfe der „Grünen Revolution“ ...
- ... wurde die Landwirtschaft Indiens modernisiert. HI
- ... erreichten die Frauen in Indien Gleichberechtigung. VA
- ... endete die britische Kolonialherrschaft über Indien. BR

b) Bangalore ist bekannt für ...
- ... seine zahlreichen historischen Sehenswürdigkeiten. RAN
- ... seine hohe Anzahl an Hightechunternehmen. NDU
- ... seine schöne Lage am Ganges. AHM

c) In Indien wächst die Bevölkerung jährlich um ...
- ... 17 Millionen. NUS
- ... 15 Millionen. ISM
- ... 10 Millionen. MOP

d) Der Monsun entsteht durch ...
- ... die Drehung der Erde. IN
- ... ungünstige Windverhältnisse in Australien. UR
- ... die unterschiedliche Erwärmung von Land und Meer. US

Grundbegriffe
Ballungsraum
Joint Venture
Hightechindustrie
Monsun
Wirtschaftswachstum

Indien – Bevölkerungsentwicklung

Die Abbildung zeigt die Bevölkerungsdiagramme Indiens für das Jahr 2006 und 2050 (Prognose).

a) Vergleiche die Altersgruppen der 0- bis 15-Jährigen, der 15- bis 45-Jährigen und der über 65-Jährigen im Jahr 2006 und 2050.

b) Welches sind die stärksten Altersgruppen in dem Diagramm von 2006 und 2050?

c) Worin liegen die stärksten Bevölkerungsveränderungen der beiden Jahre?

d) Welche Grundformen lassen sich den Diagrammen zuordnen?

e) Bewerte die Bevölkerungsentwicklung von 2006 bis 2050.

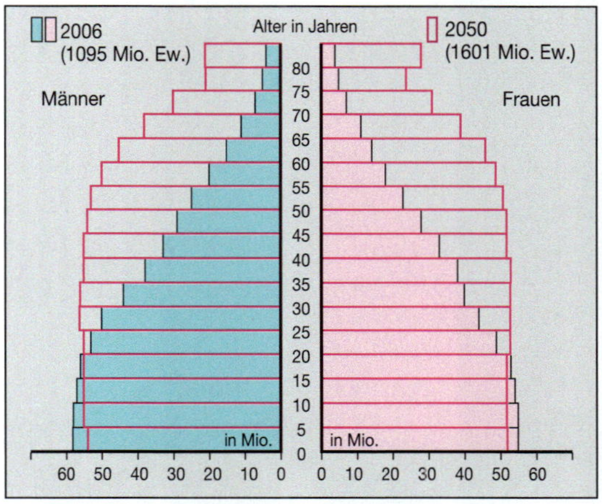

Werkbank der Welt

Softwareschmiede für die Welt

viele Slumbewohner in den Ballungszentren

hoher Bedarf an Energie und Rohstoffen führt zu Schädigungen der Umwelt

Industrienation und zugleich landwirtschaftlich geprägt

niedrige Lohnkosten und keine Standards wie in der westlichen Arbeitswelt

103.1

4 Die globalisierte Welt

MAERSK
MAERSK
MAERSK

Die Welt wird kleiner – Globalisierung

> *„Wenn Dampfkraft erst perfektioniert ist, wenn sie zusammen mit Telegrafie und Eisenbahn die Distanzen schwinden lässt, werden nicht nur Güter reisen. Auch Ideen werden Flügel haben."*
>
> (nach de Chateaubriand, französischer Schriftsteller und Politiker 1841)

Häufig hört man den Begriff „Globalisierung" in den Nachrichten. Viele Menschen benutzen den Begriff, erklären können ihn aber nur wenige. Erstmals verwendet wurde er 1983 in den USA.
Am häufigsten wird er im Sinne eines weltumspannenden Austauschs von Gütern verstanden. Da die Völker der Welt aber schon lange Handel miteinander betrieben haben, gibt es das Phänomen Globalisierung wohl schon sehr viel länger als den noch jungen Begriff. Was sich seit den 1980er-Jahren verändert hat, ist die Geschwindigkeit, mit der sich das Zusammenwachsen und Zusammenrücken der Welt fortgesetzt hat.
Globalisierung ist nicht nur ein wirtschaftliches Phänomen, sondern kann auch im gesellschaftlichen Bereich beobachtet werden. Vor allem die modernen Kommunikationstechnologien haben dazu beigetragen, Grenzen zu überwinden und Distanzen zu verkürzen.
Neben den Vorteilen der Globalisierung gibt es auch negative Folgen: Globalisierungsgegner sehen die zunehmende Verflechtung der Wirtschaft kritisch und wehren sich gegen eine Kultur, die immer globaler wird.
Egal, ob man die Globalisierung positiv oder negativ sieht, sie ist aus unserem Leben nicht mehr wegzudenken.

AUFGABEN >>

1 *Suzie lebt in einer globalisierten Welt. Nenne Beispiele aus ihrem Leben.*

2 *Was bedeutet „Globalisierung" für dich? Finde eine eigene Definition.*

3 *Nenne Voraussetzungen für die Globalisierung. Beachte hierbei das Zitat von Chateaubriand.*

4 *Die Globalisierung hat auf Suzies Leben auf den ersten Blick nur positive Auswirkungen. Nenne mögliche Nachteile der Globalisierung.*

„Globalisierung bedeutet zunehmende Internationalisierung in Bereichen wie Wirtschaft, Politik, Kultur, Umwelt oder Kommunikation. Globale Beziehungen entstehen auf der Ebene von Individuen, Gesellschaft, Institutionen und Staaten.“ (nach einem Online-Lexikon)

Für Menschen in der ganzen Welt steht der Begriff „Made in Germany" heute für besonders hohe Qualität. Dies war aber nicht immer so: Noch im 19. Jahrhundert konnten deutsche Industrieprodukte nicht in der von ausländischen Käufern geforderten Qualität geliefert werden. Waren aus Deutschland galten als „billig" und „schlecht". Zudem wurden Produkte kopiert und mit falschem Herkunftsland versehen. Ab 1887 wurde deswegen in Großbritannien der Zusatz „Made in ..." verwendet. Da es Deutschland aber immer besser gelang, hochwertige Industrieprodukte herzustellen, griffen Käufer schon bald bewusst zu Produkten „Made in Germany".

108.1 *Titelbild des SPIEGEL SPECIAL vom Mai 2008*

Deutschlands Stellung im Welthandel

Nach dem Zweiten Weltkrieg konnte Deutschland nach den USA zur zweitgrößten Handelsnation der Welt aufsteigen. „Made in Germany" steht heute vor allem für hochwertige Industrieprodukte. Im Jahr 2009 wurden Waren im Wert von 969 Milliarden Euro ausgeführt. Dies waren Produkte, die andere Länder in dieser Qualität oder zu diesem Preis nicht herstellen konnten. Oft fehlt ihnen dazu das technische Know-how. Die Bedeutung des Exports für Deutschland zeigt sich daran, dass jeder vierte Arbeitsplatz für die Ausfuhr in andere Länder produziert. Ein Vergleich aus der Automobilbranche verdeutlicht diese Bedeutung: So wurden 2008 pro 1000 Einwohner 53 Pkws ins Ausland verkauft. Zusammen mit dem Maschinenbau und der chemischen Industrie sorgte die Automobilindustrie 2008 für den Großteil der deutschen Exporte.

Natürlich muss Deutschland auch Waren importieren. Eine besondere Bedeutung hat hierbei der Import von Rohstoffen: So werden jährlich über 1500 Liter Rohöl pro Einwohner importiert.

AUFGABEN >>

1 *Erkläre die Begriffe Import und Export.*
2 *Nenne Produkte, die Deutschland exportiert, und solche, die importiert werden.*
3 *Von welchen Faktoren ist es abhängig, ob ein Land folgende Produkte auf dem Weltmarkt anbieten kann: Computer – Ananas – Textilien – Flugzeuge – Eisenerz?*
4 *Deutschland befindet sich im Welthandel in einer doppelten Abhängigkeit. Erkläre.*

109.1 *Containerumschlag – Import und Export von Waren*

Interesse an einem freien Welthandel

Aufgrund der großen Abhängigkeit vom Export hat gerade Deutschland als eine der führenden Handelsnationen ein besonderes Interesse an einem reibungslosen Welthandel. Erschwert wird der Handel, wenn Länder Steuern oder Zölle auf die eingeführten Güter erheben und diese somit für den Käufer vor Ort verteuern. Auch die wirtschaftliche Situation eines Abnehmerlandes kann den deutschen Export beeinflussen. Ein weiterer wichtiger Faktor sind verschiedene Währungen, die in ihrem Wert schwanken. Ein starker US-Dollar ermöglicht beispielsweise den USA, deutsche Produkte günstig einzukaufen. Gleichzeitig verteuern sich aber amerikanische Produkte für deutsche Firmen.

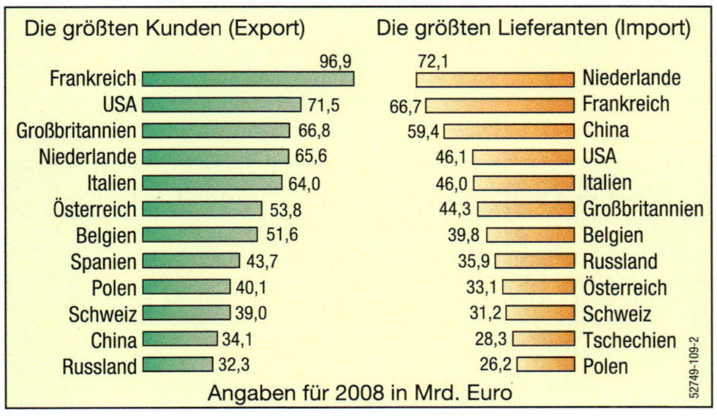

109.2 *Handelspartner Deutschlands*

AUFGABEN >>

1 *Erkläre, warum Deutschland ein großes Interesse an einem freien Welthandel hat.*

2 *Wodurch wird der Welthandel behindert?*

3 *Die EU ist für Deutschland von großer Bedeutung. Erkläre.*

Warengruppe	Einfuhr Mrd. EUR	Ausfuhr Mrd. EUR
Nahrungsmittel		
darunter		
Gemüse, Früchte	12,5	3,8
Kaffee, Tee, Kakao	5,1	4,7
Fleisch, Fleischwaren	5,5	7,2
Molkereierzeugnisse, Eier	4,8	6,0
Getreide, Getreideerzeugnisse	3,6	5,5
Getränke und Tabak	5,6	6,9
Rohstoffe (ohne Energiestoffe)		
darunter		
Erze/Metallabfälle	8,2	4,6
Ölsaaten/ölhaltige Früchte	2,5	0,2
Kork und Holz	1,4	1,9
Energierohstoffe		
darunter		
Erdöl, Erdölerzeugnisse	44,6	10,4
Kohle, Koks, Briketts	3,9	0,3
Gas	24,7	2,8
tierische und pflanzliche Öle, Fette, Wachse	2,0	1,1
chemische Erzeugnisse		
darunter		
organische Chemikalien	17,2	16,9
anorganische Chemikalien	4,7	6,0
medizinische und pharmazeutische Erzeugnisse	33,7	46,8
Kunststoffe	13,6	26,0
bearbeitete Waren (nach Beschaffenheit gegliedert)		
darunter		
Eisen und Stahl	15,6	20,2
Garne, Gewebe	8,1	9,0
Papier, Pappe	9,5	15,1
Maschinen und Fahrzeuge		
darunter		
Straßenfahrzeuge	54,6	116,2
Büromaschinen, EDV-Maschinen	23,2	18,4
Arbeitsmaschinen für besondere Zwecke	10,2	33,8
sonstige bearbeitete Waren		
darunter		
Bekleidung	22,0	11,9
Möbel und Möbelteile	8,1	7,4
Schuhe	4,7	2,5
Mess- und Prüfgeräte	13,1	24,4
Waren insgesamt	**362,7**	**410,0**

109.3 *Struktur des deutschen Außenhandels (2009)*

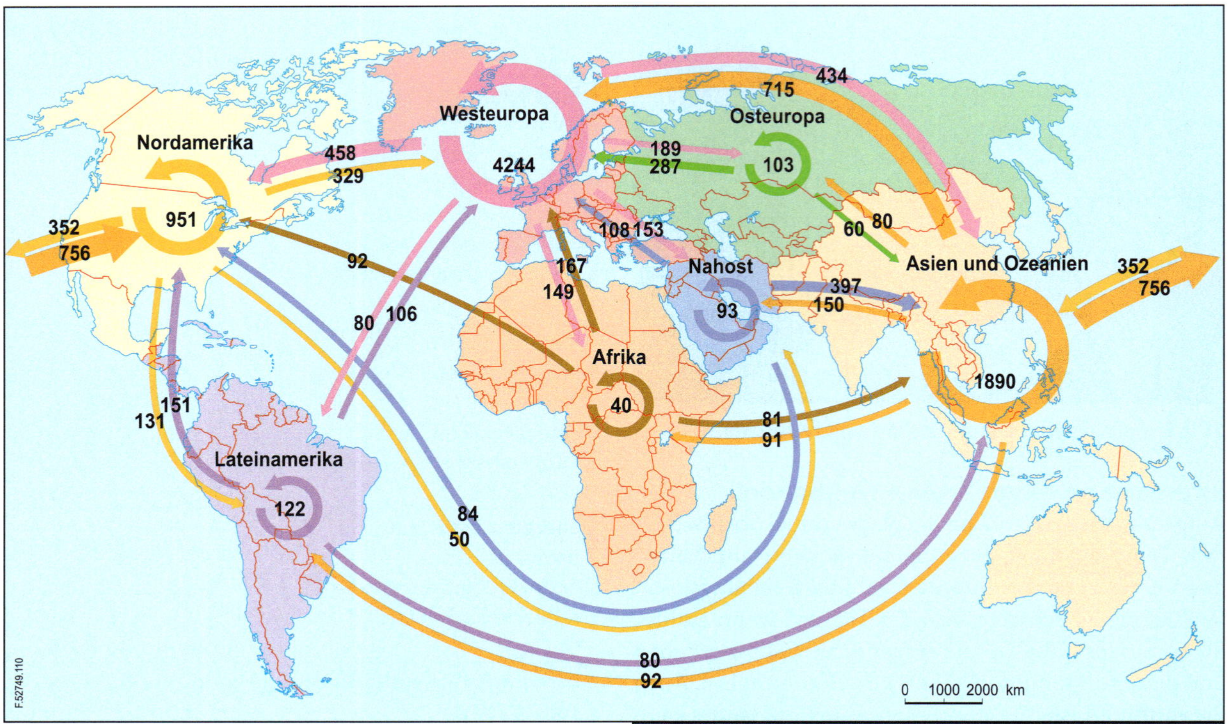

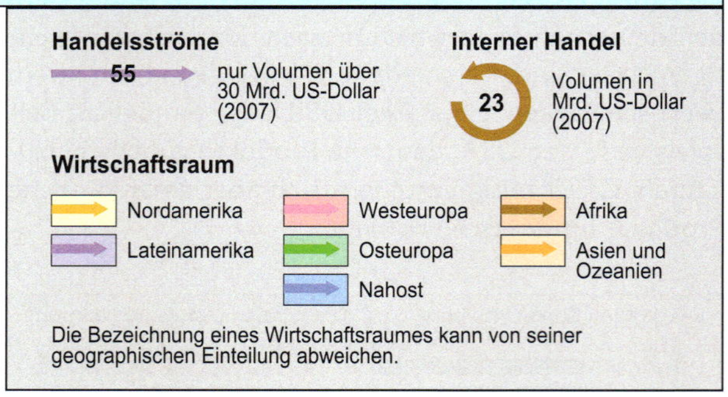

110.1 *Welthandelsströme*

Welthandel: weltweit und regional

Der Welthandel der letzten Jahre ist durch zwei Tendenzen gekennzeichnet: Einerseits wurde der Handel zwischen den Ländern global ausgeweitet. Die westlichen Industrieländer und China stellen hierbei die führenden Handelsmächte dar. Auf der anderen Seite schlossen sich Länder zu Wirtschaftsbündnissen zusammen, um den Handel untereinander zu vereinfachen. Dies sind beispielsweise die EU in Europa, die NAFTA in Amerika oder die AESAN-Staaten in Asien. Subventionen und Steuervorteile stellen weitere Möglichkeiten dar, der einheimischen Wirtschaft Vorteile zu verschaffen. Diese kommen auch innerhalb von Handelsbündnissen vor.

AUFGABEN >>

1 *Erkläre, warum der Welthandel nicht immer ohne Probleme verläuft.*

2 *Wer handelt mit wem? Beschreibe die Karte 110.1. Dein Text sollte Informationen zu diesen Punkten enthalten: Westeuropa (EU) – Handelsmächte – Naher Osten – China – Handel innerhalb von Regionen – Afrika – USA – Import – Export.*

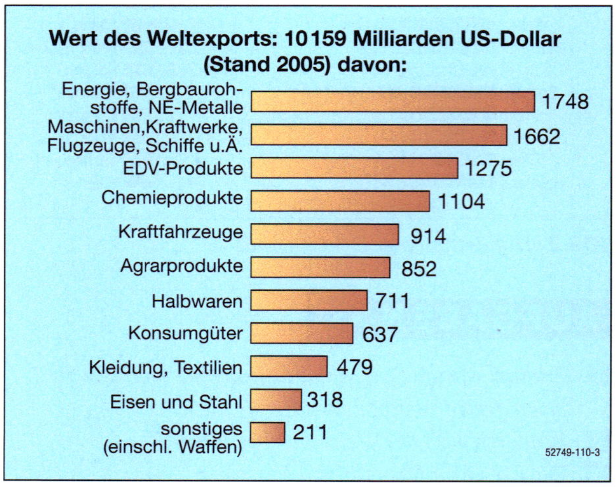

110.2 *Weltexport nach Produktgruppen*

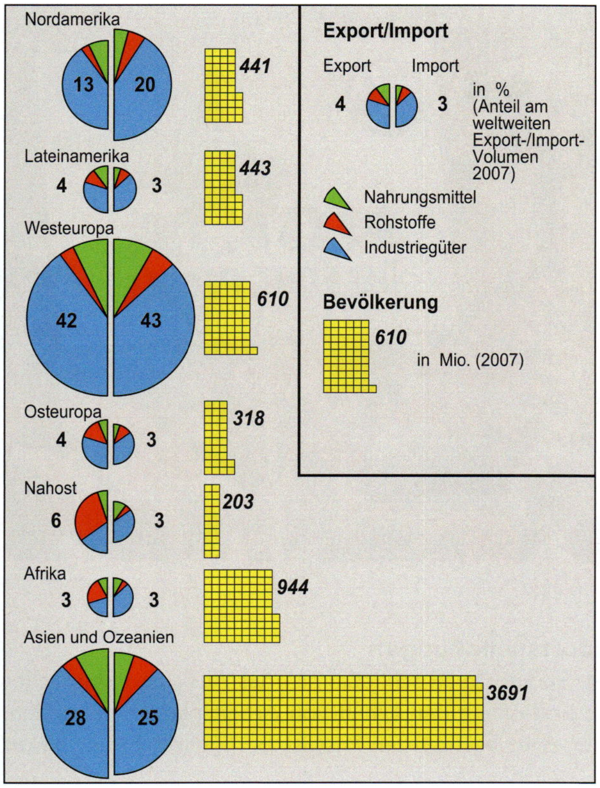

111.1 *Bevölkerung und Handel nach Regionen*

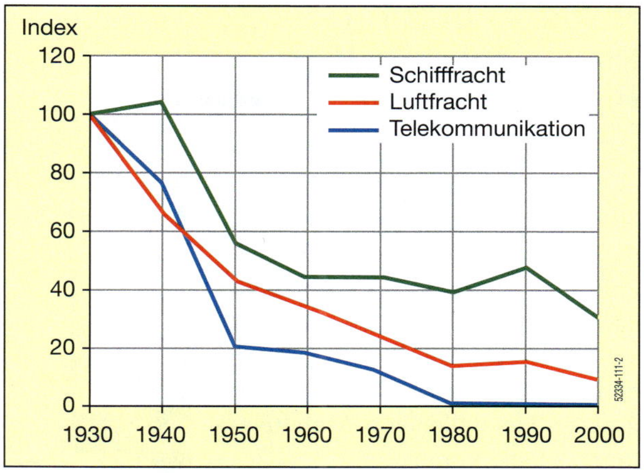

111.2 *Kosten für Transport und Telekommunikation*

AUFGABEN >>

1. *Womit handelt die Welt? Ergänze deinen Text zu Karte 110.1 mit Informationen, womit die Welt handelt.*
2. *Der Welthandel ist nicht nur im Hinblick auf den Wert der gehandelten Ware ungleich verteilt. Erkläre.*
3. *Beschreibe die Entwicklung der Transportkosten und nenne deren Folgen.*

Z Container – Kisten, die die Welt bewegen

Ohne Container würde es den weltweiten Warenaustausch, wie wir ihn heute kennen, nicht geben. Von Experten wurde er schon als die wichtigste Art der Verpackung nach der Tüte beschrieben. Der Container wurde 1956 in den USA erfunden. Schon bald danach wurden die Maße genormt, und Terminals auf der ganzen Welt entstanden. Gerade die einheitliche Größe hat zu günstigen Transportpreisen beigetragen. Wurde 1950 noch fast 6 Dollar pro Tonne Ware verlangt, sind dies heute nur noch 16 Cent. Das größte Containerschiff der Welt kann 8500 Container laden. Es gehört zur Post-Panamax-Klasse, also der Art von Schiffen, die den Panamakanal erst nach seiner Erweiterung wieder passieren können.

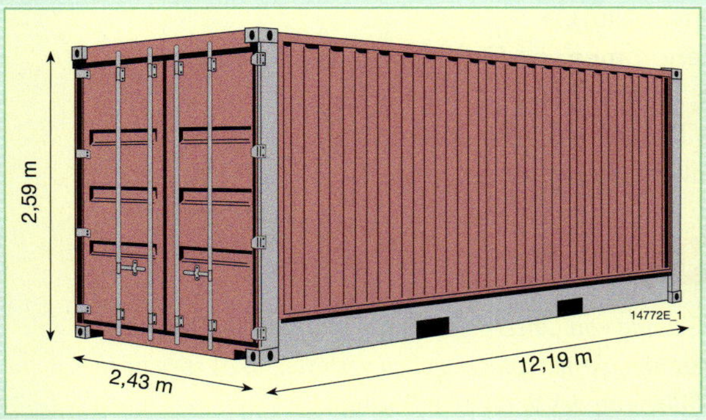

111.3 *Die Maße eines Containers*

111.4 *Containerschiff*

Nokia – ein Global Player auf dem Weg Richtung Osten

Heuschrecken zierten die Protestplakate der Menschen vor dem Nokia-Werk in Bochum. Insekten, die einen Acker innerhalb kurzer Zeit leer fressen und dann zum nächsten weiterziehen. Genau dieses Vorgehen werfen die Menschen dem Global Player und weltweit größten Hersteller von Mobiltelefonen, Nokia, vor.

112.1 *Proteste gegen Nokia*

Die Geschichte Nokias in Bochum

- **1989**: Produktionsbeginn am Standort Bochum
- **1990 bis 1999**: Nokia kassiert 60 Millionen Euro an Fördermitteln:
  - die Stadt Bochum (Arbeitslosenquote 10 %) steuert Millionen bei und baut die Infrastruktur für Nokia aus
  - die Pflicht, aufgrund der Subventionen Arbeitsplätze zu erhalten, läuft aus
- **2007** macht Nokia weltweit einen Gewinn von über 7 Milliarden Euro; auch das Werk Bochum ist profitabel, es werden 134 Millionen Euro erwirtschaftet; dies entspricht 90 000 Euro je Mitarbeiter.
- **2007**: Nokia gibt bekannt, in Rumänien ein Werk zu bauen
- **2008** schließt das Werk in Bochum, die Arbeit in Rumänien wird aufgenommen; 2300 Arbeitsplätze gehen verloren, 3500 Arbeitsplätze entstehen

Gründe für Standortschließungen

Ein wichtiger Grund, Standorte zu schließen, ist das Auslaufen staatlicher Subventionen. Diese sind oft an den Erhalt von Arbeitsplätzen gebunden. Erst nach dem Ablauf einer bestimmten Frist ist es möglich, Arbeitsplätze abzubauen.

Viele Hersteller verlassen einen Standort, sobald die Subventionen eingestellt werden. Hohe Lohnkosten sind ein weiterer Grund, einen Standort zu verlagern. Seitens Nokia wurden folgende Argumente für diese Entscheidung angeführt:

- Durchschnittslöhne von rund 250 Euro/Monat,
- günstiger Bodenpreis in Rumänien,
- Standort auf dem Wachstumsmarkt Osteuropa,
- Möglichkeit der Ansiedlung aller Zulieferer am Produktionsort,
- gutes Image der Region als zukunftsträchtiger Standort (Investoren aus der EU und den USA),
- gut ausgebildetes Arbeitskräftepotenzial,
- gute logistische Strukturen (Ausbau der Transsilvanienautobahn und des Flughafens in Cluj),
- internationales Renommee von Cluj-Napoca als bedeutende Universitätsstadt,
- lange industrielle Tradition der Region,
- wirtschaftsfreundliche Verwaltung

AUFGABEN >>

1 *Nenne mögliche Gründe von Unternehmen für Standortverlagerungen.*
2 *Arbeitsplätze entstehen, Arbeitsplätze gehen verloren. Was spricht für, was gegen eine Schließung des Werkes in Bochum.*
3 *Nokia wird auf dem Plakat als Heuschrecke dargestellt. Erkläre.*
4 *Erkläre den Begriff Global Player. Nenne weitere Beispiele.*

113.1 *Das neue Nokia-Werk in Rumänien*

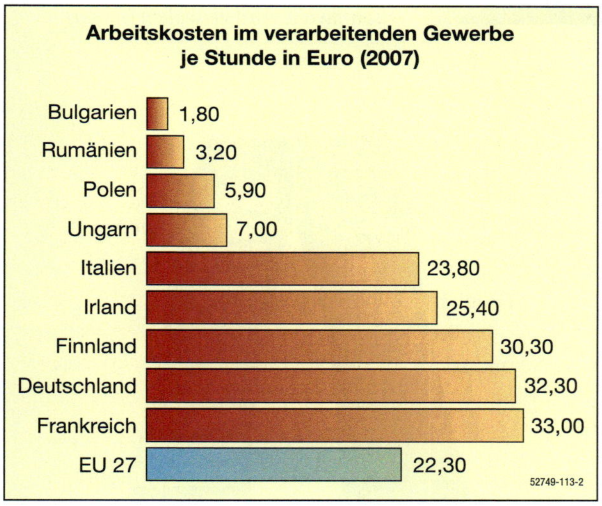

113.2 *Lohnkosten in Europa*

113.3 *Karikatur*

Nokia - der Weltmarktführer

Etwa vier von zehn Mobiltelefonen, die irgendwo auf der Welt verkauft werden, sind Nokia-Geräte. Mit einem Marktanteil von rund 40 Prozent (2008) hat der finnische Konzern etwa so viel wie die Konkurrenz von Samsung, Motorola und Sony Ericsson zusammen. Neben Handys stellt Nokia andere Produkte im Bereich der Telekommunikation her und liefert Zubehör für die Automobilindustrie.

Der Firmensitz liegt in der finnischen Stadt Espoo. Gegründet wurde die Firma im Jahr 1865. Anfangs produzierte sie Papiererzeugnisse, später dann Gebrauchsgegenstände wie Gummistiefel und Reifen.

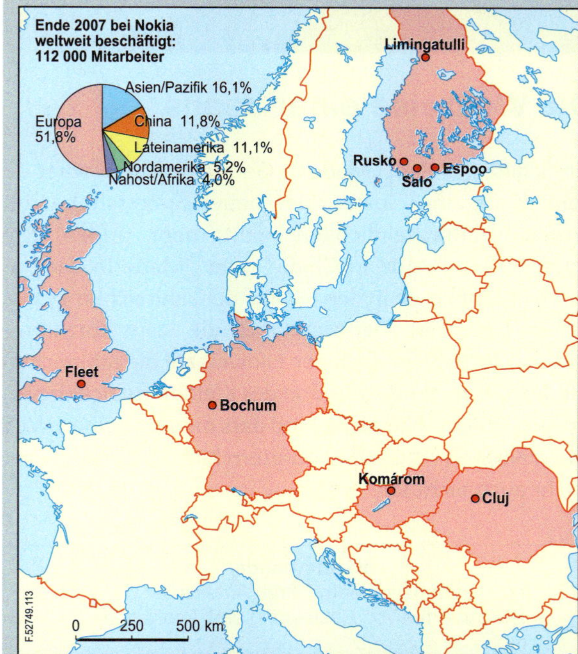

113.4 *Produktionsstandorte der Firma Nokia (2007)*

AUFGABEN>>

1. *Nenne Länder, in denen Nokia Mobiltelefone produziert.*
2. *Werte die Karikatur 113.3 aus.*
3. *„Rumänien ist nicht Endstation für Nokia". Erkläre diese Aussage eines Arbeiters aus Bochum.*

114.1 und 2 *Links: in einer Bekleidungsfabrik in Shenzhen (China), rechts: Baumwolle wird verwoben (Polen)*

Die Weltreise einer Jeans

Ein Schild, auf dem „Made in Germany" steht, wirst du beim Kauf einer Jeans oder neuer Sportschuhe mit großer Wahrscheinlichkeit nicht mehr finden. Die Schilder mit „Made in China" oder „Made in Bangladesch" dominieren in den Filialen der zahlreichen Textilketten. Das heißt aber nicht, dass die Jeans dort komplett hergestellt wurde. Einen Hinweis auf die zahlreichen Länder, die an der Produktion des Kleidungsstücks beteiligt sind, findet man nicht. Und dass die Jeans einen Weg von mehreren Tausend Kilometern hinter sich hat, siehst du ihr auch nicht an.

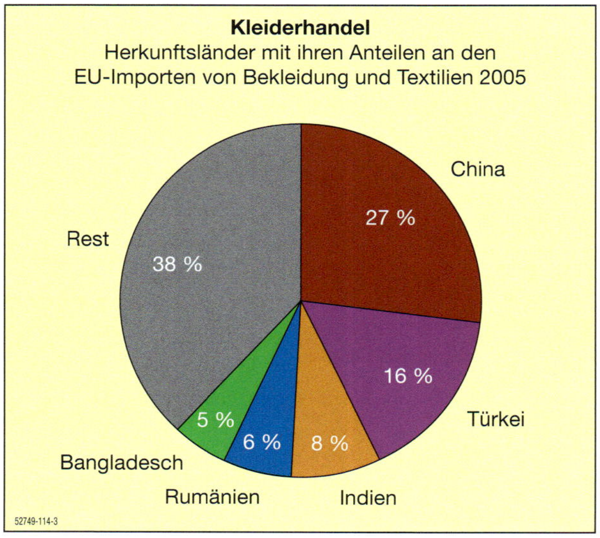

114.3 *Wo kommt unsere Kleidung her?*

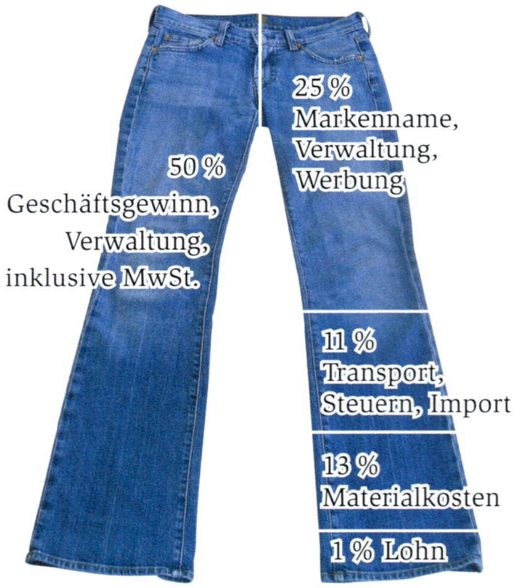

114.4 *Preiszusammensetzung einer Jeans*

AUFGABEN >>

1. *Wo kommt eure Jeans her? Erstellt für eure Klasse eine Statistik (Kleidungsstück – Land).*
2. *Erkläre, warum es Jeans „Made in Germany" so gut wie nicht zu kaufen gibt.*
3. *Wer verdient wie viel an einer Jeans? Errechne den Gewinn für den Konzern, die Bezahlung für die Arbeiter etc. für eine Jeans deiner Wahl.*
4. *Informiere dich über Kinderarbeit – Lohnkosten – Umweltbelastung unter: www.hm.com/de (> Kundenservice > oft gestellte Fragen).*

Stationen der Jeans-Reise

② Da Baumwolle oft von Hand geerntet wird, werden häufig auch Kinder zur Arbeit herangezogen.

① Vom größten Warenumschlagsplatz Asiens (Hongkong), wird die Kleidung in Containerschiffen nach Europa transportiert. Die Schiffe kommen in Rotterdam oder Hamburg an.

④ Die Jeans werden mit Lkws zu den Warenlagern der Handelsketten gebracht, die von hier aus ihre Filialen beliefern.

③ In Taiwan wird die Baumwolle mit dem Farbstoff Indigo gefärbt. Er kommt häufig aus Deutschland.

⑤ Die Baumwolle wird z. B. in Indien auf Plantagen in Monokultur angepflanzt. Es wird geschätzt, dass 25 % der weltweiten Produktion an Dünge-, Pflanzenschutz- und Schädlingsbekämpfungsmitteln auf Baumwollfeldern zum Einsatz kommen.

⑥ Nachdem die Jeans nicht mehr getragen wird, landet sie in der Altkleidersammlung. In großen Betrieben, z. B. in den Niederlanden, werden die Kleidungsstücke sortiert.

⑦ In Polen wird das Garn zu Stoff verwoben. Dies geschieht oft mit Maschinen aus Deutschland.

⑧ Nach der Ernte wird die Baumwolle nach China versandt. Hier wird aus der Baumwolle ein Faden gesponnen. Dies geschieht beispielsweise mit Maschinen aus der Schweiz.

⑩ In Afrika, z. B. in Ghana, beginnt das zweite Leben der Jeans. Hier können Menschen die gebrauchte Kleidung günstig erwerben. Die Wiederverwertung stellt einheimische Textilhersteller vor große Probleme.

⑨ Zusammen mit dem Reißverschluss, den Nieten und den Knöpfen aus Europa geht die Reise nach Asien. In Bangladesch, Südkorea, China, Indien und Taiwan wird die Jeans genäht.

115.1 *Darstellung der Jeans-Reise*

AUFGABEN >>

1. *Finde für jede Station ein passendes Schlagwort. Schreibe die Schlagworte in der richtigen Reihenfolge in dein Heft.*
2. *Ermittle die ungefähre Kilometeranzahl, die die Jeans bis zum Geschäft in deiner Nähe zurücklegt.*
3. *Stelle die Reise der Jeans auf einer selbst erstellten Weltkarte dar.*
4. *Bewerte die Tatsache, dass Jeans eine Weltreise zurücklegen.*

a Worldmapper-Karten – eine neue Sicht der Welt

Was ist mit der Welt auf Karte ① passiert? Obwohl wir die Weltkarte so nicht kennen, ist auch sie eine sinnvolle Darstellung der Erde. Worldmapper-Karten zeigen uns eine Welt, bei der die Staaten nicht entsprechend ihrer tatsächlichen Fläche gezeichnet sind. Stattdessen entspricht die Größe einem speziellen Merkmal (z. B. Exporte von Textilien). So erscheinen einige Länder aufgebläht, andere werden so klein, dass sie nur schwer auf der Karte zu finden sind. Deutlich wird aber immer, dass sehr viele Dinge auf der Welt ungleich verteilt sind. Weitere Karten, die die Ungleichverteilungen auf der Erde darstellen, findest du unter www.worldmapper.org.

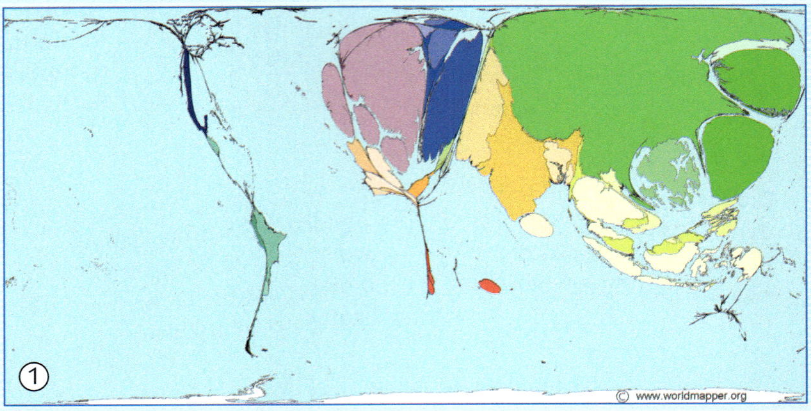

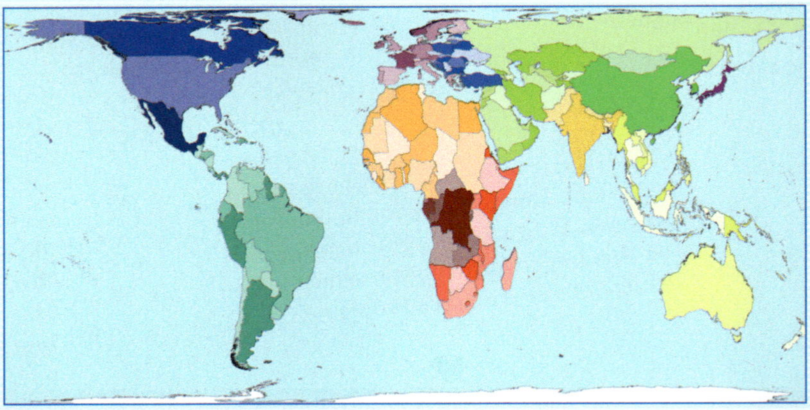

116.1 *Grundkarte: Flächenanteile der Länder*

AUFGABEN >>

1 *Ordne die Bilder den Textbausteinen zu. Finde nun die entsprechende Karte.*
2 *Bei Worldmapper-Karten geht es um Ungleichgewichte. Welche Länder fallen dir bei der jeweiligen Karte besonders stark auf? Erkläre, warum dies so ist.*
3 *Finde auf der Internetseite von Worldmapper weitere Karten, die zu Themen passen, die ihr behandelt habt. Stelle sie der Klasse vor.*

Import von Textilien
- Jede zweite Jeans in deutschen Geschäften kommt aus China oder Bangladesch.
- 2009 wurden 142 Millionen Jeans nach Deutschland importiert.

Import von Spielwaren
- Der größte Markt sind die USA (22 Mrd. US-$)
- Dort leben die meisten Kinder bis 14 Jahre der Industriestaaten.
- 80 % der EU-Spielzeugimporte stammen aus China.

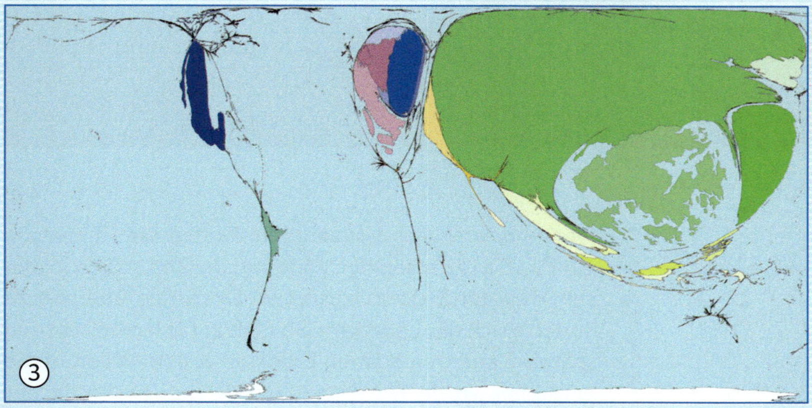

Export von Textilien

- In China liegt die „Sockenhauptstadt" der Welt: 8000 Firmen stricken hier Strümpfe.
- Chinesische Arbeiter arbeiten für umgerechnet zwei Euro pro Stunde.

Export von Spielwaren

- Dieser macht 1 % aller weltweiten Exporte aus.
- China ist die Nummer 1, Indien nur Nummer 33.
- Probleme gab es in den letzten Jahren wegen gesundheitsgefährdender Spielzeuge aus China.

Erdöl – Schmierstoff der Weltwirtschaft

118.1 *Ölförderung in Saudi-Arabien*

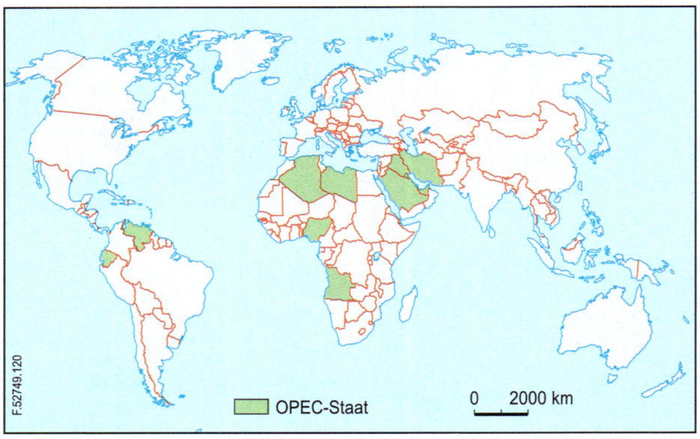

118.2 *Die OPEC-Staaten*

Lebenssaft Erdöl

Erdöl ist der wichtigste Grundstoff unserer Industriegesellschaft. Seine Verwendung ist vielfältig. Über 70 000 verschiedene Produkte werden daraus hergestellt. Ohne Erdöl wäre unsere moderne Medizin nicht denkbar, die Menschen wären weniger mobil und selbst die Landwirtschaft, wie wir sie heute kennen, gäbe es nicht. Zudem stellt Erdöl einen bedeutenden Heizstoff dar.
Erdöl ist allerdings ein Rohstoff, der nicht nachwächst, nicht überall auf der Erde vorkommt und zudem nur in begrenzter Menge vorhanden ist.

Noch vor wenigen Jahrzehnten zählten die Länder am Golf zu den ärmsten der Welt und die Zeit schien in diesem Teil der Erde stillzustehen. Doch fast über Nacht änderte sich das Leben am Golf, als zunächst im Iran und später in anderen Staaten Erdöl unter dem Wüstensand gefunden wurde. Die Region wurde zur „Tankstelle der Welt".

Die ständig steigende Nachfrage nach Öl – dem „schwarzen Gold" – durch die Industrieländer stärkte die Macht der Erdölstaaten. Um einen möglichen Preisverfall durch eine ungezügelte Ölförderung zu vermeiden, schlossen sich 1960 die Golfstaaten Irak, Iran, Saudi-Arabien und Kuwait sowie das südamerikanische Venezuela zur OPEC (Organization of Petroleum Exporting Countries) zusammen. Heute hat die Organisation zwölf Mitglieder, die über drei Viertel der Welterdölreserven kontrollieren. Gemeinsam stimmen sie ihre Fördermengen ab und nehmen so Einfluss auf den Erdölpreis. Durch neue Erdölfunde und die Ausweitung der Förderung in anderen Ländern ist dieser Einfluss in den letzten Jahren zurückgegangen.

AUFGABEN >>

1. *Erdöl ist das wichtigste Welthandelsgut. Erkläre, warum.*
2. *Warum kam es zur Gründung der OPEC?*
3. *Nenne die Mitgliedsländer der OPEC.*
4. *Beschreibe, wie der Handel mit Erdöl ohne die OPEC aussehen könnte.*

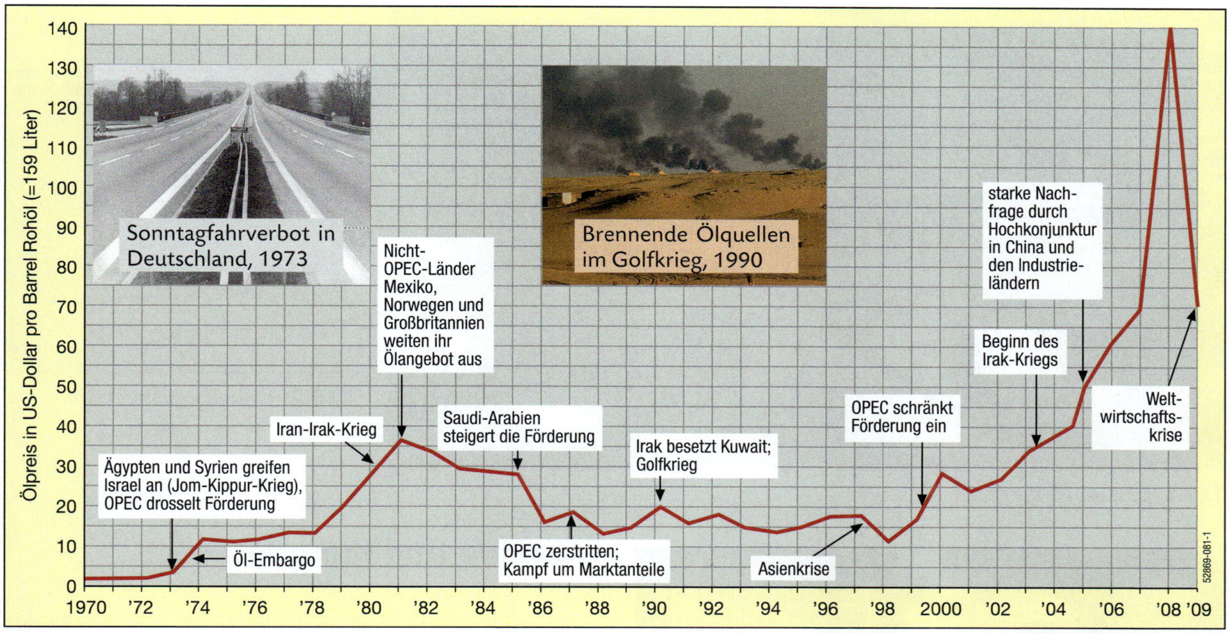

119.1 *Die Entwicklung des Ölpreises*

Der Erdölpreis – bedeutsam für Käufer und Verkäufer

Das weltweit geförderte Erdöl wird auf dem Rohölmarkt in Rotterdam gehandelt. Wie die Preise anderer Rohstoffe schwankt auch der Preis für ein Barrel (= 159 Liter) Rohöl. Der Preis wird durch Angebot und Nachfrage bestimmt. So steigt der Erdölpreis beispielsweise, wenn mehr Erdöl verbraucht wird oder wenn die Fördermenge gesenkt wird. Weiterhin beeinflussen politische Ereignisse den Preis des schwarzen Goldes.

Ein zu hoher Erdölpreis ist aber nicht nur für den Käufer von Nachteil, sondern auch für den Verkäufer: Steigt der Preis zu stark an, müssen die Verkäuferländer damit rechnen, dass ihre Konkurrenz die Förderung ausweitet.

Bei einem hohen Erdölpreis lohnt es sich, neue und schwieriger zugängliche Erdölquellen zu erschließen und zu nutzen. Dies trifft beispielsweise auf das Erdöl in der Nordsee und auf die Ölsandvorkommen in Kanada zu. Außerdem wird es für die Verbraucherländer zunehmend interessanter, Erdöl einzusparen oder durch alternative Energiequellen zu ersetzen.

Um dies zu vermeiden, versucht vor allem die OPEC, den Preis durch eine gezielte Förderung so zu gestalten, dass er für Käufer und Verkäufer interessant bleibt. Dennoch mussten sich in den letzten Jahren nicht nur die Industrie, sondern auch die Autofahrer auf einen stark schwankenden Ölpreis einstellen.

119.2 *Karikatur*

AUFGABEN >>

1. *Der Erdölpreis schwankt. Nenne mögliche Gründe.*
2. *Erkläre, warum sowohl Käufer als auch Verkäufer Interesse an einem stabilen Erdölpreis haben.*
3. *Beschreibe Folgen eines dauerhaft hohen Erdölpreises.*
4. *Vervollständige folgende Schlagzeilen:*
   „Chinas Industrie wächst auch 2012 extrem stark ..."
   „2020 – Der Ölpreis steigt weiter. Die Wirtschaftsminister der EU ..."
   „2060 – Die weltweiten Erdölreserven neigen sich dem Ende zu ..."

120.1 *Ölsand-Fördergebiet*

120.2 *Ölsandvorkommen in Kanada*

120.3 *Ölsand*

120.4 *Ölsandabbau*

Ölsande aus Kanada

Lange Zeit konnte Kanada nicht in der ersten Liga des Erdölgeschäfts mitspielen. Seit einigen Jahren wird Kanada jedoch als Erdölgroßmacht angesehen.

Schon die Indianer, die früher in der Gegend um Fort McMurray nördlich von Calgary lebten, nutzten den öligen Sand von den Ufern des Athabasca-Flusses zum Abdichten ihrer Kanus.

Heute wird aus dem Gemisch aus Sand, Bitumen und Lehm, den sogenannten Ölsanden, Erdöl hergestellt. Lange waren die Kosten für die Gewinnung von einem Barrel Erdöl zu hoch und mit über 20 US-Dollar nicht rentabel. Aber bei einem hohen Erdölpreis lohnt es sich mittlerweile, die, wie manche Experten sagen, „größte Ölquelle der Welt" anzuzapfen.

Die Herstellung von Erdöl aus Ölsanden bringt auch große Probleme mit sich. Das Trennen des Öls vom Sand ist sehr energieintensiv und benötigt viel Wasser. Zurück bleiben „Mondlandschaften" und große Mengen an giftigen Rückständen, die in die Flüsse gelangen. Experten schätzen, dass bislang kaum mehr als 20 % der Abbaugebiete rekultiviert wurden.

AUFGABEN >>

1 *Erkläre, warum die Herstellung von Erdöl aus Kanada erst in den letzten Jahren interessant wurde.*

2 *Vergleiche den Abbau von Erdölsanden mit der Förderung von Erdöl in Saudi-Arabien.*

3 *Beschreibe die Folgen des Abbaus von Ölsanden in Kanada. Verwende dazu auch das Internet als Quelle.*

Z

Wie lange reicht das Erdöl noch?

In „Ausgebrannt" beschreibt Andreas Eschbach die Geschichte von Markus Westermann. Mit der Idee, bislang unentdeckte Vorräte an Erdöl zu finden und zu fördern, wird er reich. Dennoch erlebt er das Ende des Erdölzeitalters:

Im Esszimmer sah Markus, dass man ihm zu Ehren das gute Geschirr aufgedeckt hatte. Plastikgeschirr. Er musste lachen. „Ach je." „Oh, das habe ich ganz vergessen." Maria lief rot an. „Meine Mutter lacht auch immer. Ihr habt diese Art von Geschirr früher weggeworfen, nicht wahr?" Markus nahm einen der Teller auf. Er war leicht wie ein Stück Papier und schneeweiß. „Na ja", meinte er, „der ist schon stabiler als das Wegwerfgeschirr damals. Aber es ist eben Plastik ..." „Plastik ist toll", rief Alvin. „Ich habe einen Kugelschreiber zum Geburtstag bekommen, ganz aus Plastik!" Er sah hilfeheischend zu seinem Vater. „Plastik wird aus Öl gemacht, nicht wahr?" „Ja", bestätigte Julian. Endlich sagte Meinhard auch etwas. „Stimmt das eigentlich, was Papa immer erzählt?", wollte er wissen. „Dass ihr Öl früher einfach verbrannt habt?" Markus sah ihn an, sah in die Augen, die eine ganz andere Welt kannten als die, in der er selbst aufgewachsen war. Eine Welt, in der immer noch Öl gefunden wurde, in der es aber so kostbar war wie Gold."

(aus: Andreas Eschbach, Ausgebrannt, Bastei Lübbe, 2009)

Hubbert's Peak – das Ende des billigen Erdöls

Schon bald nachdem das Erdöl seinen Siegeszug angetreten hatte, begannen Wissenschaftler, sich damit zu beschäftigen, wie lange das „schwarze Gold" reichen würde.

In den 1950er-Jahren veröffentlichte der amerikanische Geologe Dr. Hubbert eine Theorie, die auch heute nicht an Aktualität verloren hat. In seiner Theorie, auch bekannt als Hubbert's Peak, geht er davon aus, dass jedes Erdölfeld nach seiner Erschließung irgendwann ein Fördermaximum erreicht. Ab diesem Fördergipfel fällt die Ausbeute, bis aus dem Feld kein Erdöl mehr gefördert werden kann.

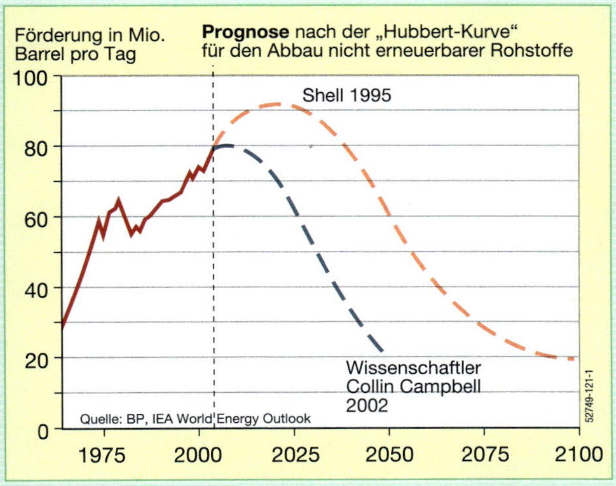

121.1 *Prognosen*

Diese Grundannahme übertrug Hubbert nun auf das gesamte weltweit vorhandene Erdöl. Für die USA konnte nachgewiesen werden, dass mehr als die Hälfte des vorhandenen Erdöls schon in den 1970er-Jahren gefördert worden war.

Wann der weltweite Gipfel erreicht sein wird, ist nicht bekannt. Gründe hierfür sind vor allem die unzuverlässigen Daten bezüglich der Erdölvorräte, eine nur schwer berechenbare Weltwirtschaft sowie neue Erdölfunde. Lässt man jedoch die kanadischen Ölsande außer Acht, konnten in den letzten Jahren eher unbedeutende Funde verzeichnet werden. So liegt beispielsweise die Entdeckung des größten Feldes der Welt, Ghawar in Saudi-Arabien, schon 60 Jahre zurück.

Mittlerweile wird Hubberts Theorie nur noch wenig angezweifelt. Erdöl wird es immer geben. Das billige Erdöl wird jedoch irgendwann verbraucht sein.

AUFGABEN >>

1. *Wie sieht die Welt von Markus Westermann aus? Beschreibe eine Welt ohne billiges Erdöl.*
2. *Beschreibe Abbildung 121.1. Gehe auf Unterschiede und Gemeinsamkeiten der Kurven ein.*
3. *Nenne Gründe, warum es ungewiss ist, wann der weltweite Fördergipfel erreicht sein wird.*
4. *Erkläre anhand einer einfachen Zeichnung die Theorie des Geologen Hubbert.*

Ein besonderes Hobby

Rafael Lozano ist ein Mann mit einem ungewöhnlichen Hobby. Sein Ziel ist es, alle Filialen der Kaffeehauskette Starbucks zu besuchen. Lozano ist somit auch ein Beispiel für die fortschreitende Globalisierung und gleichzeitig ihr Opfer. Bislang hat er 9600 Läden in 19 Ländern besucht. Manche von den Filialen werden geschlossen, bevor Lozano sie besuchen kann. Oder es kommen aber neue in teilweise entlegenen Teilen der Welt dazu.
Starbucks wurde 1971 in Seattle gegründet. Schon bald wurden neue Filialen in den USA eröffnet, 1996 wurde der Sprung ins Ausland gewagt. Im Jahr 2009 konnte man in über 40 Ländern der Welt verschiedenste Kaffeeprodukte kaufen, die überall gleich schmecken und in ähnlich aussehenden Geschäften verkauft werden. Wie bedeutend der Handel mit der Kaffeebohne geworden ist, erkennt man daran, dass das börsennotierte Unternehmen 2009 einen Umsatz von über zwei Milliarden Dollar machte.

122.1 *Starbucks in Kuwait*

Welthandelsgut Kaffee

Kaffee bestimmt das Schicksal Äthiopiens

Vom Welthandelsgut Kaffee hängen nicht nur die Arbeitsplätze der Angestellten der Kaffeehausketten ab. Auch die Wirtschaft eines Landes kann stark vom Kaffeepreis beeinflusst werden.
So bestehen die Exporteinnahmen von Äthiopien zu 36 % aus den Erlösen des Kaffeeverkaufs. Dieses Geld wird in Äthiopien dringend benötigt, um auf dem Weltmarkt Produkte einzukaufen, die das Land selbst nicht herstellen kann. Die Erlöse aus dem Verkauf der Kaffeebohnen bleiben aber nicht gleich, da sich der Preis für Kaffeebohnen täglich ändert und großen Schwankungen unterliegt.
Aufgrund der starken Abhängigkeit vom Kaffee kann eine schlechte Ernte katastrophale wirtschaftliche Folgen für Äthiopien haben. Anderen Kaffeeexporteuren kann dies aber gleichzeitig höhere Einnahmen durch einen möglichen Kursanstieg bescheren.

Land	Anteil des Kaffees am Export
Burundi	35 %
Äthiopien	36 %
Ruanda	28 %
Tansania	4 %

122.2 *Abhängigkeit vom Kaffee*

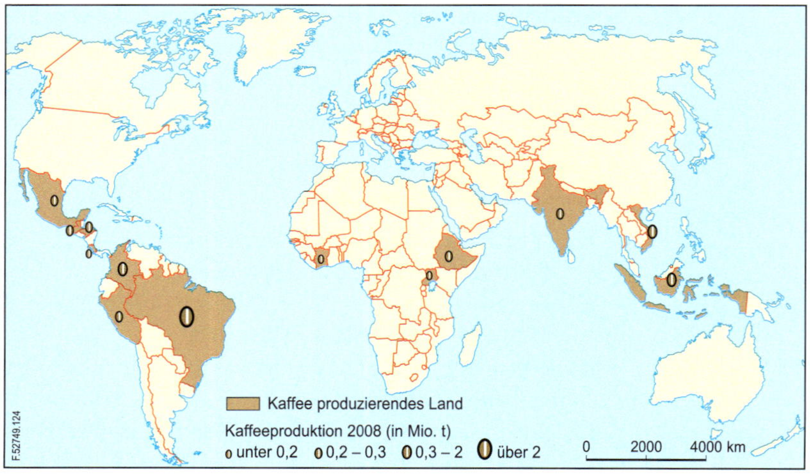

122.3 *Die größten Kaffeeproduzenten*

AUFGABEN >>

1 *Erkläre die Abhängigkeit Äthiopiens vom Kaffee.*

2 *Vervollständige die Schlagzeilen:*
„Unwetter in Kenia …"
„Rekordernte in Brasilien …"
„Umsatz von Starbucks fällt …"

3 *Nenne wichtige Kaffeeanbauländer.*

4 *Beschreibe anhand des Beispiels Starbucks Merkmale eines global handelnden Unternehmens.*

123.1 *Kaffeebauer Miquel Sanchez*

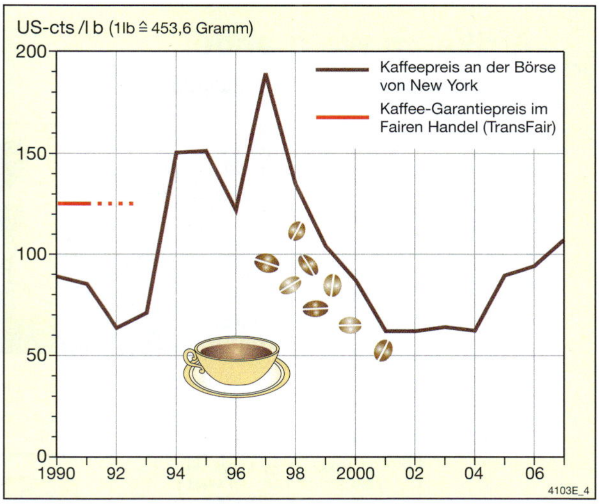

123.2 *Kaffeepreisentwicklung*

... und von Bauer Miquel Sanchez

Kaffeebohnen werden zu 2/3 auf großen Plantagen angebaut. Es gibt aber auch eine große Anzahl von kleinen Kaffeebauern. Einer von ihnen ist Miquel Sanchez aus Mexiko. Auch er litt lange unter den schwankenden Preisen für Kaffeebohnen und den Zwischenhändlern.

„Früher erhielten wir nur wenig für unsere Kaffeebohnen und konnten nie langfristig planen. Die Kursschwankungen und Zwischenhändler erschwerten den Handel mit den Kaffeebohnen. Bei steigenden Preisen strichen sie den Großteil des Gewinns ein oder zahlten bei niedrigen Preisen fast gar nichts.

Zum Glück habe ich mich mit anderen Kleinbauern zusammengetan und eine Genossenschaft gegründet. Seitdem verkaufen wir unsere Bohnen ohne Zwischenhändler direkt an einen Vermarkter nach Deutschland, der 'fair gehandelten' Kaffee verkauft.

'Fair' heißt in diesem Fall für uns, dass wir einen konstanten Mindestpreis erhalten, der über dem Weltmarktpreis liegt, aber Steigerungen nach oben trotzdem berücksichtigt. So verdienen wir mehr und können über einen längeren Zeitraum planen und beispielsweise in neue Maschinen investieren.

Die Abnehmer in Deutschland stellen dafür aber auch Bedingungen an unsere Genossenschaft. So muss der Kaffee umweltfreundlich von Kleinbauern angebaut werden. Die Genossenschaften müssen demokratisch kontrolliert werden, politisch unabhängig sein und sich für Frauenförderung und Bildung einsetzen."

Dem Wert eines deutschen Lastkraftwagens/Traktors entsprachen:	1985	2005
Lastkraftwagen (6 -10 t)	6 t Kaffee	32 t Kaffee
Ackerschlepper (37 - 59 kW)	3 t Kaffee	18 t Kaffee

6556E_4

123.3 *Terms of trade*

AUFGABEN >>

1 *Nenne Probleme, mit denen die Kleinbauern ohne fairen Handel zu kämpfen haben.*

2 *Beschreibe Vorteile, die der faire Handel den Bauern bringt.*

3 *Übertrage Abbildung 123.2 in dein Heft. Vervollständige die Kurve des Kaffee-Garantiepreises, den Miquel für seine Kaffeebohnen bekommt. Erkläre die von dir gezeichnete Kurve.*

4 *Der Preis für Kaffeebohnen schwankt, der für Industrieprodukte steigt. Erkläre, ob auch Miquel davon betroffen ist.*

5 *Informiere dich im Internet über weitere Projekte mit fairem Handel. Stelle eins davon der Klasse vor. Informationen findest du unter: www.gepa.de (Mediathek), www.transfair.org (Aktiv).*

FAIRTRADE
TRANSFAIR

Z

Afrika im Welthandel

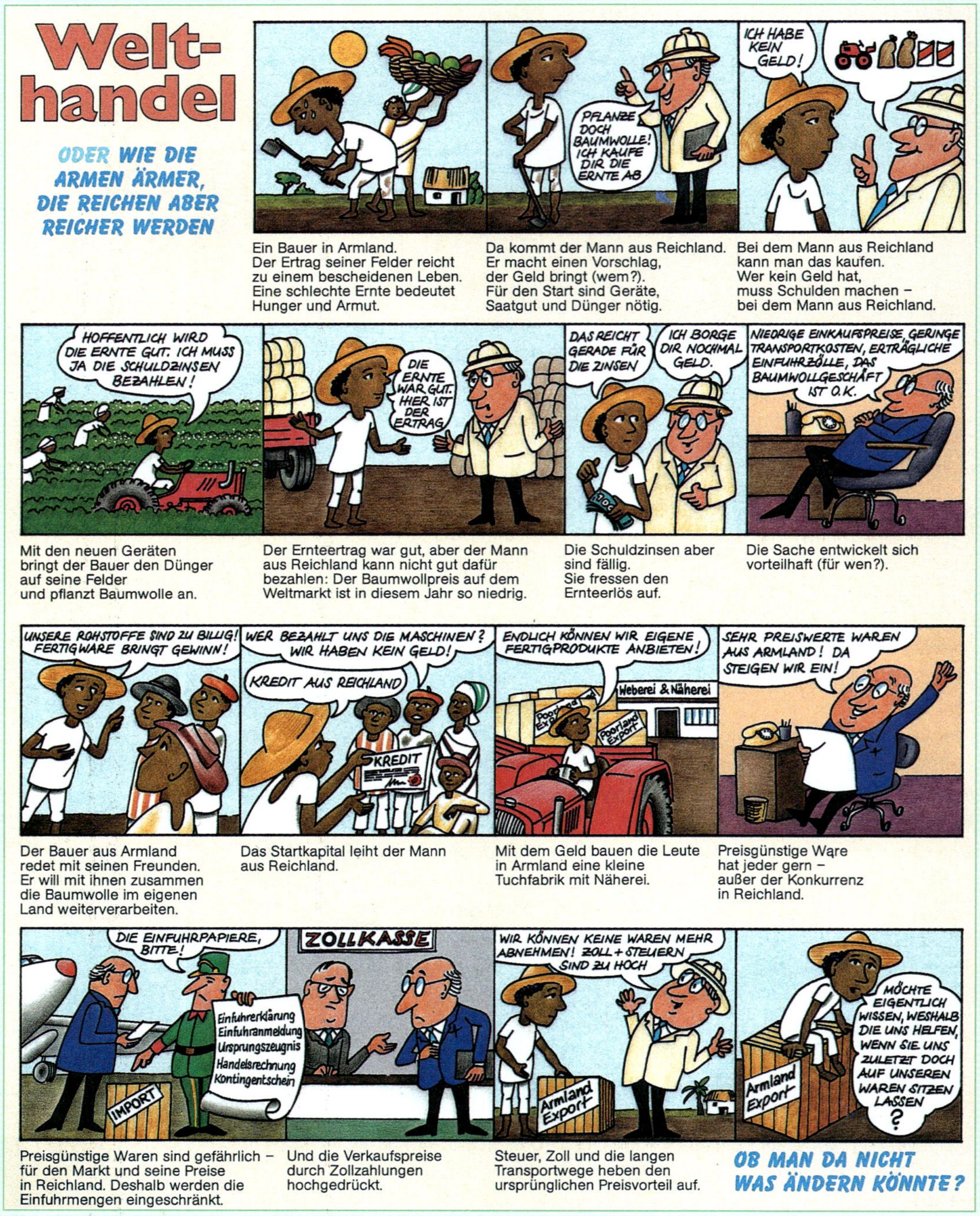

124.1 *Comic*

AUFGABEN >>

1 *Erstelle ein Flussdiagramm, das die im Comic angesprochenen Probleme verdeutlicht.*

2 *Diskutiert in der Klasse die Frage, „ob man da nicht etwas ändern könnte".*

Rohstoffe aus Afrika

Ausländische Investitionen in Afrika konzentrieren sich hauptsächlich auf rohstoffreiche Regionen. Obwohl auch hier eine neue Infrastruktur geschaffen wird, entsteht keine produzierende Industrie. Es enstehen nur wenige Arbeitsplätze und der Export einheimischer Produkte wird nicht gefördert.

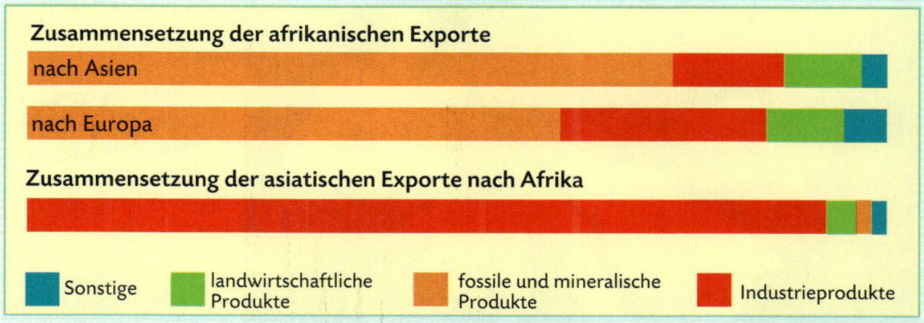

125.1 *Afrika im Welthandel*

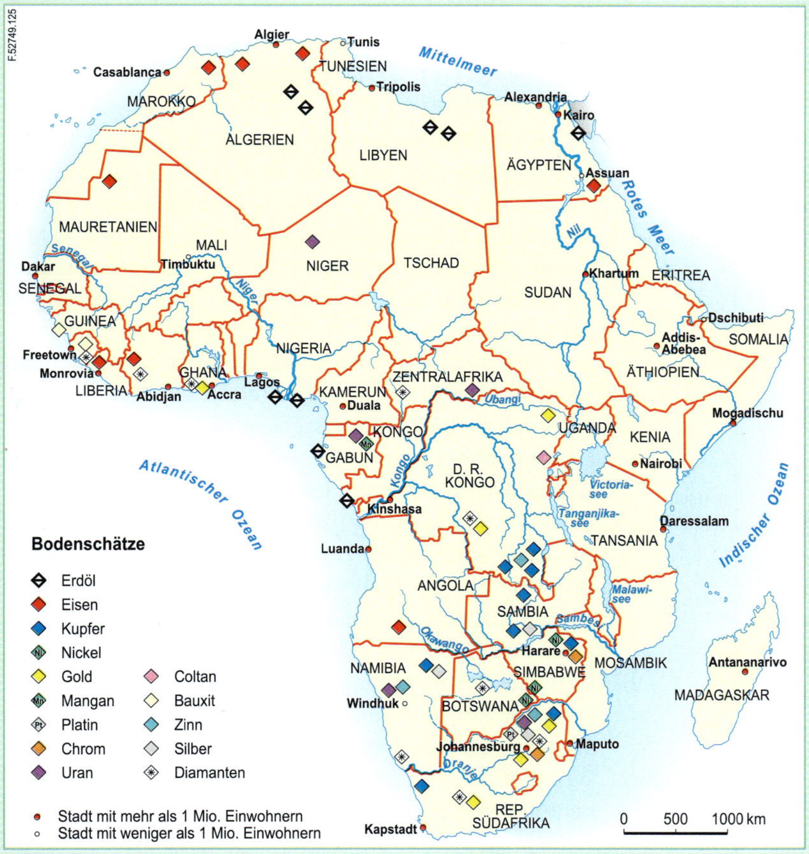

125.2 *Wirtschaft Afrika*

Erdöl für China

China bezieht 20 % seines Erdöls aus Afrika. Weiterhin werden Eisen, Nickel, Uran und Holz nach China geliefert. Umgekehrt liefert China Autos, Telekommunikationstechnik, Textilien und Schuhe nach Afrika. Dies stellt vor allem für einheimische Produzenten eine übermächtige Konkurrenz dar.

125.3 *Karikatur*

Coltan aus dem Kongo

Das seltene Mineralerz Coltan benötigt man zur Herstellung von Mobiltelefonen, Laptops und Spielekonsolen. Rund 80 % des weltweiten Vorkommens werden im Kongo vermutet. Hier rückt der Abbau von Coltan immer weiter in den Lebensraum der Berggorillas vor.

125.4 *Coltanerz*

AUFGABEN >>

1. *Beschreibe die Lage bedeutender Erdölvorkommen, Bergbauregionen sowie Gebiete mit Tropenhölzern.*
2. *Beschreibe Afrikas Importe und Exporte.*
3. *Werte die Karikatur 125.3 aus.*
4. *Informiere dich im Internet über die Folgen des Coltan-Abbaus im Kongo.*

126.1 *Goethe in der römischen Campagna (Italien, 1787)*

Reisen Sie langsam. Wenn Sie Zeit für acht Länder haben, nehmen Sie fünf. Wenn Sie durch fünf hetzen wollen, nehmen Sie drei! *(Kate Simon)*

Reisen = Entdecken, dass alle unrecht haben mit dem, was sie über andere Länder denken. ***(Aldous Huxley)***

Anhand der Reiseziele, die jemand sich ausgesucht hatte, und seiner Lieblingsorte kann man schon eine Menge über ihn sagen. *(Alex Garland, „Der Strand")*

Wer nicht reist, wird den Wert der Menschen nicht zu schätzen wissen. *(aus Mauretanien)*

Reisen veredelt den Geist und räumt mit allen unseren Vorurteilen auf. (Oscar Wilde)

Urlaub auf den Kanaren ist heute billiger als Urlaub im Allgäu. *(Krippendorf/Müller, Tourismusforscher)*

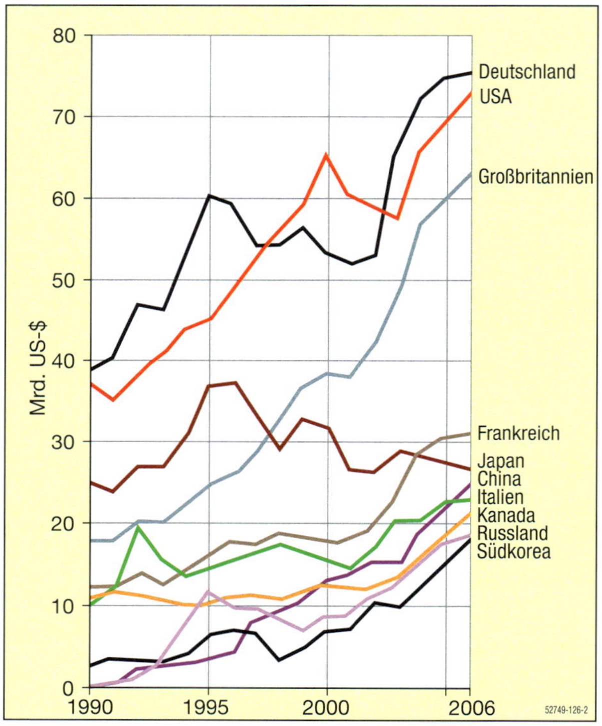

126.2 *Entwicklung von Tourismusausgaben*

Weltweiter Tourismus

Im Jahr 1786 begann Goethe seine Reise nach Italien. Erst zwei Jahre später kehrte der Dichter nach Deutschland zurück. Zur Zeit Goethes war Reisen noch viel umständlicher, langsamer und gefährlicher als heute. Nur wenige Menschen konnten sich eine Reise leisten, über 90 Prozent der Bevölkerung verließen nie den Ort, an dem sie lebten.

Seit den 1950er-Jahren wurden durch zunehmenden Wohlstand und durch mehr Freizeit Urlaubsreisen für eine breitere Bevölkerungsschicht möglich.

Heute gehören „Sonne, Strand und Palmen" wie selbstverständlich zu unserem Leben. Mehr als 800 Millionen Urlauber unternehmen jährlich eine Reise und machen so den Tourismus zum weltweit bedeutendsten Wirtschaftszweig. 80 Prozent dieser Reisenden kommen aus Europa, den USA und Kanada sowie aus Japan.

Zwar wird heute fast jedes Land der Erde bereist, jedoch steht dieses Privileg nicht allen Menschen offen. So rechnen Tourismusforscher beispielsweise damit, dass bis zum Jahr 2020 nur etwa sieben Prozent der Weltbevölkerung eine Reise außerhalb des eigenen Landes unternehmen werden.

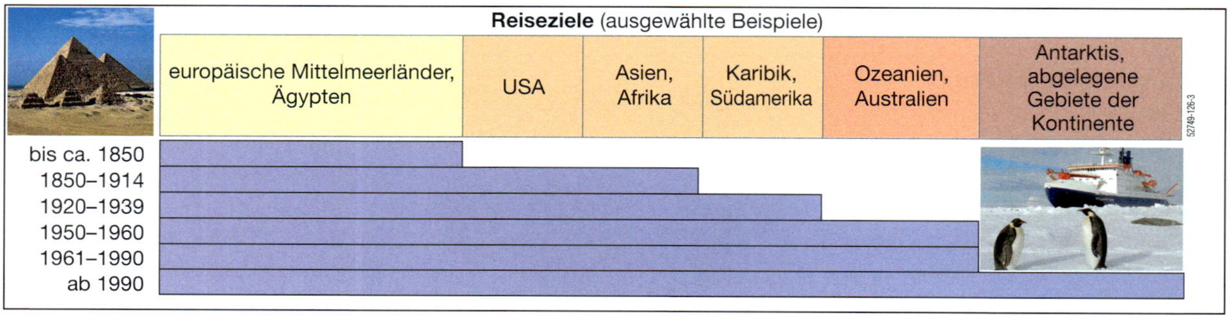

126.3 *Entwicklung der Reiseziele von 1850 bis heute*

Jambo – Urlaub zwischen Beach und Busch

Als Urlauber in Kenia erwartet sie ein Kontrastprogramm der besondereren Art. Erleben Sie die vielfältige Schönheit Afrikas: traumhafte Strände und tropische Vegetation an der Küste des Indischen Ozeans, weite Savannen mit einer reichen Tier- und Pflanzenwelt sowie das Hochgebirge mit dem Mt. Kenia. [...] Kombinieren Sie Ihren Badeaufenthalt in gepflegten Hotelanlagen mit einer Fotosafari in die über 50 Wildreservate und Nationalparks. [...] Kenia – das Königreich der Tiere mit einer erfrischenden Mischung aus üppiger Natur und faszinierenden Kulturen.

127.1 *Aus einem Reiseprospekt*

Wirtschaftsfaktor Tourismus

Über 30 Prozent der Ziele des internationalen Tourismus liegen in Entwicklungsländern. Gerade für ärmere Länder stellt der Tourismus eine Chance dar. Denn so wird die Infrastruktur gefördert, und auch andere Wirtschaftszweige profitieren vom Tourismus. Zudem haben die Zielländer die Möglichkeit, wichtige Devisen einzunehmen. Diese fehlen ihnen aufgrund einer kaum vorhandenen Exportindustrie, werden aber dringend für den Import benötigt.

Der Tourismus bietet jedoch nicht nur Vorteile: So gehören zahlreiche Fluggesellschaften, Hotelketten etc. meistens internationalen Großunternehmen. Oft fließen fast zwei Drittel der Einnahmen zurück an ausländische Investoren. Besonders problematisch sind „All-inclusive-Reisen“, bei denen der komplette Urlaub zu Hause gebucht wird. Nicht selten verbringt der Reisende die komplette Urlaubszeit innerhalb einer abgeschirmten Hotelanlage.

Viele Länder sind heute vom Tourismus abhängig. Dies zeigt sich am Beispiel der Malediven: Die Einnahmen aus dem Tourismus machen über 40 Prozent des Bruttoinlandprodukts aus.

127.2 *Touristen in Kenia*

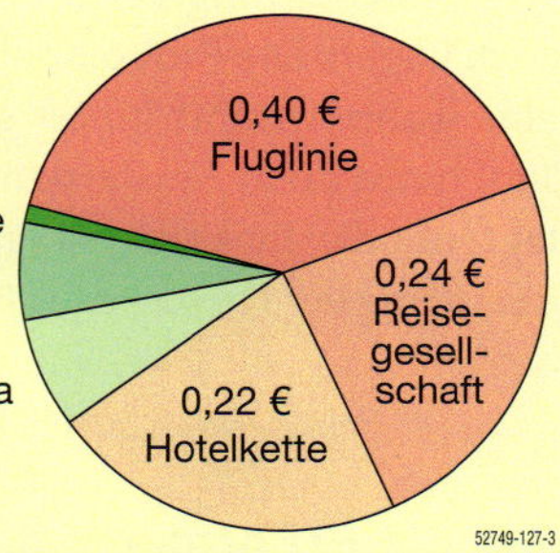

127.3 *Wer verdient wie viel an einer Keniareise?*

„Nachhaltiger Tourismus muss soziale, kulturelle, ökologische und wirtschaftliche Verträglichkeitskriterien erfüllen. Nachhaltiger Tourismus ist langfristig, d. h. in Bezug auf heutige wie auf zukünftige Generationen. Er ist ethisch und sozial gerecht und kulturell angepasst, ökologisch tragfähig sowie wirtschaftlich sinnvoll und ergiebig.“

(nach: Forum Umwelt und Entwicklung, 1999)

127.4 *Nachhaltiger Tourismus*

AUFGABEN >>

1. *Beschreibe die Entwicklung des weltweiten Tourismus im Hinblick auf:*
   a) die Teilnehmer,
   b) die Reiseziele.
2. *Nenne Vor- und Nachteile des weltweiten Tourismus. Macht „Zuhausebleiben“ Sinn?*
3. *Stellt der nachhaltige Tourismus eine sinnvolle Alternative dar? Informiere dich im Internet.*

Probleme der Globalisierung

Giftmüllskandal in Afrika

128.1 *Greenpeace-Aktivisten besprühen in Estland die Probo Koala mit dem Satz: „Europa vergiftet Afrika"*

Am 20. August 2006 zog Gestank quer über die Hauptstadt der Elfenbeinküste, Abidjan. Bald klagten Zehntausende über Atembeschwerden, Schmerzen in Brustkorb und Rücken; sie spuckten Blut und litten unter Durchfall und Sehstörungen.

Vorausgegangen war ein eigentlich alltäglicher Vorgang im Hafen: Der Tanker Probo Koala, im Dienst einer niederländischen Firma, hatte seine Tanks leeren und reinigen lassen. Die 400 Tonnen hochgiftigen Schlamms lud man auf normalen Hausmülldeponien ab. Analysen, die später durchgeführt wurden, ergaben einen hohen Anteil von Schwefelwasserstoff. In der Viermillionenstadt mussten sich rund 100 000 Menschen behandeln lassen, zehn starben. Dass es Abidjan traf, war die Folge von Fehlentscheidungen und wohl auch Lügen: Die Probo Koala hatte eine wahre Irrfahrt hinter sich. Im Juni hatte sie in Amsterdam angelegt, um die Tanks zu reinigen. Die beauftragte Firma saugte den Schlamm ab. Doch weil der ungewöhnlich stark stank, weigerte sie sich, ihn zu entsorgen, und riet dem Kapitän, dies in Rotterdam durchführen zu lassen. Er lehnte ab. Dort wären rund 250 000 Euro Kosten angefallen und dazu noch eine Vertragsstrafe von ebenfalls 250 000 Euro wegen der zu erwartenden Verspätung. Also ließ der Kapitän den verdächtigen Schlamm wieder zurückpumpen und die Probo Koala nahm Kurs Richtung Baltikum auf. Ein grober Fehler, denn schon im Amsterdamer Hafen hatten Analysen ergeben, dass die abgepumpte Substanz giftig war. Und ist giftiger Müll einmal auf das Gebiet eines EU-Hafens abgepumpt, so ist eine Wiederausfuhr in ein Nicht-Industrieland nach EU-Richtlinien strikt verboten. Der Tanker aber fuhr nach Estland, nahm dort Benzin auf, fuhr dieses nach Nigeria und kam dann an die Elfenbeinküste, wo er die giftige Ladung entlud.

(Quelle: quarks&co)

Wie die EU Afrika in die Armut treibt

Wer im Senegal einkauft, findet auf den Märkten kaum einheimisches Obst und Gemüse: Die Tomaten kommen aus Italien, die Kartoffeln und Zwiebeln aus Holland. In den Geschäften ist es ähnlich: Dort steht Trockenmilch, importiert aus Europa.

In Afrika, wo 85 Prozent der Bevölkerung von der Landwirtschaft und der Viehzucht leben, können lokale Milchproduzenten ihre Milch nicht mehr verkaufen, weil die importierte Trockenmilch erheblich billiger ist. Der Grund liegt in der Subventionspolitik der EU. Auch die Fischer Afrikas leiden darunter. Einst fuhren sie hinaus aufs Meer und kamen zurück mit reicher Beute. Doch heute gibt es kaum noch etwas zu fangen. Die Gewässer vor Mauretanien und dem Senegal sind leer gefischt – von großen Fabrikschiffen, die von Europa, Russland oder Japan aus in See stechen. Die Rechte, vor ihren Küsten zu fischen, wurden den armen afrikanischen Ländern abgekauft. Weil senegalesische Fischer kaum noch Geld mit der Fischerei verdienen können, rüsten viele ihre Boote um und vermieten sie an Menschenhändler, die Flüchtlinge aus Westafrika auf die Kanarischen Inseln schleusen.

(nach: www.spiegel.de/sptv/special/0,1518,478236,00.html)

Nutzlose „Geschenke" aus Europa

Ständig bietet der Handel neue, schnellere Computer an und wirbt für noch bessere Spielekonsolen. Doch was passiert mit den Geräten, die bei uns niemand mehr haben möchte? Eigentlich sollten die alten Geräte auseinandergebaut und wiederverwertbare Teile von giftigen Stoffen getrennt werden. Da das Recycling der Geräte in Deutschland aber teuer ist, wird der Elektroschrott oft in andere Länder verschifft. Ein Großteil des Elektroschrotts aus Europa und Nordamerika landet in Ghana oder Nigeria. Auch Indien, China, Malaysia und Vietnam sind Abnehmerländer. 500 Container kommen beispielsweise jeden Monat in Ghana an. Zwar sind viele Geräte als „second hand" gekennzeichnet, über 80 % der Geräte in Wirklichkeit aber Schrott und für die Menschen vor Ort nutzlos.
Um mit dem wertlosen Elektroschrott aus Europa ihr Leben zu finanzieren, verbrennen die Müllkinder von Accra die Kabel und die Plastikteile aus den Computern und Monitoren. Zurück bleiben Metallreste, die die Kinder einsammeln. Dazu schleifen sie alte Lautsprecher hinter sich her, an deren Magneten die Metallreste hängen bleiben. Bei ihrer Arbeit benutzen die Kinder keine Handschuhe und atmen die giftigen Dämpfe ein. Durch das Verbrennen gelangen giftige Stoffe in den Boden und werden durch den Regen in die Gewässer um Accra gewaschen. Händler wiegen das Metall ab und verkaufen es an Fabriken weiter.

129.1 *Täglich durchwühlen die Kinder die Schrottplätze mit Elektromüll in Accra, der Hauptstadt von Ghana. Viele von ihnen sind erst sechs Jahre alt. Sie verkaufen das Metall aus den Geräten, um sich von weniger als einem Euro am Tag Essen und Trinken zu kaufen.*

129.2 *Fischer am Strand von Dakar*

Nicht immer kann man eindeutig sagen, ob Folgen der Globalisierung positiv oder negativ sind. Exporte von Müll, den man bei uns nicht möchte, oder Eingriffe in das Wirtschaftsleben eines Staates sind jedoch eindeutiger zu bewerten.

AUFGABE >>>

Erstellt eine Präsentation zu einem der vorgestellten Themen. Folgende Fragen sollten dabei beantwortet werden:
a) Welche Probleme werden in andere Regionen der Welt verlagert?
b) Stellt diese Verlagerung in einer selbst erstellten Karte dar.
c) Welche Alternativen gibt es zu diesem Vorgehen?

Üben und Wiederholen

„Die Welt ist kleiner geworden."

1. Erkläre den Satz mithilfe von Abb. 130.1.
2. Übertrage die Idee von Abb. 130.1 auf den Bereich der Kommunikation.
3. Auf der Welt gibt es eine „digitale Kluft". Erkläre den Begriff anhand von Tab. 130.2 und nenne Folgen.

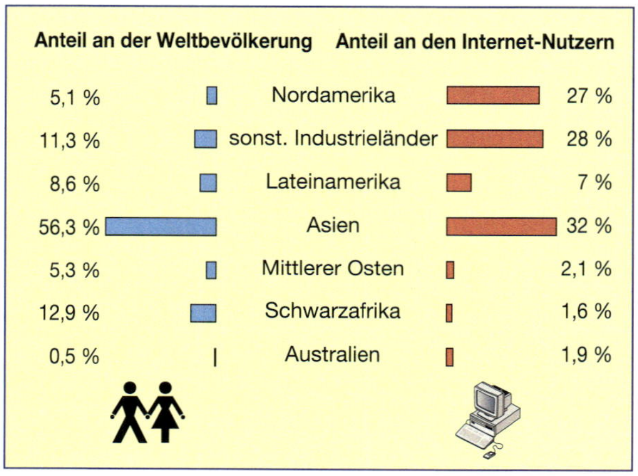

130.1 *Internetnutzung weltweit*

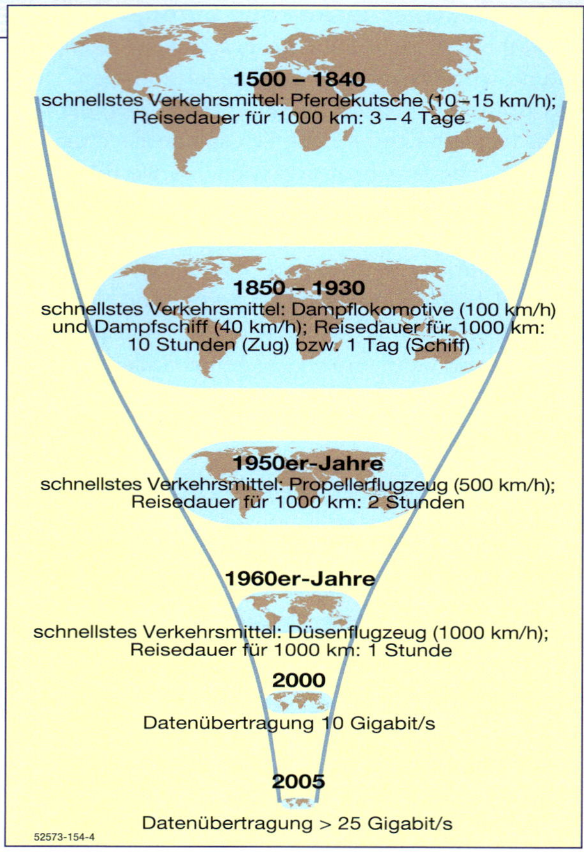

130.2 *Raum-zeitlicher Schrumpfungsprozess*

Konsumentenverhalten

1. Werte Karikatur 130.3 aus.
2. Was sind für euch die entscheidenden Kriterien beim Kauf eines Produktes? Erstellt eine Liste und nehmt eine Gewichtung vor („sehr wichtig", „wichtig", „eher unwichtig").
3. Wann ist ein höherer Preis gerechtfertigt?
4. Ist „Geiz geil" oder erwachsen daraus auch Nachteile?

130.3

Welthandelsgut Erdöl

1. Werte Karikatur 131.1 aus.
2. Erdöl ist ein endlicher Rohstoff. Welche Möglichkeiten, mit dem Rohstoff nachhaltig umzugehen, gibt es auf einer weltweiten Ebene?
3. Was kannst du zu einem verantwortungsbewussten Umgang beitragen?

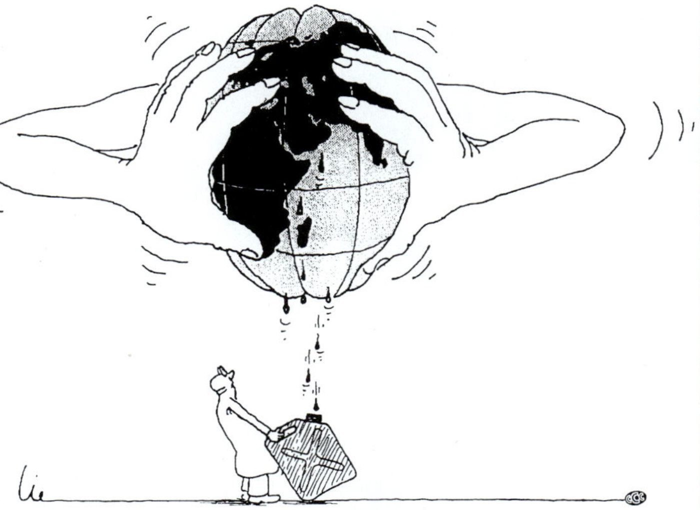

131.1

Faires Handel

Sind folgende Aussagen zum fairen Handel richtig oder falsch? Verbessere falsche Aussagen.

1. *Der Preis für Rohkaffee zeichnet sich durch seine Stabilität aus.*
2. *Kaffee kann die wirtschaftliche Entwicklung eines Landes beeinflussen.*
3. *Der Kauf von fair gehandelten Produkten kann als eine Art von Entwicklungshilfe angesehen werden.*
4. *Fair gehandelter Kaffee hat einen großen Marktanteil.*
5. *Bauern, die fair gehandelten Kaffee verkaufen, sind von Schwankungen des Kaffeepreises nicht betroffen.*
6. *Kauft man fair gehandelte Produkte, kann man indirekt Einfluss auf deren Produktion nehmen.*
7. *Fairer Handel ist nur ein Tropfen auf den heißen Stein.*

Grundbegriffe

- Angebot
- Export
- Fairer Handel
- Globalisierung
- Import
- Nachfrage
- OPEC
- Subventionen

Die globalisierte Welt

1. Erkläre, was die Bilder mit der globalisierten Welt zu tun haben.
2. Stellt das Bild jeweils eine positive oder eine negative Entwicklung dar? Versuche, eine Wertung vorzunehmen.

①

②

③

④

5 Herausforderungen für die Zukunft

Esso
Esso

Auf dem Weg zur 7. Milliarde

Im Jahre 2009 lebten auf der Erde ca. 6,8 Milliarden Menschen, das sind etwa dreimal so viele wie zu Beginn des 20. Jahrhunderts.

Jeden Tag werden etwa eine Viertelmillion Babys geboren, mehr als unsere Landeshauptstadt Mainz Einwohner hat. Die Weltbevölkerung wird im Jahre 2025 mehr als acht Milliarden Menschen betragen.

Diese Bevölkerungsexplosion ist ein Schlüsselproblem der Menschheit und wirft viele Fragen auf:

- *Wann ist unser Planet überfüllt?*
- *Wem gehört was auf der Erde?*
- *Werden alle satt?*
- *Wer ist für diese Entwicklung verantwortlich?*

134.1 *Folge des Bevölkerungswachstums?*

Während du diesen Satz liest, werden auf der Erde 8 Kinder geboren und 5 Menschen sterben.

Die Bevölkerung der Erde nimmt

jede Sekunde	um	3
jede Minute	um	177
jede Stunde	um	10 600
jeden Tag	um	255 000
jede Woche	um	1 800 000
jeden Monat	um	7 750 000
jedes Jahr	um	93 000 000

Menschen zu.

Internet-Tipp

6 845 418 330 Menschen lebten auf der Erde (am 18. Februar 2010, 11.04 Uhr)

Informiere dich im Internet über den aktuellen Stand der Weltbevölkerung:

http://www.weltbevoelkerung.de/info-service/weltbevoelkerungsuhr.php?navid=36

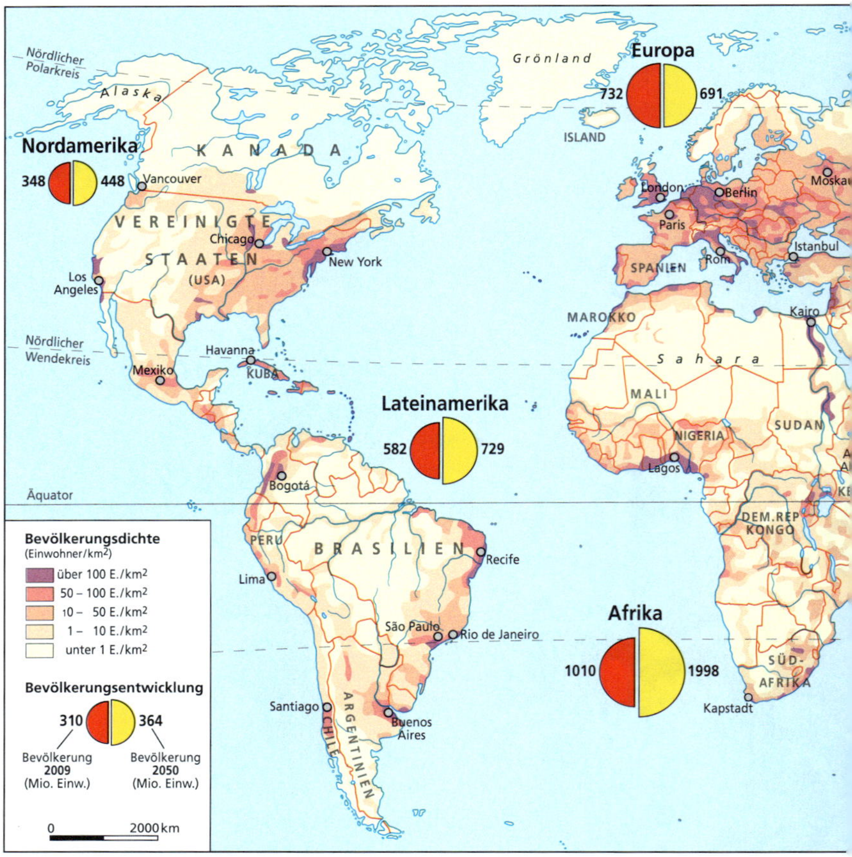

134.2 *Verteilung der Weltbevölkerung*

a Wir stellen die Bevölkerungsentwicklung und Bevölkerungsverteilung dar

Bevölkerungsentwicklung:
Übertrage das Diagramm aus 135.1 ins Heft und führe es mithilfe der beigefügten Bevölkerungsdaten fort.

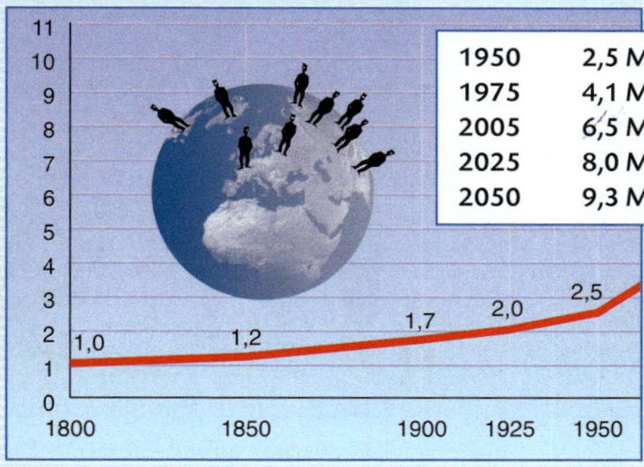

135.1 *Weltbevölkerung in Milliarden*

Bevölkerungsverteilung:
Stellt die Verteilung der Weltbevölkerung nach Kontinenten für die Jahre 2009 und 2050 dar (Daten siehe Karte 134.2). Überlegt euch eine passende Einheit. *„Eine Spielfigur entspricht ... Menschen".*

135.2 *Schüler stellen die Bevölkerungsverteilung dar*

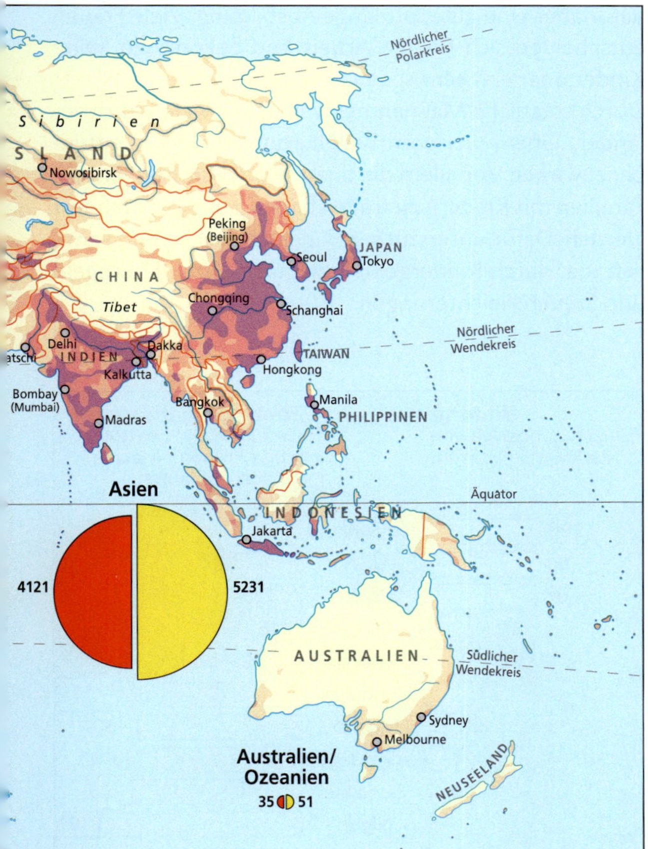

Bevölkerungsverteilung

Nach derzeitigen Schätzungen können – bei Ausschöpfung aller Möglichkeiten – etwa 12 Milliarden Menschen auf der Erde ernährt werden. Allerdings müsste dann immer noch ein großes Problem gelöst werden: Die großen regionalen Unterschiede in der Bevölkerungsverteilung und -versorgung. Schließlich drängen sich auf einem Siebtel der Landfläche über 75 Prozent der Menschheit. Karte 134.2 verdeutlicht die regionale Verteilung der Weltbevölkerung und das größere Bevölkerungswachstum in den Entwicklungsländern – im Vergleich zu den Industrieländern.

AUFGABEN >>

1 *Beschreibe die Verteilung der Weltbevölkerung. Nenne Staaten mit besonders hoher und niedriger Bevölkerungsdichte.*

2 *Finde Gründe, warum die Menschen nicht gleichmäßig auf der Erde verteilt sind.*

3 *„Die Bevölkerung der Erde explodiert." Erläutere diese Aussage.*

4 *Erstelle eine Liste von Problemen, die sich aus dem Anwachsen der Weltbevölkerung ergeben können.*

Ursachen der Bevölkerungsexplosion

„Ich heiße Maria, bin 16 Jahre alt und wohne in einem kleinen Ort in Kenia. Bevor ich letztes Jahr heiratete, musste ich auf meine jüngeren Geschwister aufpassen, meiner Mutter bei der Hausarbeit helfen oder das Vieh hüten. Jetzt bin ich verheiratet und erwarte mein zweites Kind. Eine Schule habe ich nie besucht, Familienplanung kenne ich nicht!"

136.1 *Maria mit ihrem Bruder*

„Mein Name ist Edo. Ich bin der Vater von Maria. Ich bin stolz darauf, dass mir meine Frau neun Kinder geboren hat. Leider sind aber zwei Kinder kurz nach der Geburt gestorben. Besonders stolz bin ich natürlich auf meine fünf Söhne! Diese müssen mir bei der Feldarbeit helfen und mitverdienen. Wenn wir alt sind, müssen sie uns dann unterstützen und versorgen."

136.2 *Edo mit seiner Frau und zweien seiner Kinder*

Bevölkerungsentwicklung in den Industrieländern

In den Industrieländern ist die Wachstumsrate der Bevölkerung deutlich niedriger als in den Entwicklungsländern. In Europa betrug sie in den letzten fünf Jahren nur noch 0,03 %. Dafür gibt es verschiedene Ursachen: In den Industrieländern stieg allmählich der Lebensstandard. Immer mehr Menschen entschieden sich für ein Leben ohne Kinder bzw. nur für ein Kind. Außerdem veränderte sich die gesellschaftliche Stellung der Frauen: Sie nehmen heute immer stärker am Erwerbsleben teil und erreichen dort auch Führungspositionen. Notwendig ist dafür aber eine gute, oft lange Ausbildung. Viele Frauen entscheiden sich für die Arbeit und bekommen keine Kinder oder erst sehr spät.

Durch staatliche Maßnahmen versuchen viele Industrieländer, einem weiteren Bevölkerungsrückgang entgegenzuwirken. Vor allem die finanziellen Belastungen, die Familien mit Kindern zu tragen haben, sollen vermindert werden. Dafür unterstützt z. B. der deutsche Staat Familien u. a. durch Kindergeld, Erziehungs- bzw. Elterngeld und Steuererleichterungen.

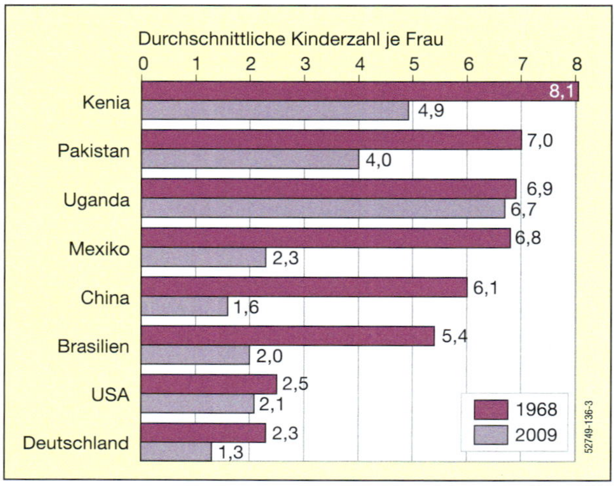

136.3 *Wie viele Kinder gebärt eine Frau?*

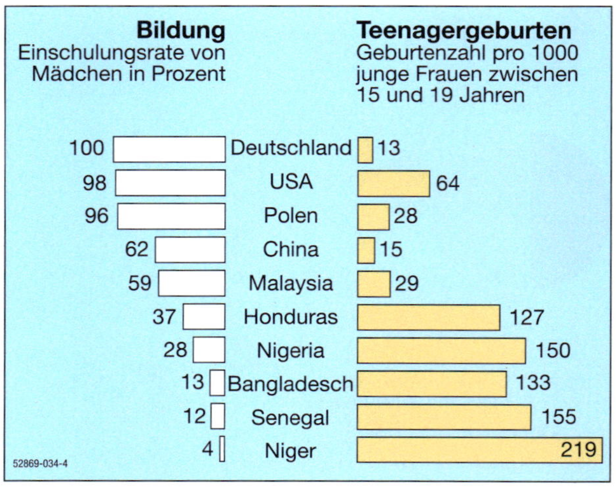

136.4 *Schulbesuch und Teenagergeburten*

„Ich heiße Sabu, bin 14 Jahre alt und lebe in der Millionenstadt Dakka in Bangladesh. Das Häuschen, in dem wir zu neunt wohnen, besteht aus einem Wohn- und Schlafraum. Das Geld, das mein Vater als Rikschafahrer verdient, reicht für unsere Familie nicht aus. Deshalb geht meine Mutter bei fremden Leuten putzen. Wir Kinder verdienen zusätzliches Geld als Schuhputzer, Boten, mit kleinen Hilfsarbeiten oder gehen betteln. Ich arbeite täglich zehn Stunden in einer Näherei. Wie gerne würde ich zur Schule gehen, damit ich später einen besseren Beruf ergreifen kann!"

137.1 *Sabu*

Maßnahmen zur Eindämmung des Bevölkerungswachstums in den Entwicklungsländern

Erst wenn sich wesentliche Lebensbedingungen ändern, können sich auch die Einstellungen der betroffenen Menschen ändern. Ziel muss es dabei sein, Menschen in den Entwicklungsländern zu helfen, sich selbst aus der Armut zu befreien. Vermehrte Bildungs- und Beschäftigungsmöglichkeiten für Frauen können den Kinderwunsch erheblich beeinflussen. Aufklärung und Verhütung und eine auf die Zukunft ausgerichtete Familienplanung können Paaren helfen, ungewollte Schwangerschaften zu vermeiden. Grundvoraussetzung ist dabei eine fundierte Schulausbildung. In vielen Ländern werden deshalb Projekte zur Frauenförderung unterstützt. Die Frauen lernen Lesen und Schreiben, entwickeln Maßnahmen zur Eindämmung der Bodenerosion und lernen, ihre Produkte selbst zu vermarkten. Frauen lassen nicht mehr „Gott" oder ihren Mann bestimmen, sondern sie verhüten und sorgen sich um ihr eigenständiges Leben.

Zusätzlich müssen auch Maßnahmen zur Erhöhung der Lebensqualität greifen. Überall fehlen immer noch Nahrungsmittel, Kindergärten und Schulen, Ärzte und qualifizierte Arbeitskräfte.

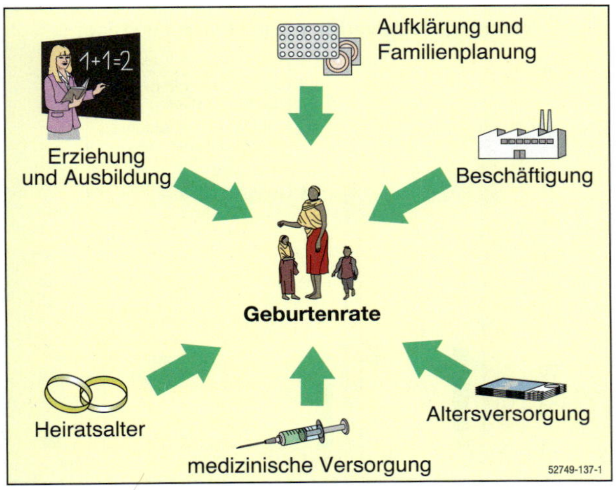

137.2 *Einflüsse auf die Geburtenrate*

AUFGABEN >>

1. *Vergleiche mithilfe der Aussagen auf Seite 136 die Lebensverhältnisse der Menschen in Kenia und Bangladesch mit unseren in Deutschland.*
2. *Nenne Gründe, warum die Bevölkerung in den Entwicklungsländern stärker wächst als bei uns.*
3. *„Kinder – der größte Reichtum." Was sagst du zu dieser Aussage?*
4. *Stelle Verbindungen zwischen den Aussagen der Grafiken 136.3 und 136.4 her.*
5. *Erläutere die Einflüsse auf die Geburtenrate.*
6. *Retten die Frauen die Menschheit vor der Überbevölkerung? Nimm dazu Stellung!*

Hunger – ein weltweites Problem

Immer wieder lesen wir Berichte über die dramatische Ernährungslage in vielen Teilen der Welt. Nach Schätzungen leiden mehr als eine Milliarde Menschen unter chronischem Hunger. Dabei ist eine enge Verbindung zur Armut der Menschen festzustellen.

Unter unzureichender Ernährung haben vor allem die Menschen in den Entwicklungsländern zu leiden. Hier stehen oft nicht genügend Nahrungsmittel zur Verfügung, um den Nahrungsbedarf für eine wachsende Bevölkerung sicherzustellen. Wir sehen andererseits aber auch überquellende Regale mit Lebensmitteln bei uns in den Supermärkten. Weltweit werden genügend Nahrungsmittel erzeugt, um alle Menschen ausreichend zu ernähren. Das Problem ist die ungleiche Verteilung und die Verschwendung von Nahrung. In den Haupterzeugerländern, wie z. B. in Nordamerika und in der EU, gibt es Nahrung im Überfluss. Nicht verbrauchte Nahrungsmittel werden in großen Mengen gelagert oder oft sogar vernichtet.

Das ist Shizua. Shizua ist zehn Jahre alt. Sie lebt mit ihren neun Geschwistern in Äthiopien, einem Staat in Afrika.

Die Gliedmaßen von Shizua zeigen, dass sie unterernährt ist. Das heißt, sie hat zu wenig zu essen. Die Nahrung, die sie zu sich nimmt, ist sehr einseitig, meistens bekommt sie nur Hirsebrei. Während bei uns und in anderen reichen Ländern viele Menschen zu dick sind, weil sie zu viel essen, ist Shizuas Bauch ein sicheres Zeichen für Eiweißmangel.

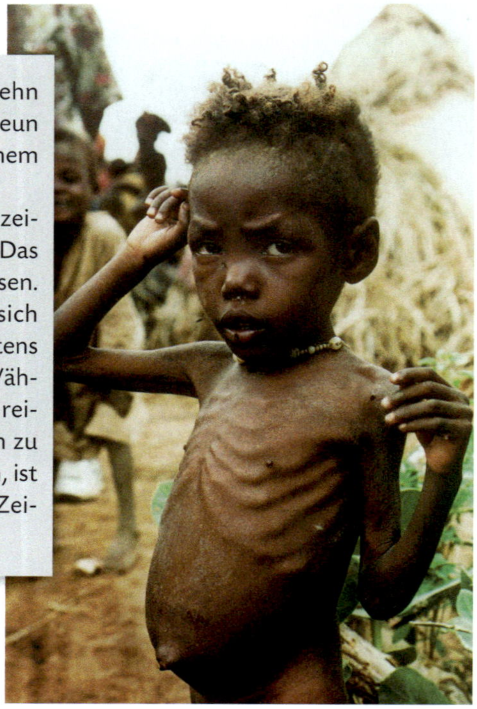

138.1 *Shizua aus Äthiopien*

Eine übliche „Speisekarte" irgendwo in der Sahelzone

Vormittag:	meistens nichts oder kalter Hirsebrei mit etwas Zucker und Wasser
Mittag:	kalter Hirsebrei mit gerösteten Erdnüssen (wegen der Hitze aber nur kleine Portionen), dazu Wasser
Abend:	warmer Hirsebrei mit einer Gemüsesoße, manchmal auch getrockneter Fisch, dazu Wasser oder Tee

138.2 *Typische Mahlzeiten südlich der Sahara*

138.3 *Karikatur*

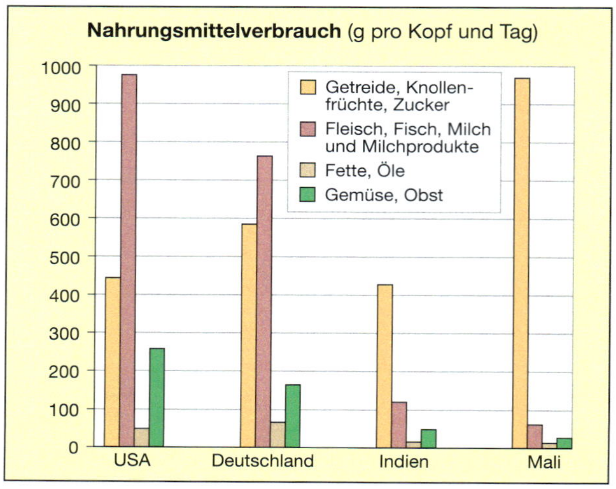

138.4 *Nahrungsmittelverbrauch im Vergleich*

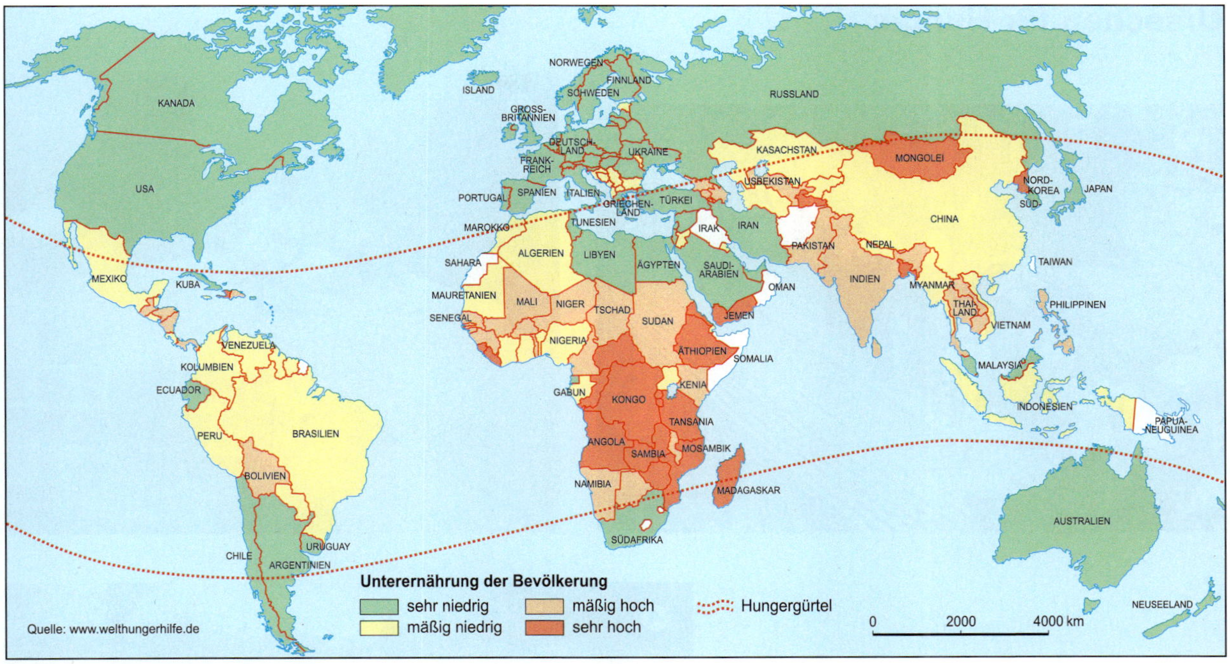

139.1 *Der Hungergürtel der Erde*

Z Essen wir das Brot der Armen?

Rund 40 % des weltweit produzierten Getreides dient nicht der direkten Ernährung der Menschen, sondern wird zur Mästung von Schweinen, Rindern oder Geflügel genutzt. Über den „Umweg Tiermagen" gehen je nach Tierart viele Nährwerte verloren (Abb. 139.2). Nutznießer sind vor allem die Menschen in den reichen Industrieländern, denn hier wird das Fleisch hauptsächlich verzehrt. Außerdem wird ein großer Teil der Futtermittel, zum Beispiel Soja, in Staaten produziert, in denen die Ernährungslage nicht gesichert ist. Das Viehfutter wird oft auf riesigen Plantagen für den Export angebaut. Die Flächen fehlen der einheimischen Bevölkerung für die Nahrungserzeugung.

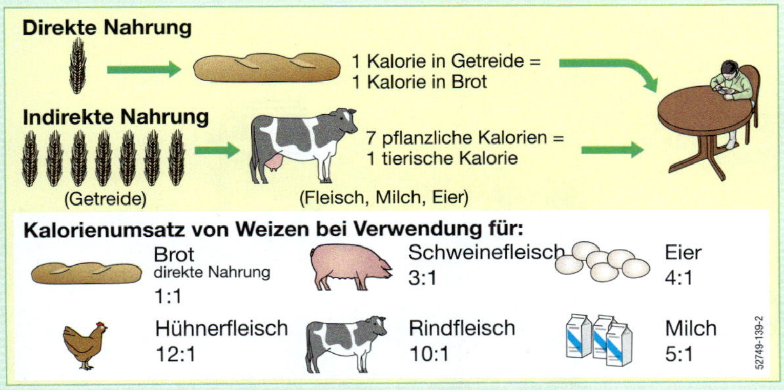

139.2 *Die „Veredelung" von Getreide*

AUFGABEN >>

1. *Vergleiche den „Speiseplan" aus der Sahelzone mit deinem täglichen Speiseplan.*
2. *Beschreibe den Verlauf des Hungergürtels. Finde eine Erklärung dafür.*
3. *Werte das Säulendiagramm Abb. 138.4 aus. Schreibe Unterschiede im Nahrungsmittelverbrauch der vier Staaten auf.*
4. *Schreibe mithilfe des Atlasses und der Karte Abb. 139.1 die Namen von jeweils zehn Staaten auf, in denen die Unterernährung der Bevölkerung a) sehr hoch, b) mäßig hoch und c) sehr niedrig ist. Notiere jeweils auch die Kontinente, in denen die Staaten liegen.*
5. *Werte die Karikatur **138.3** aus.*
6. *Wenn aus pflanzlicher Nahrung tierische Nahrung wird, so nennt man das „Veredelung". Beurteile mithilfe der Abb. 139.2, ob dieser Begriff für den Vorgang zutreffend ist.*

Ursachen für Hunger

141.1 *Hunger hat viele Gründe*

Hunger und Hungersnöte sind kein Naturereignis, sondern überwiegend Folgen politischen, wirtschaftlichen und ökologischen Fehlverhaltens von Menschen und ihren Regierungen. Äcker werden in Kriegen und Bürgerkriegen vermint. Fruchtbare Flächen werden für den Anbau von Exportprodukten verwendet (Kaffee, Tee, Kakao), mit denen die teuren Importe aus den Industrieländern bezahlt werden. Viele Regierungen haben daher nur wenig Interesse, die Produktion von Grundnahrungsmitteln in ihren Ländern gezielt zu fördern.
Ferner betreffen Klimaveränderungen immer mehr Menschen, der Raubbau an der Natur zerstört Lebensgrundlagen und die Reichen verwehren Millionen armen Menschen die Chance, in eine mögliche Existenzsicherung zu investieren. Die Problemkreise des Hungers und der Armut sind endlos. Wer trägt die Schuld?

Hunger ist oft ein Verteilungsproblem. Trotz der unterschiedlichen Ernährungssituation in der Welt wäre es eigentlich möglich, alle Menschen mit Lebensmitteln zu versorgen. Doch die Nahrungsmittel kommen nicht zu den Menschen, die es am nötigsten haben. Der „Hungergürtel" auf der Karte 139.1 zeigt deutlich den Nord-Süd-Gegensatz.

AUFGABEN >>

1 *Beschreibe die Bilder auf Seite 140.*
2 *Ordne die Erläuterungen der Abb. 141.1 den entsprechenden Bildern zu.*
3 *Unterteile die aufgeführten Ursachen in die zwei Kategorien „von Menschen gemachter Hunger" und „natürlich bedingter Hunger".*
4 *Diskutiert in der Klasse über Möglichkeiten, mit denen man die Ursachen des Hungers bekämpfen könnte.*

„Cash“ oder „food“? – das Beispiel Mali

Mali

Die Republik Mali gehört zu den ärmsten Ländern der Erde. Der Staat ist wie die meisten Entwicklungsländer ein Agrarland. Industrie gibt es kaum.

Die Landnutzung Malis ist jedoch durch die natürlichen Gegebenheiten stark eingeschränkt. Über 2/5 der Staatsfläche liegen im Bereich der Sahara. Der restliche Teil gehört zu den Vegetationszonen der Savannen.

Mali als Kolonie

Das heutige Mali wurde im 19. Jahrhundert Teil des riesigen französischen Kolonialreiches in Nordafrika.
Frankreich beutete die Kolonie rücksichtslos aus. Die Wirtschaft Malis wurde zugunsten der Kolonialmacht rigoros umgestaltet. Das Land wurde in Besitz genommen und je nach Bedarf enteignet.
Auf den besten Böden wurden Plantagen angelegt. Hier pflanzte man vorwiegend Baumwolle und Erdnüsse an und exportierte die Waren nach Frankreich. Die Selbstversorgungswirtschaft wurde immer weiter zurückgedrängt.
Das Jahr 1960 brachte dann die politische Unabhängigkeit von Frankreich.

142.1 *Auf einer Baumwollplantage in Mali*

142.2 *Hackbauern im Hirsefeld*

Mali im Welthandel

Mali war um 1960 größter Getreide- und Viehexporteur Westafrikas. Heute muss der Staat jährlich tonnenweise Nahrungsmittel einführen, um die Ernährung der Bevölkerung zu sichern. Wie kam es dazu?
Nach der Unabhängigkeit 1960 förderte der Staat den während der Kolonialzeit eingeführten weitflächigen Anbau von Erdnüssen für den Export – cash crops. Die Erlöse aus dem Verkauf auf dem Weltmarkt benötigte Mali, um Industriewaren und Konsumgüter zu kaufen. Durch finanzielle Anreize sollten die Bauern Baumwolle statt Hirse anbauen.
In der Folge wurden vor allem in den ertragreichen Gebieten im Süden immer weniger Nahrungsmittel zur Selbstversorgung produziert. Solche Grundnahrungsmittel, die für die Ernährung der einheimischen Bevölkerung genutzt werden, bezeichnet man als food crops.
Die Bauern nutzten dafür nur einen kleinen Teil ihrer Felder und pflanzten überwiegend Baumwolle und auch Erdnüsse für den Export an. Dadurch konnte weniger Getreide für Notzeiten eingelagert werden.
Die verheerenden Folgen dieser Entwicklung zeigten sich bald angesichts des hohen Bevölkerungswachstums des Landes. Bei den klimatischen Bedingungen können immer wieder Dürreperioden auftreten. Wenn der Regen während der Wachstumszeit ausbleibt, verbrennt das Getreide und die Ernte fällt aus. Die wenigen Vorratsspeicher sind rasch geleert und für die Bevölkerung steht nicht mehr genügend Nahrung zur Verfügung. Nur steigende Nahrungsmittelimporte und Hilfslieferungen aus den Industriestaaten können den Mangel verringern.

Mali in der Schuldenfalle

Mali befindet sich wie viele Entwicklungsländer in einem verhängnisvollen Teufelskreis. Der Bedarf an Industriewaren, wie zum Beispiel Maschinen und Nutzfahrzeugen, Erdölprodukten und elektronischen Geräten wächst ständig. Das Land müsste immer mehr Baumwolle exportieren, um die nötigen Devisen für den Kauf der Güter zu erhalten. Das ist jedoch nicht möglich.
Einerseits können die Anbauflächen aufgrund der klimatischen Bedingungen kaum ausgeweitet werden. Außerdem würde das die schwierige Ernährungslage des Landes weiter verschärfen. Andererseits stiegen die Preise für die Industriegüter in den letzten Jahren ständig an, während gleichzeitig die Weltmarktpreise für die meisten Rohstoffe stark schwankten.
Das führte zu einer Verschlechterung der sogenannten Terms of Trade für Mali. Damit ist das Austauschverhältnis zwischen den Exporten und Importen gemeint. Die Terms of Trade geben an, wie viele Importgüter ein Land für eine Einheit der eigenen Exporte erhält (siehe Beispiel in Abb. 143.3).
Die steigenden Importe konnte Mali nur mit Auslandskrediten bezahlen, sodass die Verschuldung des Landes stetig wuchs. Im Jahr 2002 betrug sie 2,8 Mrd. US-$.

143.1 *Karikatur*

Weltmarktpreise für Baumwolle (Qualität A)
Preis US-Cents pro lb
(lb ist eine Gewichtseinheit: 453 g)

1984	1989	1994	1999	2004	2009
83	78	80	45	72	55

143.2 *Entwicklung der Baumwollpreise*

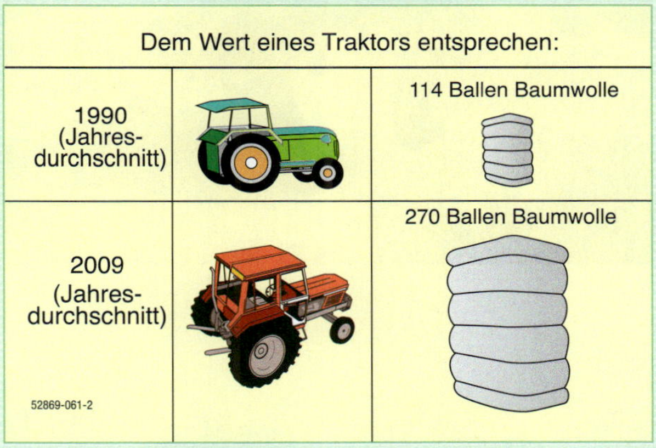

143.3 *Terms of Trade*

AUFGABEN >>

1. *Durch welche Entwicklungen ist in Mali die Selbstversorgungswirtschaft zurückgedrängt worden?*
2. *Erkläre die Begriffe „cash crops" und „food crops".*
3. *Zeichne anhand der Tabelle 143.2 ein Kurvendiagramm für die Entwicklung des Baumwollpreises. Erläutere.*
4. *Beschreibe Malis Weg in die zunehmende Auslandsverschuldung.*
5. *Erläutere den Begriff „Terms of Trade" mithilfe der Abb. 143.3.*
6. *Erkläre anhand der Texte und der Karikatur den Satz: „Für den Hunger in den Entwicklungsländern sind die Industriestaaten mitverantwortlich."*

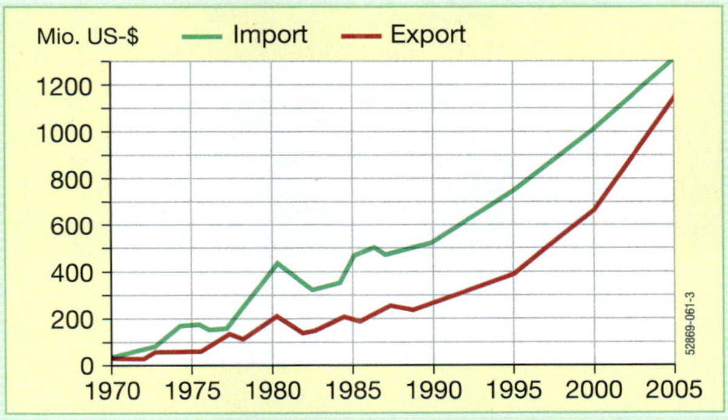

143.4 *Entwicklung der Export- und Importbilanz*

a Merkmale von Entwicklungsländern

① 

② 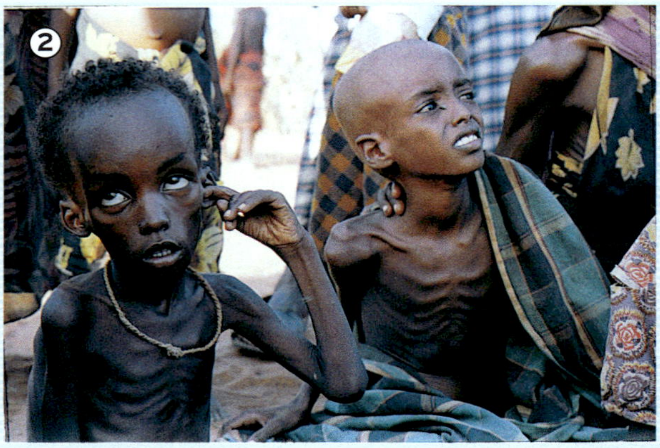

③ 

④ 

⑤ 

⑥ 

Aus den Bildern dieser Seiten kannst du folgende Kennzeichen von Entwicklungsländern ableiten:
schlechte ärztliche Versorgung – fehlende Mechanisierung – unzureichende Versorgung, z. B. mit Wasser – mangelhafte Entsorgung – schlechtes Verkehrsnetz – Hunger und mangelnde Ernährung – ungenügendes Bildungsangebot – viele Kinder – schlechte Wohnbedingungen (Slumbildung) – Trockenheit (Dürre) – Kinderarbeit – Energiemangel

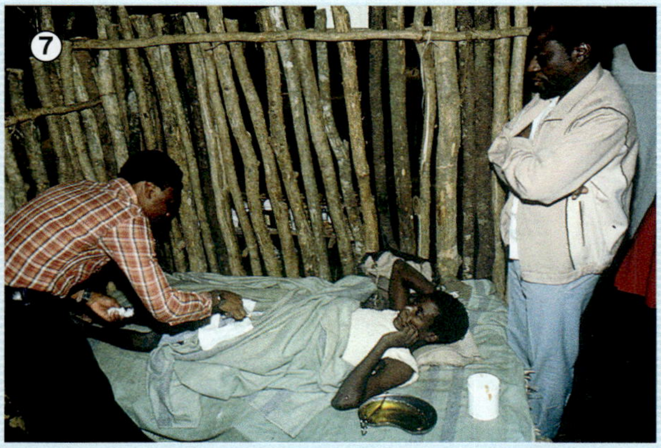

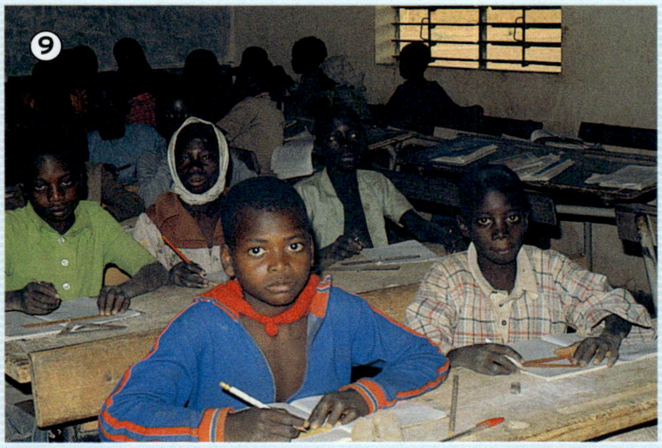

AUFGABE >>>

Ordne die genannten Kennzeichen den entsprechenden Bildern zu. Schreibe die Merkmale von Entwicklungsländern in dein Heft. Unterscheide dabei nach den Bereichen Versorgung, Arbeiten, Wohnen, Verkehr und Bildung (Tabelle).

Reiche Welt – arme Welt

146.1 *Karin*

Ich bin sechzehn und lebe mit meinen Eltern und meinem Bruder in Kaiserslautern. Mein Vater ist Meister in einer Autofabrik, meine Mutter arbeitet halbtags in der Stadtverwaltung. Ich habe ein eigenes Zimmer in unserem Haus. In meiner Freizeit höre ich Musik, besuche Freundinnen und mache Sportgymnastik. Ich wünsche mir einen Computer. Den könnte ich gut für die Schule gebrauchen. Auch für meinen späteren Beruf sind Computerkenntnisse nützlich. Nach der Realschule möchte ich in einem Reisebüro arbeiten. Ich reise gerne und war mit meinen Eltern auch schon in mehreren Ländern. Ansonsten lassen mir meine Eltern viele Freiheiten und knausern zum Glück nicht mit dem Taschengeld.

146.2 *Fatma*

Ich stamme aus einem türkischen Dorf bei Kayseri. Mein Vater besitzt dort einen kleinen Bauernhof. Ich bin 15 Jahre alt und das älteste von sechs Kindern. Nach fünf Jahren Schule habe ich die Schule verlassen. Seitdem helfe ich zu Hause. Im Sommer arbeite ich im Garten und helfe bei der Zuckerrübenernte. Viel Arbeit bereitet das Brotbacken, Wäschewaschen, Spinnen und Teppichknüpfen. Meine Mutter meinte kürzlich, ich wäre nun alt genug zum Heiraten. Den Bräutigam suchen meine Eltern aus, ich hoffe, dass ich mitreden kann. Meinen Traum, Krankenschwester zu werden, muss ich wohl endgültig begraben.

146.3 *Talima*

Ich bin 16 Jahre alt und lebe am Rand der Millionenstadt Dakka in Bangladesh. Meine Eltern zogen hierher, weil sie als Tagelöhner auf dem Land nie genug verdienen konnten. Wir wohnen zu neunt in einer kleinen Hütte mit zwei Zimmern. Während des Monsuns steht die Siedlung oft unter Wasser. Strom haben wir nicht, Trinkwasser gibt es nur an zwei Zapfstellen. Mein Vater ist Rikschafahrer in der Stadt. Er verdient aber nur wenig. Deshalb putzt meine Mutter bei einer reichen Familie. Dort gibt es sogar einen Herd, der auf Knopfdruck kocht! Solch ein Gerät können wir uns nicht leisten, auch wenn meine ältere Schwester und ich durch Jutehandarbeiten Geld hinzuverdienen. Ich möchte höchstens vier Kinder haben und erst mit 18 heiraten!

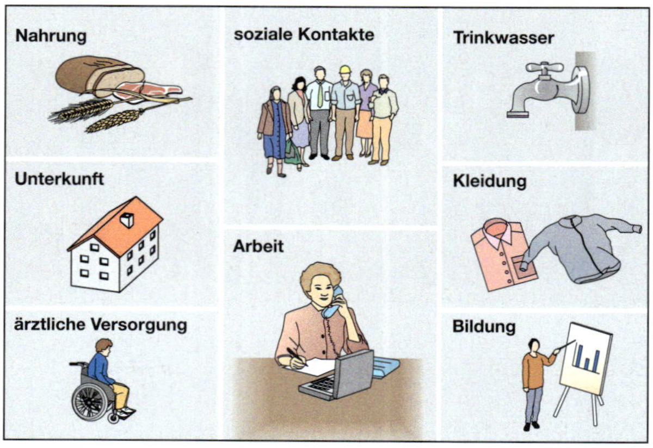

146.4 *Grundbedürfnisse*

AUFGABEN >>

1. *Vergleiche die Lebensbedingungen der drei Mädchen hinsichtlich der Grundbedürfnisse (Abb. 146.4).*
2. *Manche Grundbedürfnisse lassen sich nur in einem wohlhabenden Staat befriedigen. Nenne Beispiele.*
3. *Eine Lehmhütte ist in manchen Gegenden Afrikas eine normale bzw. angemessene Behausung. Würde eine solche Hütte bei uns zur Befriedigung des Grundbedürfnisses nach Unterkunft ausreichen?*

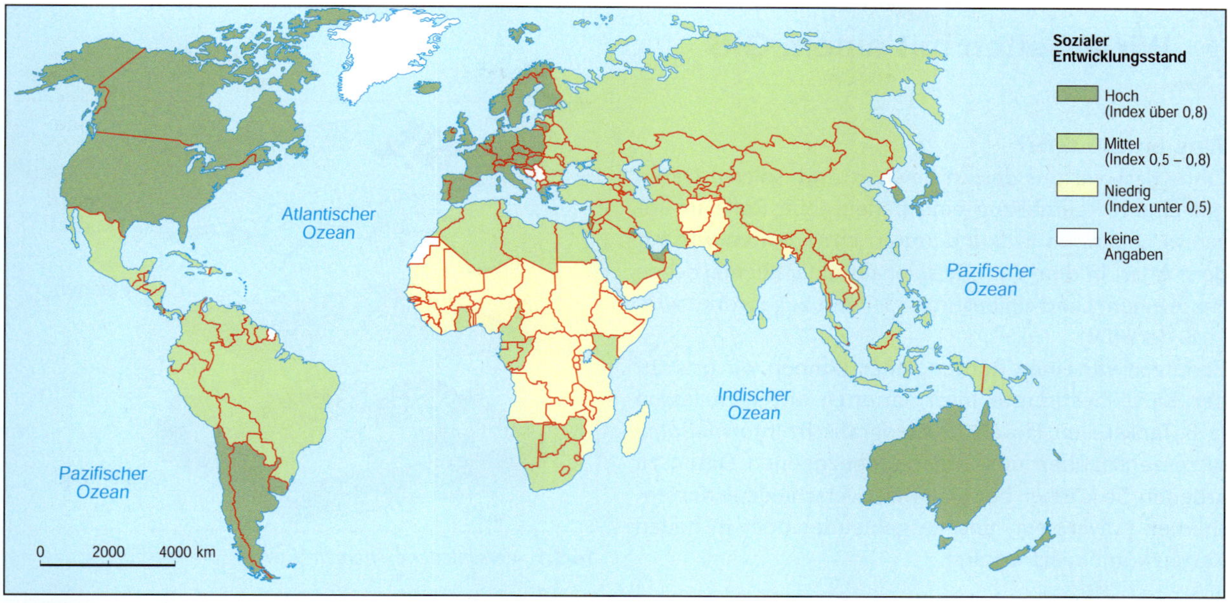

147.1 *Der Entwicklungsstand der Länder nach dem HDI*

Der HDI

Eine Aufteilung der Staaten allein nach wirtschaftlichen Gesichtspunkten schließt wichtige andere Entwicklungsbereiche eines Landes aus. Deshalb erstellten die Vereinten Nationen Mitte der 1990er-Jahre den Human Development Indes (HDI), den Index (= Anzeiger) zur menschlichen Entwicklung. Der HDI berücksichtigt die Lebenserwartung, den Bildungsgrad der Bevölkerung sowie die jährliche reale Kaufkraft pro Einwohner. Der Durchschnitt dieser drei Werte ergibt den HDI-Wert eines Landes. Der höchste HDI-Wert (1,0) wäre bei einer Lebenserwartung von 85 Jahren, einer Alphabetisierungsrate von 100 % und einer realen Kaufkraft von 40 000 US-Dollar erreicht. Deutschland wies 2007 einen Wert von 0,947 auf und lag damit weltweit an 22. Stelle.

Verschiedene Entwicklungsstände

Die Länder der Erde weisen einen unterschiedlichen Entwicklungsstand auf. Man unterscheidet zwischen
- Industrieländern,
- Entwicklungsländern,
- Schwellenländern.

Schwellenländer stehen an der „Schwelle" zum Industrieland. Aufgrund ihrer wirtschaftlichen Entwicklung können sie neben Rohstoffen auch Fertigwaren exportieren (z. B. Malaysia, Brasilien, Türkei, Mexiko). Ob ein Land als „entwickelt" oder „unterentwickelt" gilt, ist nicht immer eindeutig festzulegen. Ein wichtiges Kennzeichen für die Entwicklung eines Landes ist dessen Wirtschaftskraft. Diese wird mithilfe des Bruttoinlandsprodukt (BIP) pro Kopf gemessen.

AUFGABEN >>

1 *Arbeite mit dem Atlas und der Karte 147.1:*
a) Schreibe jeweils fünf Beispiele für hoch entwickelte Länder, Länder mit mittlerem Entwicklungsstand und gering entwickelte Länder auf.
b) Nenne die Kontinente, die den Hauptanteil bei den hoch entwickelten und den gering entwickelten Ländern stellen.

2 *Beschreibe die Unterschiede zwischen den Messgrößen BIP und HDI.*

3 *Eignet sich deiner Meinung nach eher das BIP oder der HDI zur Ermittlung des Wohlstandes eines Landes? Begründe deine Meinung.*

Wir arbeiten mit einem GIS

Was ist ein GIS?

Ohne dass wir uns dessen bewusst sind, spielen Daten mit einem Raumbezug eine bedeutende Rolle in unserem Leben. Im Erdkundeunterricht arbeiten wir mit dem Atlas, in dem zum Beispiel auf einer thematischen Karte einem Land ein bestimmter Wert zugeordnet wird (z. B. der HDI).

Benutzen wir einen Routenplaner, können wir uns auf der Karte bestimmte Informationen anzeigen lassen (z. B. Tankstellen, Hotels, ...). Geografische Informationssysteme erlauben uns, mit raumbezogenen Daten zu arbeiten. So können beispielsweise verschiedene Kartenthemen (Layer) ein- und ausgeblendet oder in neuen Karten kombiniert werden.

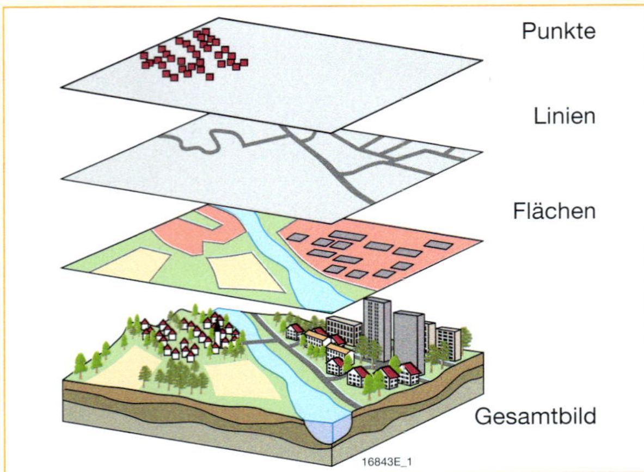

148.1 *Verschiedene Themen (Layer)*

Erste Schritte mit einem WebGIS

1. Gehe auf die Seite http://diercke.webgis-server.de.
2. Wähle bei Leiste A den Raumausschnitt „Erde" aus und gehe zu „Entwicklungsstand der Staaten".

148.2 *Startbildschirm des Diercke WebGIS*

Eine Karte mit Ländern erstellen, deren HDI kleiner als 0.5 ist

Funktion „Attributabfrage" wählen (Leiste B)

1. „Kartenthema" auswählen
2. Bedingungen festlegen (vgl. Abb. 148.3)
3. „Abfrage bilden" auswählen
4. „Abfrage ausführen" (am unteren Bildschirmrand) auswählen

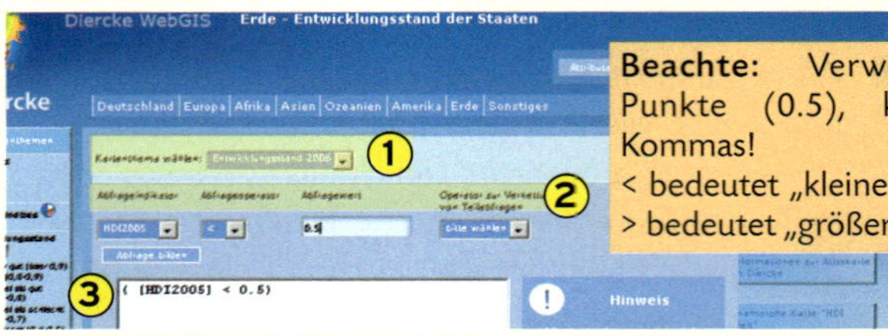

Beachte: Verwende Punkte (0.5), keine Kommas!
< bedeutet „kleiner als"
> bedeutet „größer als".

148.3 *Attributabfrage: Eingabe der Bedingungen*

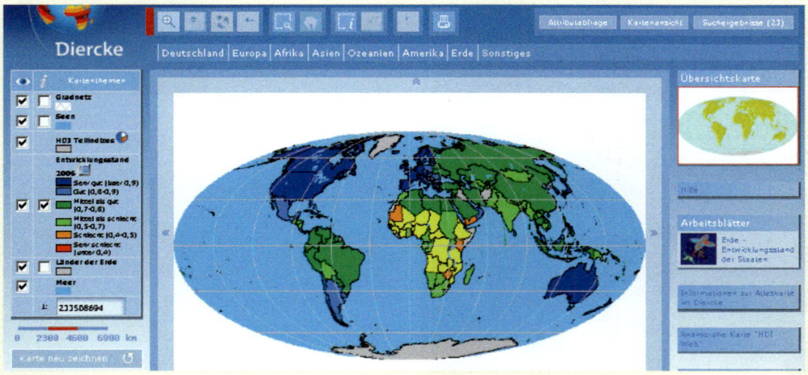

149.1 *Karte mit Ländern, deren HDI kleiner als 0.5 ist*

Das WebGIS erstellt nun auf Grundlage der Auswahl eine neue Karte. Die Länder mit einem HDI kleiner als 0.5 sind gelb markiert.

Wähle nun den Menüpunkt „Suchergebnisse" aus (Leiste B). Du erhältst nun weitere Informationen zu den Ländern, die bei der Suchabfrage gefunden wurden (Abb. 149.2).

Ihre Abfrage des Layers: **Entwicklungsstand 2006** hat **23** Datensätze selektiert:

Land	HDI-Wert 1980	HDI-Wert 1990	HDI-Wert 2000	Teilindex Lebenserwartung (2004)	Teilindex Schulbesuch insg. (2004)	Teilindex BIP (2004)	Weibl. Entwicklu (2004)
Angola	-9	-9	-9	0.27	0.53	0.51	0.431
Benin	0.341	0.372	0.416	0.49	0.40	0.40	0.412
Bouvet-Insel	0.888	0.912	0.956	0.91	0.99	0.99	0.962

149.2 *Suchabfrage HDI < 0.5 (Auswahl)*

Informationen zu einzelnen Ländern finden

Die Funktion „Suchabfrage" ist auch dazu geeignet, Informationen über weitere Länder abzurufen. Dazu gehst du so vor:

1. Markiere den Wert, der abgefragt werden soll, in Leiste C, Spalte i.
2. Wähle die Funktion i in Leiste D aus.
3. Klicke auf das gewünschte Land.
4. Rufe die Informationen unter „Suchergebnisse" (Leiste B) ab.

Karten vereinfachen

Um Karten zu vereinfachen, bietet es sich an, Informationen, die du nicht benötigst, auszublenden. Das geht so:

1. Wähle in Leiste C, Spalte i, den Menüpunkt „Klassifikation erstellen".
2. Hier kannst du Werte ganz ausblenden oder zu größeren Gruppen zusammenfassen.
3. Wähle anschließend „Klassifikation ausführen". Du erhältst nun die reduzierte Karte (Abb. 149.3).

Weitere Ideen für den GIS-Einsatz

Der Einsatz von einem WebGIS bietet sich auch bei weiteren Themen an, die in deinem Erdkundebuch zu finden sind. Überlege, welche dies sind und ob der Einsatz des WebGIS Vorteile gegenüber der Arbeit mit Atlas und Buch bietet. Ein WebGIS mit Daten zu Rheinland-Pfalz findest du unter der Adresse: *http://webgis.bildung-rp.de*.

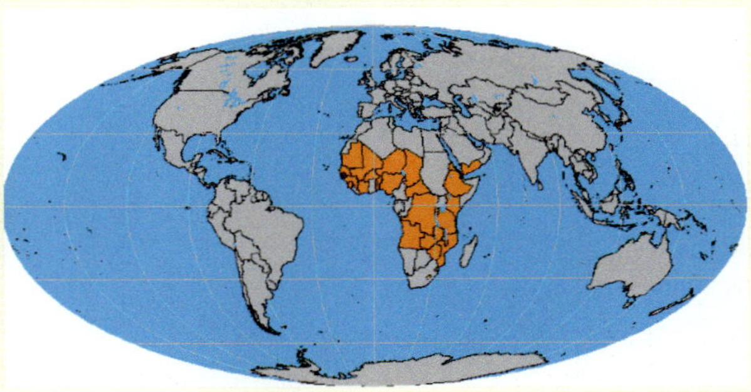

149.3 *Reduzierte Karte*

150.1 *Das Land der 1000 Hügel*

150.2 *Lage und Flagge Ruandas*

Ruanda - ein Entwicklungsland

Seit 1982 ist Ruanda das Partnerland von Rheinland-Pfalz. Das „Land der 1000 Hügel", wie es wegen seiner hügeligen Hochlandschaft genannt wird, liegt in Zentralafrika in der Nähe des Äquators.

Das milde Klima und relativ gute Bodenverhältnisse ermöglichen zwei Ernten im Jahr. Somit ist die Landwirtschaft auch der wichtigste Wirtschaftszweig Ruandas. Obwohl auf 85 % der landwirtschaftlichen Nutzfläche Grundnahrungsmittel (Kochbananen, Hirse, Mais, Maniok, Süßkartoffeln) für die Selbstversorgung produziert werden, erwirtschaftet Ruanda mit dem Export von Tee und Kaffee mehr als 80 % der Devisen.

Über 90 % der Bevölkerung arbeiten in der Landwirtschaft. Einzelne Familien betreiben auf den kleinen Flächen um ihre Häuser herum Ackerbau und Viehzucht zur Selbstversorgung. Was sie nicht selbst benötigen, wird auf dem Markt verkauft.

150.3 *Kleinbauern in Ruanda*

Entwicklungsprobleme

Obwohl die landwirtschaftlichen Voraussetzungen relativ günstig sind, ist die Ernährung der Bevölkerung das zentrale Problem Ruandas. Bei der momentanen Bevölkerungsentwicklung kann die Grundversorgung der Bevölkerung nicht mehr ausreichend gedeckt werden.

Die schlecht ausgebaute Infrastruktur (Straßen, Stromversorgung ...) erschwert die Ansiedlung von Handwerk und Industrie.

Weitere Probleme zeigen sich in der gesundheitlichen Versorgung der Bevölkerung: Die mangelnde Verfügbarkeit von sauberem Trinkwasser, die hohe Kindersterblichkeit und die vielen Krankheiten durch Mangel- und Fehlernährung machen dies deutlich. Dabei kommen auf einen Arzt ca. 25 000 Einwohner (Deutschland 3,73 Ärzte pro 1000 Einwohner). Für die Zukunft Ruandas ist der Ausbau der Schulen sehr wichtig. Momentan gehen nur etwas mehr als die Hälfte der Kinder in die Schule, weil z. B. der Schulweg zu lang ist, die Schule Geld kostet oder die Arbeitskraft des Kindes zuhause benötigt wird.

AUFGABEN >>

1. *Welche Merkmale eines Entwicklungslandes weist Ruanda auf?*
2. *Nenne Probleme, die die Zukunft Ruandas gefährden.*

151.1

Partnerland Ruanda

1982 besiegelten Rheinland-Pfalz und die Republik Ruanda die erste Partnerschaft zwischen einem deutschen Bundesland und einem Land der sogenannten Dritten Welt.

Beide Länder wollen einen neuen Weg der Zusammenarbeit gehen. Im Vordergrund steht die dezentralisierte, bürgernahe und grundbedürfnisorientierte Entwicklungszusammenarbeit. Die ruandische Bevölkerung stellt Projekte vor, bei denen sie Unterstützung braucht. Die rheinland-pfälzischen Partner können sich so direkt an konkreten, überschaubaren Entwicklungsprojekten beteiligen. Die Projekte sind also direkt auf die Bedürfnisse der Ruander abgestimmt. Die bisherigen Schwerpunkte lagen auf folgenden Projekten:

- Bau und Ausstattung von Schulen
- Bau und Ausstattung dezentraler Krankenstationen
- Bau von Trinkwasserleitungen
- Ausbildung von Handwerkern
- Unterstützung von Kooperativen in Landwirtschaft und Handwerk.

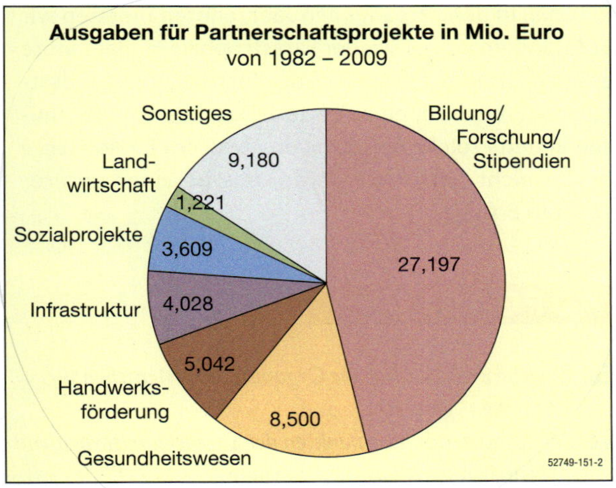

151.2 *Ausgaben der Partnerschaftshilfe in Ruanda*

Partnerschaft Bad Kreuznach – Bwakira

Für die ruandische Gemeinde Bwakira stellte die Trinkwasserversorgung ein großes Problem dar. Sie schlug den Bau einer Trinkwasserleitung vor, weil sie den Menschen langfristig Nutzen bringt, ohne Pumpen arbeitet und so den technischen Verhältnissen angepasst ist, keine hohen Folgekosten erzeugt und von Ruandern gebaut werden kann. Eine ruandische Brunnenbaugenossenschaft erstellte die Planung sowie den Kostenvoranschlag und führte die Hauptarbeiten aus; einheimische Gemeindemitglieder beteiligten sich an den Grab- und Ausschachtungsarbeiten. Die Kosten übernahmen das „Ruanda-Komitee Bad Kreuznach", der Landkreis Bad Kreuznach und das Land Rheinland-Pfalz.

Die 10 km lange Wasserleitung ist nun schon seit 1993 in Betrieb: Die Quellen versorgen über 18 Entnahmestellen, eine Gesundheitsstation, die Schulen, den Markt und die umliegend lebende Bevölkerung mit sauberem Trinkwasser. Jede Familie muss 30 Cent jährlich als Reparaturrücklage bezahlen. Damit ist für die Zukunft der Fortbestand der Wasserleitung gesichert.

Förderung des Schulwesens

Die Situation der Grundschule in Karumn steht beispielhaft für viele Schulen in Ruanda. Die Gebäude befinden sich in einem erbärmlichem Zustand: brüchige Mauern, löchrige Dächer, kein Fensterglas, Lehmboden als Sitzbänke, es gibt weder Tische noch Tafel. Zwei baufällige Häuser wurden durch einen Neubau mit vier möblierten Klassenräumen ersetzt. Für diese Baumaßnahme wurden nur einheimische Handwerker und Berufsschüler beschäftigt. Die Kosten von 25 000 € übernahm das Partnerland Rheinland-Pfalz.

Internet-Tipp
www.rlp-ruanda.de

AUFGABEN >>

1 *Sammelt weitere Informationen über Partnerschaftsprojekte zwischen Rheinland-Pfalz und Ruanda.*

2 *Begründe, warum die beschriebenen Entwicklungshilfeprojekte „Hilfe zur Selbsthilfe" sind. Betrachte dazu auch Abb. 151.2.*

„Menschen für Menschen" - ein Beispiel für Entwicklungshilfe

+ + + Wieder schwere Dürre am Horn von Afrika + + +
Äthiopien von einer Hungerkatastrophe bedroht + + +

Immer wieder konnten wir in den letzten Jahren solche oder ähnliche Meldungen in der Zeitung lesen. In zahlreichen Regionen Ostafrikas sind bei ausbleibenden Regenfällen ständig Millionen Menschen vom Hungertod gefährdet.
Besonders Äthiopien ist immer wieder von großen Hungersnöten betroffen. Derzeit sind 11 Mio. Menschen durch eine lange Dürre in ihrer Existenz bedroht.

In der ZDF-Sendung „Wetten, dass ...?" begann im Jahr 1981 Karlheinz Böhms beispiellose Hilfsaktion. Der Schauspieler ging eine Wette ein, die ihm 1,2 Millionen DM für die Hungernden in der Sahelzone bescherte – dies war die Geburtsstunde für die Hilfsaktion „Menschen für Menschen" (MfM). Bis Ende 2005 wurden 270 Millionen Euro gespendet. In einem Interview hat er die Schwerpunkte der Arbeit deutlich gemacht:

152.1 *Karlheinz Böhm*

***Frage:* Wie vielen Menschen haben Sie bisher mit Ihren Projekten schon helfen können?**
K. Böhm: Menschen für Menschen arbeitet heute in 7 Projektgebieten in Äthiopien. Erfolge sind in vielen Bereichen ersichtlich: Insgesamt wurden 869 Wasserstellen und 38 Bewässerungsanlagen errichtet. Die Versorgung mit sauberem Trinkwasser und damit auch die Gesundheit der Bevölkerung haben sich deutlich verbessert. Durch Landwirtschaftsberater werden den Bauern moderne Ackerbaumethoden und Kenntnisse zum Schutz vor Erosion und zur nachhaltigen Ertragssicherung vermittelt. Für über 3 Mio. Kinder, Frauen und Männer bedeuten unsere Projekte eine wesentliche Verbesserung ihres Lebens.

***Frage:* Worin liegt der Schwerpunkt Ihrer Projektarbeit?**
K. Böhm: Das sind in erster Linie Landwirtschaft, Wasserversorgung, Gesundheit, Bildung und Ausbildung. Doch auch Frauenförderung und die Aufklärung, z. B. über die Risiken von Aids, gehören dazu. Bei all unserer Arbeit ist uns eines besonders wichtig: Der Gedanke der, „Hilfe zur Selbstentwicklung", denn mit einer Speisung ohne Zukunftsperspektive ist keinem langfristig gedient.

***Frage:* Warum haben Sie gerade Äthiopien als Land Ihrer Hilfsprojekte ausgesucht?**
K. Böhm: Äthiopien ist eines der drei ärmsten Länder der Welt. Hilfe für eine eigene Entwicklung ist dort bitter nötig. Deshalb konzentriert sich *Menschen für Menschen* auf dieses Land. Wer sich um alle und alles kümmern will, der hilft letztlich niemand.

***Frage:* Was war Ihre Motivation für Ihr Engagement in Afrika?**
K. Böhm: Wut war das Hauptmotiv. Wut über die Ungerechtigkeit zwischen Arm und Reich auf unserem Planeten.

***Frage:* Welches waren Ihre größten Erfolge?**
K. Böhm: In den vergangenen Jahrzehnten mussten wir in Äthiopien immer wieder katastrophale Hungersnöte erleben, die eine Nothilfe nötig machten, um Hunderttausenden das Leben zu retten. Dass die Bauernfamilien in den Projektregionen von *Menschen für Menschen* davon nicht betroffen waren, das ist einer unserer größten Erfolge.

AUFGABEN >>

1 *Welche Ziele hat sich die Organisation „Menschen für Menschen" gesetzt?*
2 *Nimm zu den Schwerpunkten der Entwicklungsarbeit von „Menschen für Menschen" Stellung.*
3 *Wie bewertest du die Schwerpunkte der Organisation?*

Entstehung eines Projekts

Die Jahre 2001 und 2002 waren für die Menschen im Hochland von Äthiopien im Distrikt Merhabete hart, denn die Niederschläge in der Regenzeit blieben fast aus. Die Ernte reichte nicht, um das Überleben zu sichern. Nothilfe war die einzige Rettung für Hunderttausende. Auch die Hilfsorganisation „Menschen für Menschen" (S. 152) versorgte zahlreiche Dorfgemeinschaften mit Nahrung. So mussten die Menschen nicht hungern und konnten ihre Felder fürs nächste Jahr bestellen. Es stellte sich jedoch die Frage, welche langfristigen Alternativen es für den ständig dürregeplagten Distrikt geben könne. Im Dialog mit den Betroffenen wurde über Ursachen der wiederkehrenden Probleme beraten und gemeinsam nach Lösungen gesucht. Die Leitidee vieler Hilfsprojekte von „Menschen für Menschen" ist hier deutlich erkennbar: eine starke Einbindung der einheimischen Bevölkerung, die dann möglichst durch eigene Initiative zur Selbstentwicklung führen soll.

Von der Idee zur Umsetzung

Die Projektarbeit in Merhabete hat drei Schwerpunkte: Bewässerung, Erosionsschutz und die Rückgewinnung von Ödland. Um in der regen- und damit wasserarmen Region die wenigen Niederschläge aus der Regenzeit zu sammeln, wurden Wasserauffangbecken mit einem Fassungsvermögen von bis zu 60 Millionen Litern angelegt. Aus diesem Vorrat wurde dann je nach Bedarf über Rohre und Kanäle Wasser auf die Felder geleitet. Dafür wurden riesige Bewässerungsgräben ausgebaut und wasserundurchlässig abgedichtet.

Erosionsschutz und Rückgewinnung von Ödland

Doch Bewässerung alleine reicht nicht. Eine weitere Bodenerosion kann aber durch Aufforstung mit Baumsetzlingen verhindert werden. Terrassenbau verhindert zudem das Wegbrechen und Abschwemmen kostbaren Hanglandes. Um die Böden zu schonen, regt man die Fruchtwechselwirtschaft an und hilft bei der Einführung von Gemüsesorten, die zu einer ausgewogenen Ernährung beitragen.

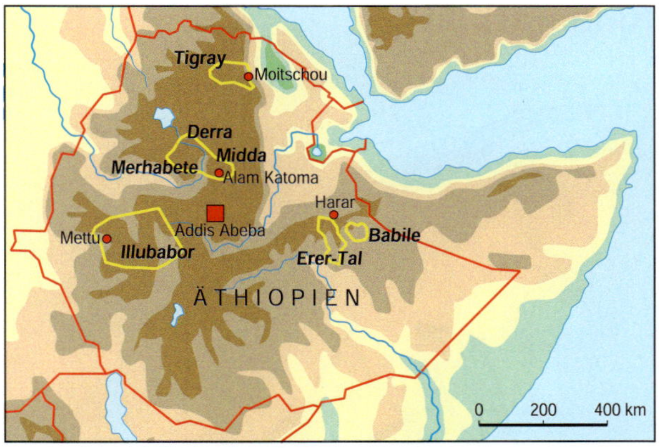

153.1 *Projektgebiete in Äthiopien*

Beginnende Erosionsgräben werden mit Steinwällen sowie mit stark wurzelnden Gräsern stabilisiert und später ebenfalls mit Setzlingen bepflanzt. Nach und nach werden die Gräben dann wieder für die Feldwirtschaft zurückgewonnen.

Das Ziel: Nachhaltigkeit der Projekte

Nach diesen schweren Arbeiten, die bei Durchschnittstemperaturen von 36 °C nicht leicht zu bewerkstelligen sind, haben die Bauern viel erreicht. Ein langfristiger Erfolg der Projektarbeiten und damit eine sichere Existenz der Menschen ist aber erst durch Schulungen gesichert. In diesen wird die Bevölkerung über die neuen Anbaumethoden, die Instandhaltung und die Reparatur der Bewässerungsanlagen informiert.

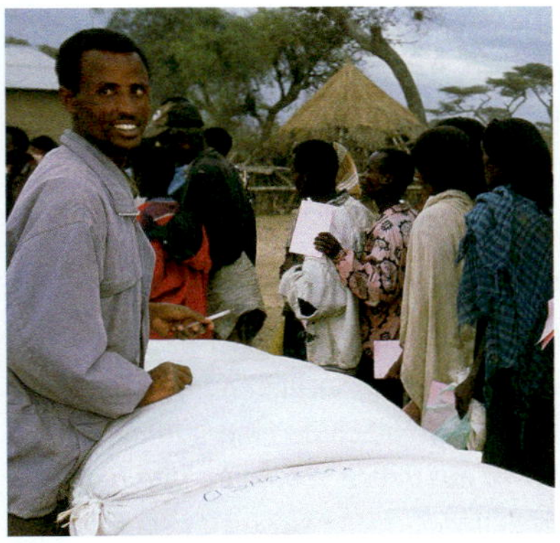

153.2 *Verteilung von Hilfsgütern*

153.3 *Bau von Bewässerungsgräben*

AUFGABEN >>

1 *Welche Maßnahmen wurden in dem Projekt ergriffen, um den Menschen langfristig zu helfen?*

2 *Was versteht ihr unter der Leitidee „Hilfe zur Selbsthilfe"?*

3 *Welche Maßnahmen dieses Projekts sollen die „Hilfe zur Selbsthilfe" unterstützen?*

Kinderarbeit

Der 14-jährige Pedro aus Kolumbien erzählt:
„Ich habe drei Jahre unten an der Kohle gearbeitet. Mit elf habe ich angefangen, mit meinem Vater und zwei meiner Brüder. Dafür haben sie uns pro Sack, den wir herausgeschafft haben, fünfzehn Pesos bezahlt. Uns Kindern gaben sie einen Anteil von dreieinhalb Pesos von jedem Sack. Sie machen das oft, dass sie den Kindern nur einen geringen Anteil bezahlen. Immer wieder holen sie verletzte oder tote Kinder aus den Gruben. Vor acht Monaten haben sie wieder einen aus der Mine geholt. Und die Minenbesitzerin hat gesagt: ‚Gott hat es so gewollt!', und hat nichts gezahlt, keine Unterstützung, keine Hilfe für die Familie, gar nichts!"

(nach: Jung, Kleine Hände – kleine Fäuste, Reinbek 1991, S. 124 f.)

154.1 *Kinderarbeit in Kolumbien*

Nasli aus Pakistan berichtet:
„Mein Name ist Nasli, ich bin 15 jahre alt und komme aus Sialkot in Pakistan. Ich nähe schon seit vier Jahren Fußbälle und gehe auch zur Schule. Ich nähe Fußbälle, weil ich gerne lernen will und meine Eltern meinen Schulbesuch nicht bezahlen können. Wenn ich lerne, dann kann ich Bürovorsteherin werden und ein gutes Gehalt bekommen. Kennen die Leute, die Kinderarbeit verbieten wollen, unsere Lebensbedingungen? Die meisten Menschen in unserem Dorf nähen Fußbälle. Wenn das verboten würde, dann würden die Leute hungern – ja sie würden vor Hunger sterben."

(nach: Save the children, Stitching Footballs, London 1997)

154.2 *Kinderarbeit in Pakistan*

So wie Pedro und Nasli geht es vielen Kindern. Die Armut zwingt sie zur Arbeit. In Indien werden z. B. 20 % der Warenproduktion von Kindern erwirtschaftet. In der Glasindustrie oder der Lederverarbeitung sind sie ungeschützt Hitze und aggressiven Chemikalien ausgesetzt, werden nicht ärztlich versorgt und haben keine Chance auf eine kindgemäße Entwicklung. Weltweit arbeiten rund 250 Mio. Kinder für den Export – vor allem in Entwicklungsländern.

Die Kinder knüpfen Teppiche, weben Stoffe oder arbeiten in Textilfabriken. Sie stellen Feuerwerkskörper her, produzieren Fußbälle oder müssen bei der Ernte und beim Verpacken von Bananen oder Zitrusfrüchten helfen. In vielen Waren, die hierzulande billig angeboten werden, steckt Kinderarbeit. Die Armut ihrer Familien zwingt die Kinder zur Arbeit. Viele Eltern wünschen sich für ihre Kinder eine angemessene Ausbildung. Aber oftmals kann nur durch das Einkommen der Kinder das Überleben der Familie gesichert werden.

In den Entwicklungsländern sind über 820 Mio. Erwachsene arbeitslos. Oft treten Kinder, die für weniger als 20 Cent pro Tag beschäftigt werden, auf dem Arbeitsmarkt in direkte Konkurrenz zu Erwachsenen, die zwei Euro oder mehr kosten würden. Auf diese Weise führt Kinderarbeit auch dazu, dass immer mehr Familien verarmen.

AUFGABEN >>

1. *Beschreibe mithilfe von Abb. 154.1 und 154.2, unter welchen Bedingungen die Kinder arbeiten müssen.*
2. *Auch in Deutschland arbeiten Schülerinnern und Schüler. Vergleiche ihre Motive mit denen von Pedro und Nasli.*
3. *Nenne Bereiche, in denen Kinder beschäftigt sind. Stelle Probleme und Gefahren dar.*

Kampf gegen Kinderarbeit

Erst seit 1990 gibt es eine UN-Konvention (Übereinkunft) über Kinderrechte. Mehr als 190 Staaten unterzeichneten bisher die Kinderrechtskonvention. Darin werden die Rechte der Kinder gesondert formuliert (vgl. 155.2). In vielen Staaten wurden die Kinderrechte seither gestärkt, doch vor allem in den armen Ländern besteht nach wie vor eine große Kluft zwischen Wunsch und Wirklichkeit.

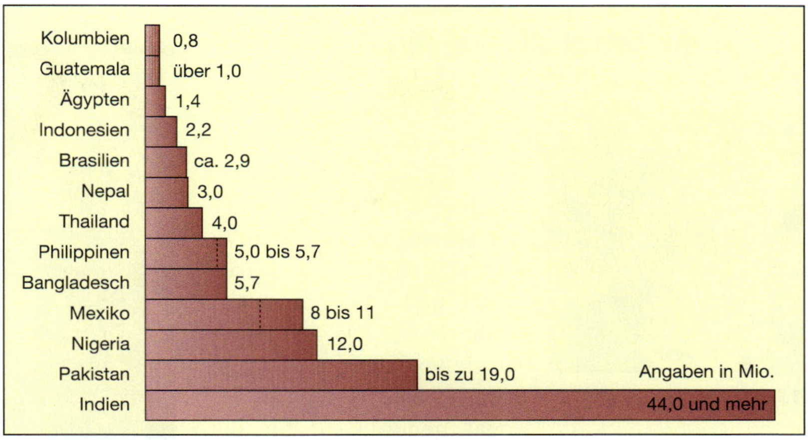

155.1 *Kinderarbeit nach Ländern*

Kinder haben ein Recht auf ...

1. Gleichbehandlung und Schutz vor Diskriminierung, unabhängig von Religion, Herkunft und Geschlecht
2. einen Namen und eine Staatszugehörigkeit
3. Gesundheit
4. Bildung und Ausbildung
5. Schutz vor wirtschaftlicher und sexueller Ausbeutung
6. Freizeit, Spiel und Erholung
7. freie Meinungsäußerung
8. Privatsphäre und gewaltfreie Erziehung
9. eine Familie, elterliche Fürsorge und ein sicheres Zuhause
10. besondere Fürsorge und Betreuung bei Behinderung
11. Schutz im Krieg und auf der Flucht

- In Südasien sterben jährlich über 1 Mio. Kinder, nur weil sie Mädchen sind.
- 11 Mio. Kinder sind Aidswaisen (vor allem in Afrika).
- Kinder müssen oft 12 bis 16 Stunden am Tag hart arbeiten.
- 120 Mio. Kinder (= jedes 6. Kind) im Grundschulalter gehen nicht zur Schule.
- Weniger als 40 % der Kinderarbeiter erhalten Lohn für ihre Arbeit.
- In der indischen Provinz Punjab sind 50 % der Mädchen mangelernährt (bei Jungen 15 %).
- 1 Mio. Mädchen werden als Prostituierte ausgebeutet und oft wie Leibeigene gehalten.
- In vielen Ländern sind vor allem die Mädchen von der Bildung ausgeschlossen.
- In Indien entspricht das Schulgeld für zwei Kinder dem Monatslohn eines Landarbeiters.
- 11 Mio. Kinder sterben jährlich vor ihrem fünften Geburtstag.
- Über 1 Mio. Kinder sind auf der Flucht oder leben in Flüchtlingslagern.
- 25 % der Kinder unter fünf Jahren in Entwicklungsländern leiden an mangelhafter Ernährung.
- 300 000 Kinder werden als Kindersoldaten missbraucht.
- Täglich sterben 30 000 Kinder an vermeidbaren Krankheiten wie z. B. Durchfall oder Masern.
- In Bangladesch liegt das durchschnittliche Heiratsalter bei 14, in Nepal und Mali bei 16 Jahren.
- In Indonesien schuften 5 Mio. Kinder als Dienstboten in fremden Haushalten.

155.2 *Kinderrechte: Wunsch (links: UN-Kinderrechtskonvention) und Wirklichkeit (rechts: Auswahl an weltweiten Fakten)*

12. Juni:
Internationaler Tag gegen Kinderarbeit

Internet-Tipp
www.rugmark.de
www.kindernet.at

RUGMARK

AUFGABEN >>

1 *Ordne die Informationen über die Wirklichkeit einzelnen Zielen der UN-Kinderrechtskonvention zu (Abb. 155.2).*

2 *Überlege Maßnahmen, um die Kluft zwischen Wunsch und Wirklichkeit zu verringern.*

3 *Informiere dich, mit welchen Maßnahmen verschiedene Organisationen versuchen, die Kinderarbeit einzudämmen.*

Aids raubt Afrika die Zukunft

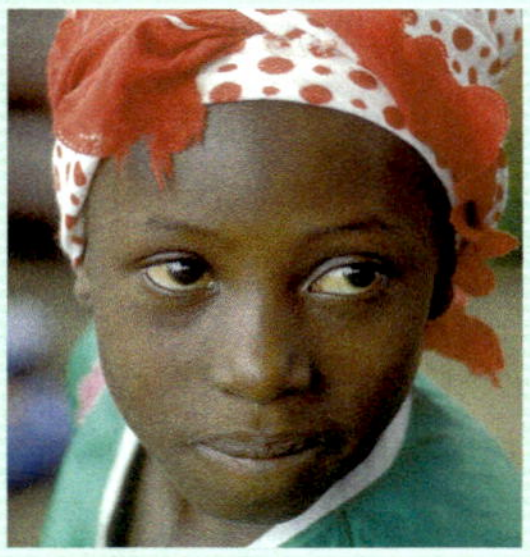

156.1 *Claire*

Claire ist 14 Jahre alt und lebt auf dem Land. Sie ist Aidswaise. Ihr Vater und ihre Mutter sind kurz nacheinander gestorben. Ihr Vater hatte in der Hauptstadt Harare gearbeitet und kam nur selten nach Hause. Die Feldarbeit wurde von der zurückgelassenen Familie erledigt. So war sogar genug Geld für die Schulkosten übrig. Da er nur selten mit seiner Frau zusammenkommen konnte, ging der Vater mehrmals zu Prostituierten und infizierte sich mit der tödlichen Krankheit Aids. Lange Zeit wusste er selbst nicht, dass er infiziert war, und so steckte er schließlich seine Frau mit dem todbringenden Virus an. Für Claire begann eine schwere Zeit. Nach dem Tod der Eltern musste sie sich um ihre jüngeren Geschwister kümmern und mit ihnen auf dem Feld arbeiten. Für den Schulbesuch fehlten das Geld und die Zeit. Die Großeltern sind alt und schwach und auch die Nachbarn sind arm und können nicht mehr helfen. Ihre Familien sind selbst von der Krankheit betroffen. Claires Schicksal ist ungewiss. Ihre kleineren Geschwister werden wohl zu entfernten Verwandten gegeben. Sie selbst will versuchen, sich in der Stadt durchzuschlagen. Aber dort droht wirtschaftliche und sexuelle Ausbeutung.

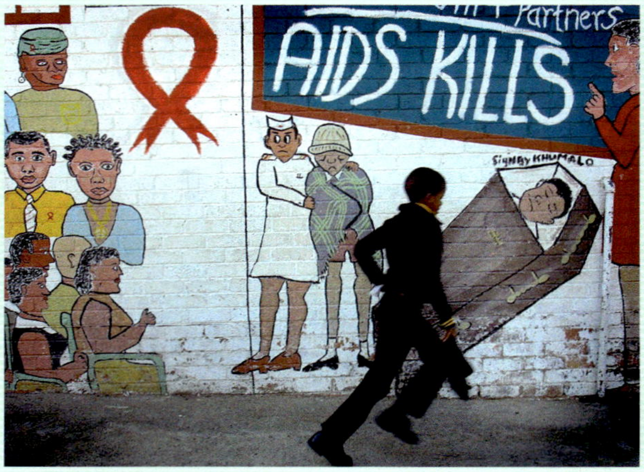

156.2 *Warnung vor Aids*

Aus einem Lexikon

Aids (engl.: acquired immune deficiency syndrome = erworbene Immunschwäche): durch HIV hervorgerufene Krankheit, führt zum Zusammenbruch der körpereigenen Abwehrkräfte. Der Körper wird immer anfälliger gegenüber Krankheiten und immer schwächer, bis der Patient stirbt.

HIV (engl.: human immunodeficiency virus = menschliches Immunschwächevirus): Erreger von Aids; Übertragungswege: Geschlechtsverkehr, Mutter-Kind-Übertragung bei der Geburt oder beim Stillen, Bluttransfusion, verschmutzte Spritzen

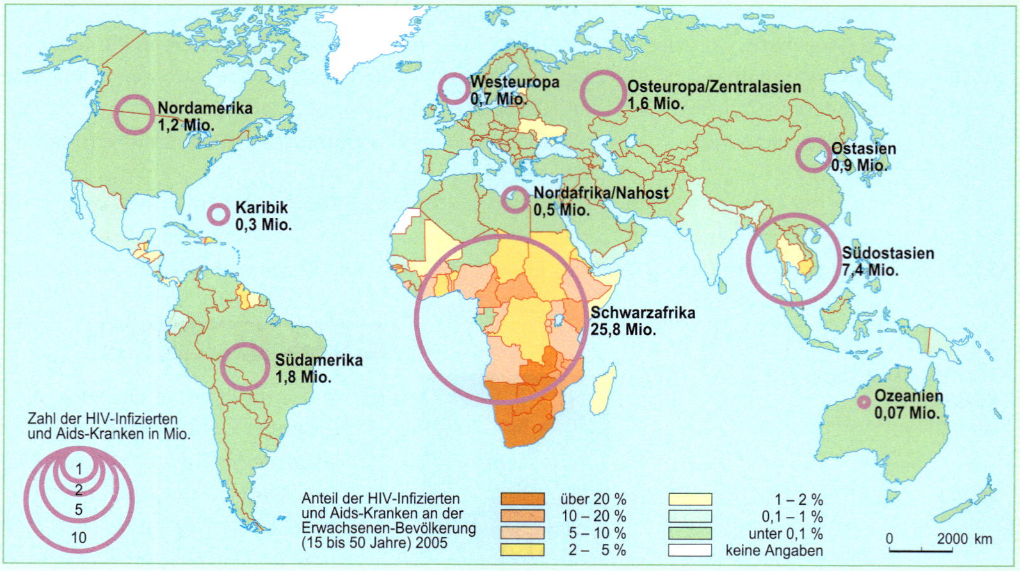

156.3 *Weltweite Verbreitung von Aids*

Prävention ist der einzige Schutz

Aids ist nach wie vor nicht heilbar. Lebensverlängernde Medikamente, wie sie in Industrieländern gebräuchlich sind, sind für die überwiegende Mehrheit der Patienten in Entwicklungsländern bislang unerreichbar. Prävention ist zurzeit die einzige Maßnahme, die langfristig zur Senkung der Infektions- und Todesraten führen kann. Immer noch wissen viele Menschen nicht, wie sie sich vor HIV bzw. Aids schützen können, oder sie verhalten sich nicht dementsprechend. Treue zu einem Partner und Kondome sind nach wie vor der einzig wirksame Schutz. Experten haben errechnet, dass weltweit jedes Jahr rund 24 Milliarden Kondome verwendet werden müssten, um die Ausbreitung der Seuche zu stoppen. Dies ist mindestens die dreifache Menge an Kondomen, die heute tatsächlich zum Einsatz kommt.

157.1 *Aufklärungsunterricht*

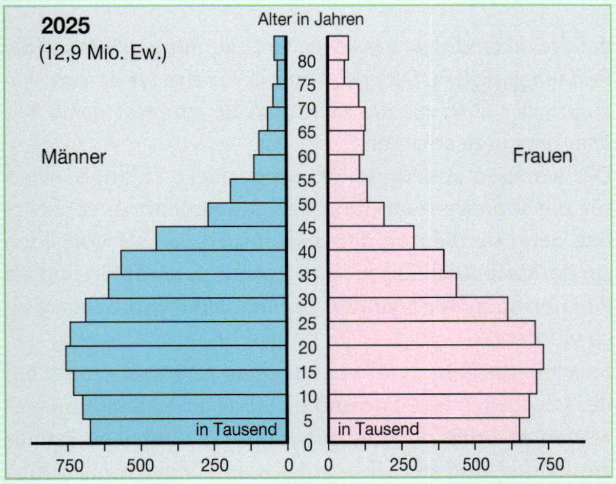

157.2 *Bevölkerungspyramide von Simbabwe*

Land	Aidsinfizierte insgesamt	Infizierte zwischen 15 und 50 Jahren	Zahl der Aidswaisen
Äthiopien	2 100 000	6,4 %	900 000
Botswana	330 000	38,8 %	69 000
Kenia	2 500 000	15,0 %	890 000
Nigeria	3 500 000	5,8 %	1 000 000
Sambia	1 000 000	10,0 %	630 000
Simbabwe	2 300 000	33,7 %	780 000
Südafrika	5 000 000	20,1 %	600 000

157.3 *Aids in ausgewählten afrikanischen Staaten*

Die Männer und das Kondom

Viele afrikanische Männer stehen dem Gebrauch von Kondomen sehr kritisch gegenüber. So glauben viele, dass darin kleine Würmer leben, sie Unglück bringen oder ohnehin Löcher haben. Auch sind sie Kondomen gegenüber sehr misstrauisch, weil sie von Weißen propagiert werden. Viele Afrikaner glauben nämlich, dass die Weißen mithilfe der Kondome das Wachstum der schwarzen Bevölkerung stoppen wollen.

Internet-Tipp

www.aidswaisen-international.de
www.unicef.de/aids_home.html
www.unaids.org

AUFGABEN >>

1. *Beschreibe die Verbreitung von Aids (Karte 156.4).*
2. *Erläutere, weshalb von afrikanischen Männern nur selten Kondome verwendet werden.*
3. *Erkläre die Bedeutung der auf Seite 156 abgebildeten roten Schleife (Internet).*
4. *Aids gibt es nicht nur in Afrika. Informiere dich über Aids in Deutschland (Internet). Vergleiche mit Afrika.*
5. *Erläutere die Bevölkerungspyramide von Simbabwe unter Einbeziehung der Aidsproblematik.*
6. *Beurteile, was es für ein Land bedeutet, wenn gerade die junge Bevölkerung an Aids stirbt (Tabelle 157.3).*
7. *Informiere dich im Internet über Projekte zur Aidsprävention in Afrika.*
   Stelle deine Ergebnisse kurz innerhalb der Klasse vor.

158.1 *Frauen aus verschiedenen Entwicklungsländern*

Frauen in Entwicklungsländern

Auf einer Konferenz von Mitarbeitern des kirchlichen Hilfswerks MISEREOR mit Vertreterinnen verschiedener Gruppen der Frauenarbeit in Kenia referierte Anastasia W. Thiongo über die Situation der afrikanischen Frauen:

„Die Rolle der gebildeten Frau in der Gesellschaft heute hat sich aus den Einschränkungen der Frau in der traditionellen afrikanischen Gesellschaft entwickelt. Frauen müssen sich mit dem Erbe von Minderwertigkeitskomplexen und geschlechtsspezifischen Vorurteilen und Benachteiligungen auseinandersetzen.
Jedoch sind die Frauen durch den Einfluss der westlichen Kultur, den Bildungsprozess und durch Kampagnen zur Förderung der Gleichberechtigung heute in der Lage, ihre gesellschaftliche Präsenz zu sichern. Dies gilt aber nur für eine kleine Zahl von Frauen der Elite, die das Glück haben, ein recht hohes Bildungsniveau zu erreichen."

Die wenigen gebildeten Frauen, erklärt Thiongo, seien für die Weiterentwicklung der Gesellschaft unverzichtbar, denn sie dienten den anderen Frauen als Vorbilder, „in der Öffentlichkeit für ihre Rechte zu kämpfen und als Partnerinnen der Männer im Entwicklungsprozess tätig zu werden".
So achte die gebildete Frau auf einen hohen Standard bei der häuslichen Hygiene und sie wisse, ihre Familie ausgewogen zu ernähren. Die gebildete Frau betreibe Familienplanung und berücksichtige beim Wunsch nach Kin-

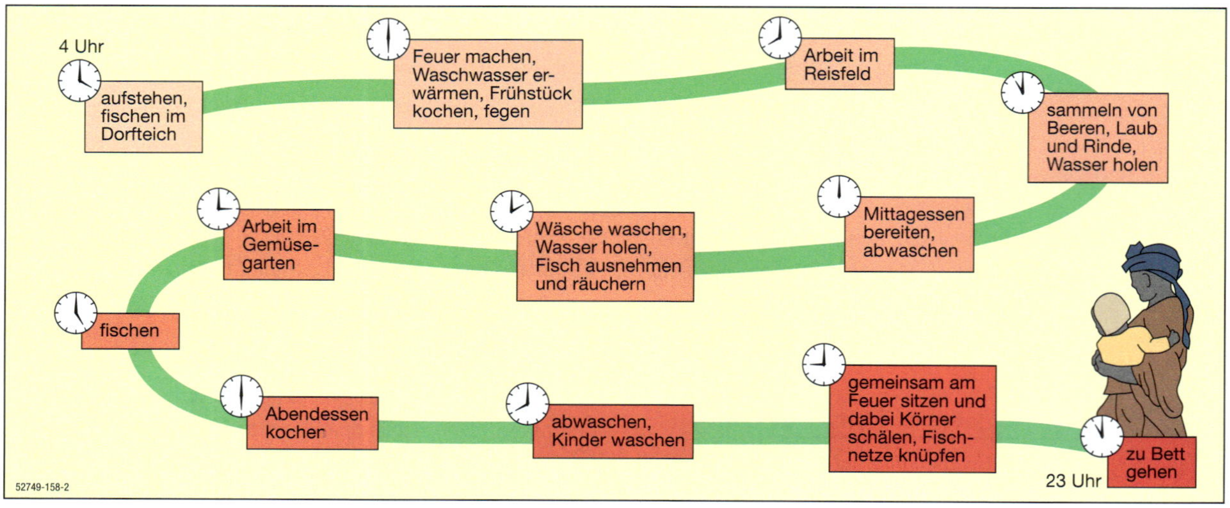

158.2 *Der Tag einer Bäuerin in Afrika*

159.1 *Frau bei der Hausarbeit*

159.2 *Berufstätige Frau in Deutschland*

dern die Frage, wie die Familie ernährt werden könne. Bei der Lösung von Konflikten beteilige sie sich aktiv als Ratgeberin innerhalb der Familie. Als Partnerin des Mannes sehe sie ihre Aufgabe darin, „das zu sichern, was schon vorhanden ist".

Im Berufsleben konzentrierten sich Frauen stärker auf ihre Funktion und zeigten ein hohes Maß an Fleiß, Ehrlichkeit und Ausdauer. *„Mit dem allmählichen Verschwinden geschlechtsbedingter Vorurteile und Benachteiligungen werden immer mehr Frauen durch ihre Berufstätigkeit zur wirtschaftlichen Entwicklung ihres Landes beitragen."*

Gleichwohl sieht Thiongo eine Reihe von Hemmnissen für eine aktivere Rolle der Frauen: *„Frauen haben zu wenig Gelegenheit, sich mit neuen Ideen, Auffassungen und Erkenntnissen auseinanderzusetzen.*

Frauen tragen in der Familie schwere Lasten als Erzieherin der Familie, Nahrungsproduzentin, Managerin der Familie ...

Frauen erleben kulturell bedingte Einstellungen und die Rollen, die ihnen zugewiesen werden, als große Barrieren.

Frauen stehen nur unzureichende Geldmittel zur Unterstützung ihrer Aktivitäten zur Verfügung."

Entsprechend fordert Thiongo eine verstärkte Förderung von Frauen in den folgenden Bereichen:

1. Allgemeinbildung von Frauen durch Seminare und Programme
2. Förderung der Gleichberechtigung von Mann und Frau durch fortlaufende Kampagnen
3. größere Beteiligung von Frauen an einkommensorientierten Programmen, um ihnen eine bessere wirtschaftliche Grundlage zu geben".

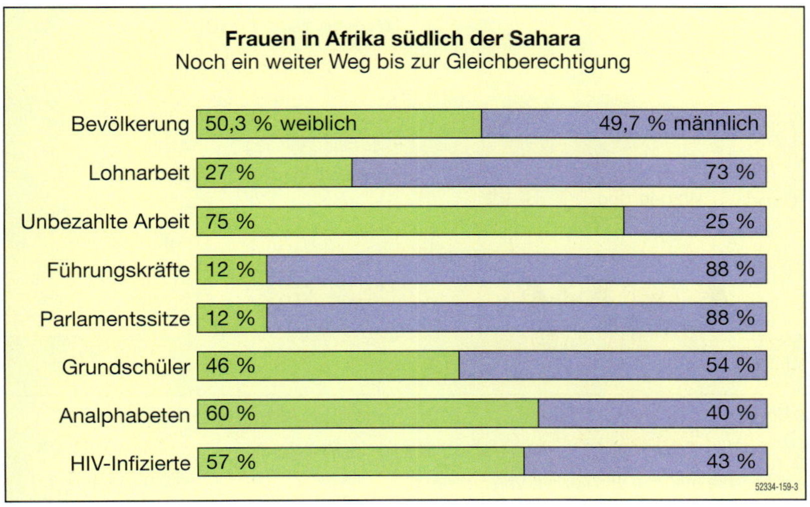

159.3 *Frauen und Männer im Vergleich*

AUFGABEN >>

1 *Beschreibe den Tagesablauf einer afrikanischen Bäuerin.*

2 *Begründe die Forderungen von Anastasia W. Thiongo zur Förderung von Frauen.*

3 *Vergleiche die Situation von Frauen in Entwicklungsländern mit der Situation in unserer Gesellschaft.*

4 *Erläutere mit eigenen Worten den Begriff Gleichberechtigung.*

Verstädterung

In fast allen Staaten der Erde ist das Wachstum der Bevölkerung überwiegend auf die Städte beschränkt. Hauptursache ist die Zuwanderung von Menschen aus den ländlichen Gebieten (Landflucht).
Diese zunehmende Verstädterung führt zur Entstehung sogenannter „Megastädte" (Abb. 161.1) mit immer größer werdenden Ausdehnungen und Einwohnerzahlen. Damit wachsen auch die Probleme: Müllberge, verdrecktes Wasser, unerträglich hohe Luftbelastung durch Autoabgase.
Überall drängen sich Fußgänger, Fahrräder, Motorroller, Autos und Kleinlaster durch die Straßen. Unbeschreiblicher Benzingestank vermischt sich mit dem beißenden Geruch von verwesendem Müll. Die andere Straßenseite verschwindet im Smog. Und viele Menschen leiden an Herz-Kreislauf- und Atemwegserkrankungen.

160.1 *Gedränge in den Städten*

Frau Singh (38) aus Kalkutta berichtet:
„Wir leben vom Müll. In unserer kleinen Hütte leben mit Kindern und Schwiegereltern 13 Personen. Wir sind nach Kalkutta gekommen, weil wir auf dem Land keine Verdienstmöglichkeiten hatten. Aber wir kannten nur die Landarbeit und fanden keine Arbeit. Jetzt leben wir vom Müll und auf dem Müll. Die Kinder beobachten die Müllwagen auf dem Müllberg und sammeln Flaschen, Leder, Plastik und Getränkedosen. Mein Mann verkauft diese Dinge an Händler, und ich verkaufe Getränke an meinem Stand. Davon kann die Familie notdürftig ernährt werden. Für die Schule reicht das natürlich nicht."

José (14) aus Rio de Janeiro erzählt:
„Bis vor einigen Jahren besaßen meine Eltern ein kleines Stück Ackerland, das sie mit Gemüse und Getreide bebauen konnten. Doch der Anbau reichte nicht zum Überleben aus. Auf dem Land fanden wir alle keine Arbeit. Daher verkauften wir für wenig Geld unseren Besitz und zogen in die Millionenstadt Rio de Janeiro. Dort gingen wir auf Arbeitssuche. Wir hatten Glück, nach einigen Wochen bekam mein Vater eine Stelle als Hilfsarbeiter auf Großbaustellen, meine Mutter näht Tücher und verkauft sie auf dem Markt. Meine Geschwister und ich gehen betteln oder verdienen manchmal etwas als Tagelöhner. Die Arbeit ist hart und schlecht bezahlt. Für viele reicht das Geld nicht einmal zum Leben in einer Slumhütte."

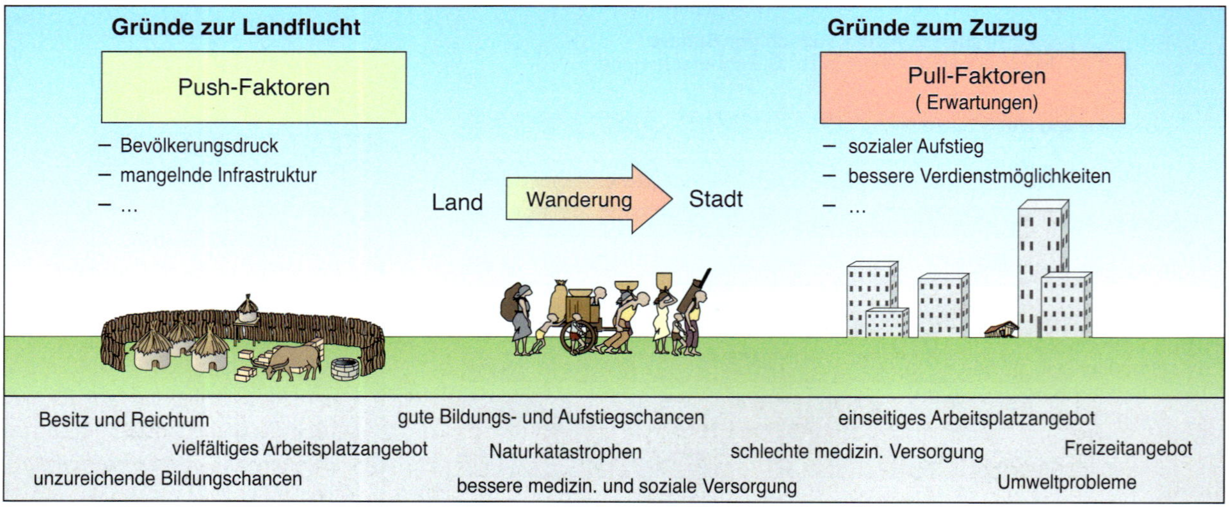

160.2 *Push- und Pull-Faktoren in Entwicklungsländern (engl.: push = drücken, pull = ziehen)*

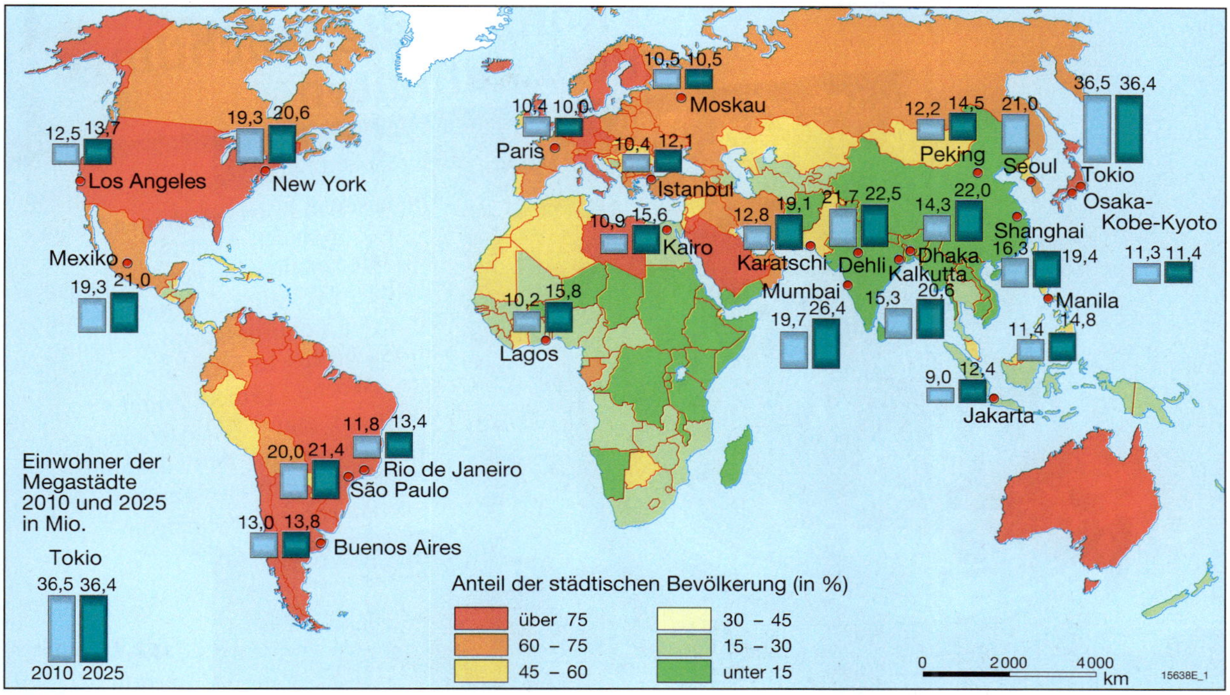

161.1 *Megastädte*

Da es völlig unmöglich ist, für die zahllosen Zuzügler vom Land in der Stadt Wohnungen und Arbeitsplätze zu schaffen, entstehen an den Stadträndern ständig wachsende Elends- und Hüttenviertel, die als Slums oder Favelas bezeichnet werden.

Dort gibt es oft jahrelang keine Wasser- und Stromversorgung, Abwasser- und Müllbeseitigung, befestigte Straßen, Einkaufsmöglichkeiten usw. Der Alltag der Menschen ist erschütternd: Die Eltern sind meist arbeitslos, verfallen oftmals dem Alkohol, haben kein Geld, können ihre Familie nicht ernähren. Die Kinder laufen fort, leben in Parks, unter Brücken und auf Müllkippen und organisieren sich ihren Lebensunterhalt selbst. Die Zahl dieser „Straßenkinder" wird weltweit auf über 50 Millionen geschätzt, und sie wird zunehmend höher.

Der Zuwanderungsstrom reißt aber nicht ab. Die Flüchtlinge erhoffen sich in der Stadt bessere Lebensbedingungen. Oft bleibt ihnen gar keine andere Wahl, als ihre Heimat zu verlassen, da sie dort z. B. wegen ungerechter Landverteilung oder ökologischer Probleme keine Existenzmöglichkeit mehr haben.

161.2 *In einem Slum in Lima*

AUFGABEN >>

1 *Erstelle mithilfe der Karte 161.1 und des Atlasses eine Tabelle der Megastädte der Erde: Stadt, Einwohnerzahl, Land, Kontinent.*

2 *Erläutere die in Abb. 160.2 dargestellten Push- und Pullfaktoren und versuche, weitere hinzuzufügen.*

3 *Nenne typische Merkmale von Elendsvierteln und vergleiche die Hoffnungen der Zuwanderer (Pullfaktoren) mit der Wirklichkeit in den Städten.*

4 *Wie könnte nach deiner Meinung einer weiteren Verstädterung vorgebeugt werden?*

Patrouillen können die Flüchtlinge nicht aufhalten

Von unserem Korrespondenten Ralph Schuler, Madrid:
Trotz der Verstärkung der Patrouillen vor der Westafrikanischen Küste reißt der Flüchtlingsstrom Richtung Kanarische Inseln nicht ab. Anfang dieser Woche kamen binnen 24 Stunden insgesamt 733 Afrikaner in elf Holzbooten auf den zu Spanien gehörenden Urlaubsinseln an – so viel wie noch nie an einem einzigen Tag.

162.1 *Zeitungsbericht*

Menschen verlassen ihre Heimat

In den letzten Jahren versuchen immer mehr Menschen, aus Afrika nach Europa zu gelangen, weil sie sich hier ein besseres Leben erhoffen. Sie wollen in Spanien, Frankreich oder Deutschland arbeiten und mit ihrem Verdienst ihre Familien in der Heimat ernähren.
Viele von ihnen versuchen, von Mauretanien mit dem Schiff auf die Kanarischen Inseln zu gelangen. Andere kommen direkt aus dem Senegal, Mali oder Gambia und treiben oft tagelang auf überfüllten und seeuntüchtigen Booten auf dem offenen Meer.

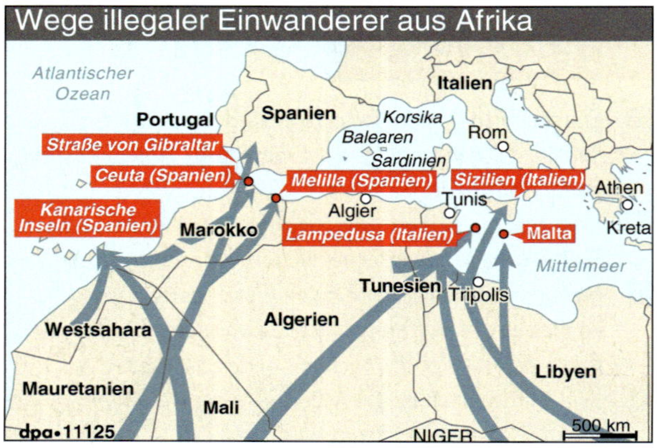

162.2 *Flüchtlingsrouten nach Europa*

So sieht das Leben in vielen Ländern Afrikas aus:
- Es fehlt an Schulbildung, Gesundheitsversorgung und Arbeitsplätzen für alle.
- Immer wieder gibt es politische Unruhen, Terror, Krieg und Unterdrückung.
- Die Bevölkerung wächst so schnell, dass nicht alle ernährt werden können. Es herrschen Mangel und Not.
- In vielen Staaten funktionieren die staatlichen Behörden nicht: Es gibt Korruption und eine hohe Verbrechensrate.
- Viele Familien sehen die einzige Existenzgrundlage darin, von Verwandten aus Europa unterstützt zu werden.

AUFGABEN >>

1 *Nenne Gründe, warum so viele Menschen aus Afrika flüchten.*
2 *Beschreibe die Gefahren, denen sich die Flüchtlinge aussetzen.*
3 *Beschreibe die Flüchtlingsrouten von Afrika nach Europa.*
4 *Wie kann dem Flüchtlingsproblem deiner Meinung nach begegnet werden?*

Meinungsbarometer

Migration eindämmen?

Was denkt ihr zu den folgenden Aussagen? Entscheidet euch bei jeder Aussage für eine Position:
3 bedeutet völlige Zustimmung,
–3 bedeutet völlige Ablehnung.

3 2 1 0 -1 -2 -3

163.1 *Was meinst du?*

(A)
Grenzen dicht!
Noch mehr Ausländer? Bloß nicht! Die bereits da sind, nehmen uns schon genug Arbeitsplätze weg und nutzen unser Sozialsystem aus. Sie wollen nichts arbeiten, aber alles haben. Außerdem passen sie sich nicht an. Wir haben selber genug Sorgen, die Sorgen der Ausländer gehen uns nichts an.

(B)
Deutschland ist ein Einwanderungsland, aber ...
... wir sollten klare Regeln aufstellen, wer zu uns darf und wer nicht. Andere Länder machen das auch: Wir brauchen Fachkräfte und Leute, die zu uns passen. Unqualifizierte haben wir selbst genug. Wir müssen das genau regeln: Zu viele Einwanderer verkraften wir nicht!

(C)
Deutschland muss helfen!
Wir sind ein reiches Land. In der Welt herrscht so viel Elend und Armut, da sollten wir möglichst vielen Menschen helfen. Müssten wir so leben wie die meisten Afrikaner, würden wir auch fliehen wollen. Wir sind verpflichtet, diese Menschen aufzunehmen.

(D)
Deutschland braucht Einwanderung!
Ohne Einwanderer aus anderen Ländern kann unser Land nicht bestehen. Hier werden viel zu wenig Kinder geboren! Wenn nicht Leute von außen zuwandern, werden wir in naher Zukunft Arbeitskräftemangel haben und unsere Renten nicht mehr zahlen können!

(E)
Landflucht verhindern!
Bei dem Kauf landwirtschaftlicher Produkte können wir darauf achten, dass die Erzeuger in den Entwicklungsländern unterstützt werden und nicht die großen Handelsketten. Verbraucherinformationen können uns dabei weiterhelfen.

(F)
Aufklärung tut not!
Nicht nur bei uns, sondern auch in den Entwicklungsländern. Viele erwarten hier das Paradies. Dabei können sie nur ihre Lebensverhältnisse verbessern, wenn sie die Ursachen der Verarmung in ihren eigenen Ländern bekämpfen.

(G)
Entwicklungshilfe stärkt die Entwicklungsländer!
Durch eine gezielte Entwicklungshilfe werden die Lebensbedingungen in den Entwicklungsländern verbessert. Maschinen und Industrien erleichtern die Arbeit. Die Familien brauchen dann nicht mehr so viel Kinder, um sich zu versorgen.

(H)
Flüchtlinge brauchen Arbeit!
Wir sollten Flüchtlingen schneller die Möglichkeit zur Arbeit geben. Dann fühlen sie sich bei uns wohl und werden nicht kriminell. Außerdem gibt es bei uns viele Arbeiten, die wir nicht machen wollen. Viele Flüchtlinge wären aber froh, wenn sie sich mit dieser Arbeit etwas Geld verdienen könnten.

AUFGABE >>>

Welche Meinungen empfindet ihr als gegenteilig? Ist euch eure persönliche Beurteilung leichtgefallen? Vergleicht die Ergebnisse: Welche Position hat in der Klasse die deutlichste Zustimmung, welche die deutlichste Ablehnung?

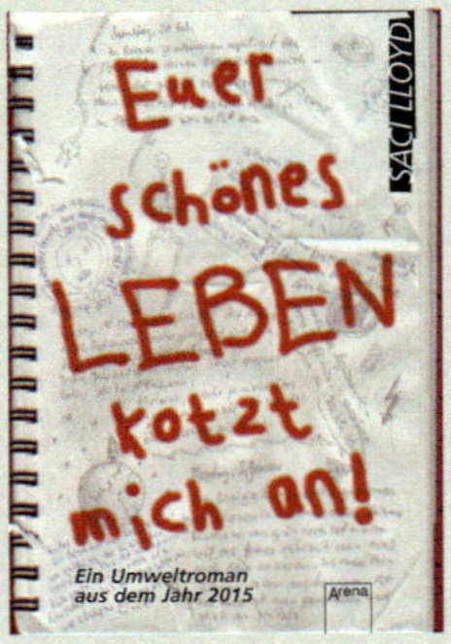

„Diese Reduzierung auf 60 % schießt wirklich übers Ziel hinaus. Eigentlich hätten wir diese Marke erst 2030 erreichen sollen, aber seit dem großen Sturm ist alles anders und die Probleme sind größer geworden.
Und trotzdem: Warum ist England als Erstes betroffen? Ich weiß, dass wir am meisten unter dem Sturm gelitten haben – es war eine echte Katastrophe, Häuser wurden buchstäblich vom Erdboden weggeweht. Tausende von Menschen waren den ganzen Winter über obdachlos, einen Monat lang gab es kein Benzin. Ich glaube, damals hat es wirklich etwas bei den Leuten bewirkt. Als ob jeder gesagt hätte: Es reicht. Stopp jetzt. [...]

Die Energiekarten sind angekommen ...
Auf der einen Seite haben sie diese kleinen Quadrate von Grün nach Rot und im Laufe des Jahres verbraucht man eins nach dem anderen, bis man bei dem letzten roten angekommen ist, und dann ist man ganz allein und weint im Dunklen. Kim [meine Schwester] will ihre Karte nicht auspacken, sie sagt, dass ihre ganze Jugend weg ist, sobald sie sie anfasst."

(nach: Saci Lloyd „Euer schönes Leben kotzt mich an!", übersetzt: Barbara Abedi, Arena, 2009)

In Saci Lloyds Umwelt-Roman „Euer schönes Leben kotzt mich an!" muss die 15-jährige Laura ihre ganz persönlichen Strategien entwickeln, um mit dem Klimawandel und dessen Folgen umzugehen. Neben den direkten Folgen hat vor allem die Rationierung des persönlichen CO_2-Verbrauchs große Auswirkungen auf das Leben des Teenagers.

Eine Chance für das Weltklima?

Die zunehmende Erwärmung der Atmosphäre kann zu einer Klimakatastrophe führen und damit die Lebensgrundlage zukünftiger Generationen zerstören. Deshalb strebt seit mehr als 30 Jahren die Staatengemeinschaft der Welt auf sogenannten Klimagipfeln an, den Ausstoß der schädlichen Treibhausgase weltweit zu verringern. So verpflichteten sich die Industrieländer unter anderem, den weltweiten Ausstoß klimaschädlicher Treibhausgase bis 2012 im Vergleich zu 1990 um 5,2 % zu reduzieren. Das ging jedoch nicht ohne Konflikte, denn etliche Staaten sahen ihre nationalen Interessen durch das Abkommen gefährdet. Daher dauerte es rund sieben Jahre, bis das sogenannte Kyoto-Protokoll Anfang 2005 in Kraft trat. Von den Industrieländern ist bisher (2010) lediglich die USA kein verbindliches Mitglied und somit auch keine Verpflichtung zur Reduzierung eingegangen. Auf weiteren Treffen waren sich die Teilnehmer einig, den begonnenen Prozess fortzuführen.

***164.1** Karikatur*

Für Deutschland ist im Kyoto-Protokoll eine Reduzierung der Treibhausgase um 21 % festgelegt. Diese Vorgabe wurde mittlerweile erfüllt.
Zahlreiche staatliche Förderprogramme sollen dafür sorgen, dass die Emissionen (Schadstoffausstoß) weiter sinken. Dies sind z. B.:
- Bauförderung von Energie sparenden Gebäuden
- Sanierung von Altbauten zur Energieeinsparung
- Ausbau der Energieversorgung durch regenerative Energien (z. B. Fotovoltaik, Solarthermie)

***165.1** Szene am Klimaaktionstag am 5. Dezember 2009 in Berlin: Während die Staats- und Regierungschefs reden und reden, steigt im Aquarium der Wasserspiegel – den Politikern bis zum Hals.*

AUFGABEN >>

1 *Welche Auswirkungen hat die Einführung der Energiekarten auf das Leben von Laura und ihrer Schwester?*

2 *Erfinde ein eigenes Ende für „Euer schönes Leben kotzt mich an".*

3 *Beschreibe, was die Umweltaktivisten mit ihrer Aktion vom 5. Dez. 2009 verdeutlichen wollen (Abb. 165.1).*

4 *Erläutere, warum eine globale Reduzierung der CO_2-Emissionen ohne die Mitwirkung von Ländern wie die USA, China oder Indien nicht zu erreichen ist.*

5 *Welche Möglichkeiten hat jeder einzelne, CO_2 einzusparen?*

6 *Erläutere die Funktionsweise des Emissionshandels.*

Z Emissionshandel: Ein Beitrag zum Klimaschutz?

Als Emissionen bezeichnet man feste und gasförmige Stoffe, die an die Umwelt abgegeben werden und diese verschmutzen. Hauptverursacher von Emissionen sind Industriebetriebe, Verkehr und Haushalte. Im engeren Sinne wird das Wort Emissionen auf die gasförmigen Stoffe bezogen, die den Treibhauseffekt verursachen, dies sind in erster Linie Kohlendioxid (CO_2) und Methan (CH_4), ferner Distickstoffoxid (N_2O_5), Schwefelhexafluorid sowie zwei weitere Gruppen von Kohlenwasserstoffen.

Wie kann man mit Abgasen handeln?

Das Prinzip ist einfach: Jedes betroffene Unternehmen erhält von der jeweiligen Regierung Zertifikate, die festlegen, wie viel CO_2 jährlich in die Luft abgegeben werden darf. Firmen, die durch umweltfreundliche Technologien CO_2 einsparen, können ihre Zertifikate verkaufen, „Umweltsünder" müssen sich dagegen weitere Verschmutzungsrechte kaufen.

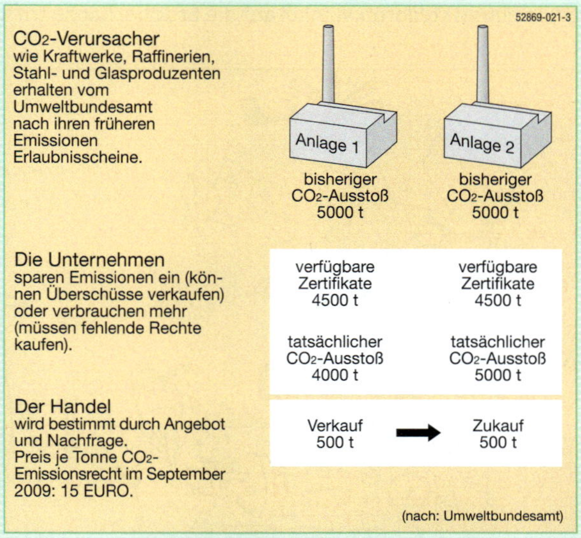

***165.2** So funktioniert der Emissionshandel*

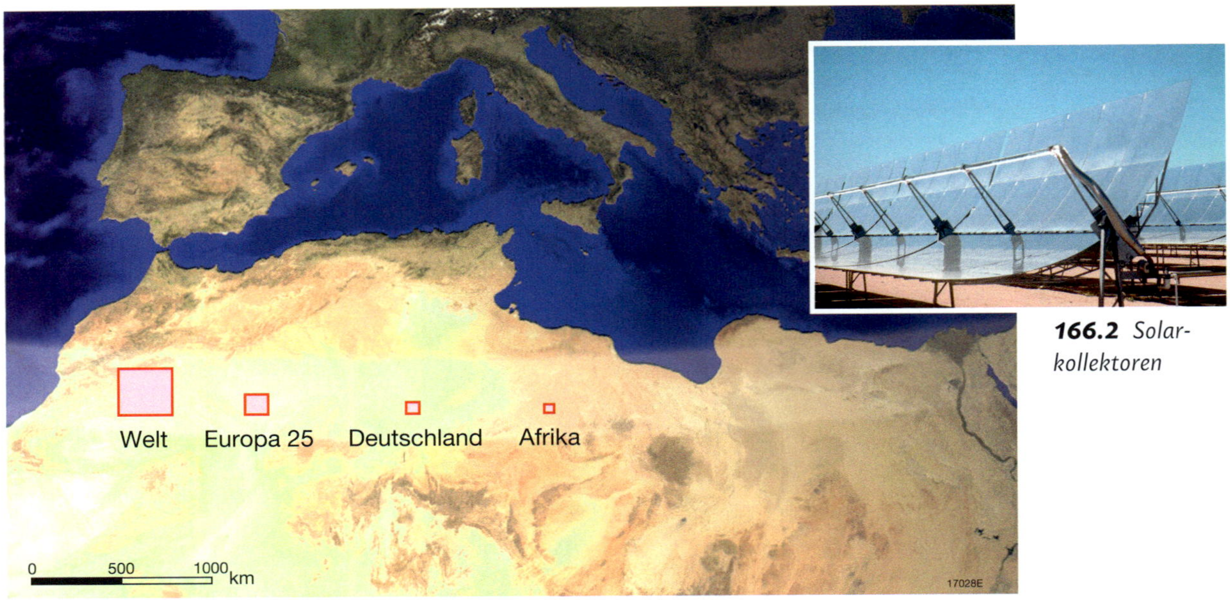

166.2 *Solarkollektoren*

166.1 *Flächenbedarf zur Stromerzeugung in der Sahara*

Energie der Zukunft – Leben in der Zukunft

Die weltweiten Energievorräte werden immer knapper. Das gilt insbesondere für fossile Energierohstoffe. Deshalb werden verschiedene Modelle entwickelt, wie Menschen zukünftig Energiequellen nutzen können.
Strom aus der Wüste ist ein Beispiel dafür, wie die Energiegewinnung der Zukunft aussehen könnte. Die Sonnenenergie, die täglich auf die Erde trifft, ist 10 000-mal so hoch wie der weltweite Energiebedarf. In der Sahara scheint die Sonne fast das ganze Jahr ohne Beeinträchtigung durch Witterungseinflüsse. Die Ausbeute der Sonnenenergie ist höher als bei uns, da die Sonne dort in einem steileren Winkel auf die Erdoberfläche trifft. Da die Sahara auch weitgehend unbesiedelt ist, könnten hier Solarkraftwerke gebaut werden, die Deutschland und ganz Europa mit Strom versorgen. Der Bau und Betrieb dieser Kraftwerke sowie der Stromexport in andere Länder könnte für die Saharastaaten eine Einnahmequelle der Zukunft sein.
Dies ist nur eine Möglichkeit von vielen, die zukünftige Energieversorgung der Menschheit zu sichern ...

166.3 *Karikatur*

AUFGABEN >>

1 *Die Sahara eignet sich besonders als Standort für Solarkraftwerke. Begründe.*

2 *Werte die Karikatur 166.3 aus.*

3 *Die Verwirklichung des Saharaprojekts birgt zahlreiche Schwierigkeiten. Erkläre.*

Ein Haus als Selbstversorger

Bereits 2050, so schätzen Experten, werden zwei Drittel der Menschen in Städten wohnen. In New York plant ein Architekt ein 600 Meter hohes Haus, die „Libelle", zu errichten. Dort sollen die Menschen nicht nur wohnen und arbeiten, sondern sich auch selbst mit Energie und landwirtschaftlichen Produkten versorgen.

Rucksack als Energieträger

Den MP3-Player oder das Handy unterwegs aufladen, das ist schon heute möglich und keine Zukunftsmusik. Zwei Stunden unter optimalen Bedingungen reichen aus, um den Akku eines Handys vollständig aufzuladen.

Automobil ohne Sprit?

1 Liter pro 100 Kilometer und eine Spitzengeschwindigkeit bis 130 km pro Stunde versprechen die Erfinder des Aptera. Alternativ dazu wird auch eine Version des Aptera als reines Elektroauto angeboten. Auch wenn noch kein Aptera mit der zukunftsträchtigen Wasserstoffzelle auf dem Markt ist, rechnen die Hersteller doch mit einem weltweiten Erfolg.

Üben und Wiederholen

Hunger in der Welt

Für den Hunger in weiten Teilen der Welt gibt es viele Ursachen. Einige davon stehen auf den Satzkärtchen (Abb. 168.1).

1. Zeichne die Tabelle Abb. 168.2 ab.
2. Ergänze die Tabelle mit den Satzteilen der Kärtchen.

wenig entwickelte Landwirtschaft	Konsumverhalten, z. B. hoher Fleischverbrauch	begrenzte Bodenfläche auf der Erde	bestimmen die Welthandelspreise
Konflikte und Kriege	Einflussnahme auf die Wirtschaft der Entwicklungsländer (Terms of Trade)	Verlust von Ackerflächen, z. B. durch Ausbreitung der Wüsten oder Erosion	einseitiger Anbau von Exportprodukten in Plantagen

168.1 *Satzkärtchen*

Ursachen für den Hunger in der Welt		
allgemein	... in den Entwicklungsländern	... in den Industrieländern
– Bevölkerungszuwachs auf der Erde (hohes Wachstum in den Entwicklungsländern) –	– ungünstige Naturbedingungen (Klima, Boden, Naturkatastrophen) –	– unangepasste Entwicklungshilfe – – –

168.2 *Tabelle*

Die Welt hat viele Gesichter

a) Die Fotos zeigen Inhalte, die du in diesem Kapitel bearbeitet hast. Erläutere die Fotos A bis D. Finde eine passende Überschrift und schildere den dargestellten Sachverhalt.

b) Werte die Karikatur aus.

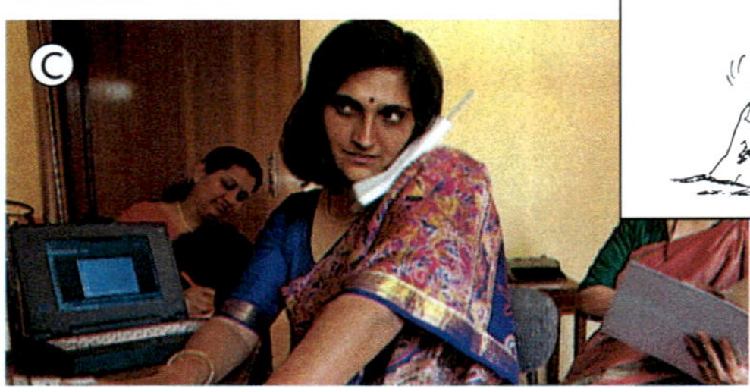

Die Entstehung eines Teufelskreislaufs

Auf den vorangegangenen Seiten habt ihr viel über die Lebenssituation in den Entwicklungsländern Afrikas erfahren. Ihr habt Faktoren kennengelernt, die die Entwicklung eines Landes hemmen und die Menschen oft in einer schlechten Lebenssituation gefangen halten. Sie bewegen sich in einem Teufelskreis, aus dem es ohne Hilfe von außen kein Entrinnen zu geben scheint.

Ein einfaches Beispiel für einen Teufelskreis kennt ihr: Mit wenig Motivation und Einsatz absolviert ihr eine Prüfung; die Folge davon ist => eine schlechte Note; das Ergebnis davon ist => eure Motivation nimmt noch mehr ab; die Folge davon ist => ...

Erstellt nun einen eigenen Teufelskreislauf. Übertragt Abb. 169.1 vergrößert ins Heft. Fügt folgende Stichwörter zu einem Teufelskreis zusammen:

Kapitalmangel/geringe Investitionen – fehlende Kaufkraft – wenige Arbeitsplätze – geringes Einkommen

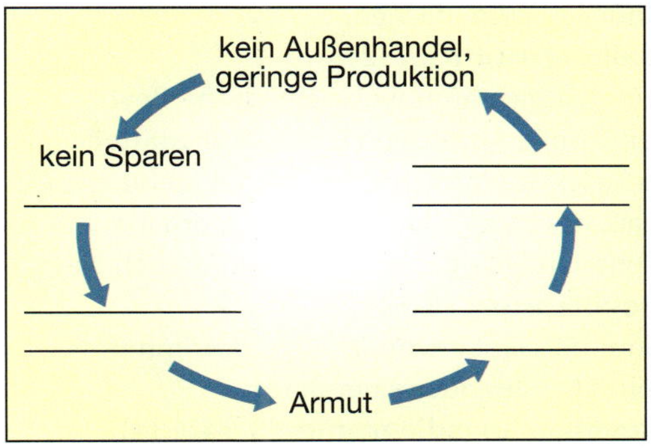

169.1 *Satzkärtchen*

Nachhaltigkeit

Erläutere, warum eine nachhaltige Entwicklung für die Menschen so wichtig ist.

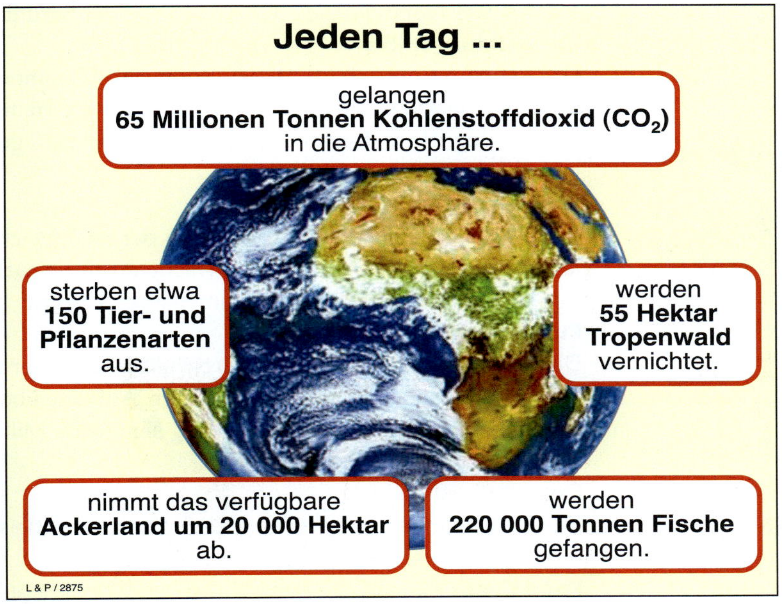

169.2 *Tägliche Belastungen der Erde*

Nachhaltigkeit

Erkläre das Sprichwort zum Thema Entwicklungshilfe (Abb. 169.3).

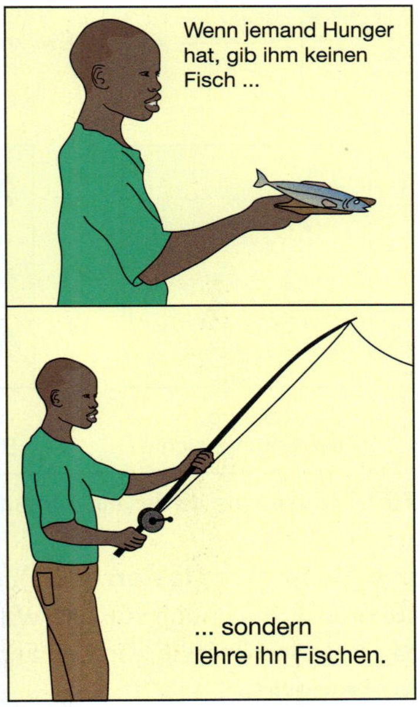

169.3 *Leitidee vieler Hilfsprojekte*

Grundbegriffe

- Bevölkerungsentwicklung
- Entwicklungsland
- Entwicklungszusammenarbeit
- Human Development Index (HDI)
- Landflucht
- Megastadt
- Nord-Süd-Gegensatz
- Push-/Pullfaktoren
- Schwellenland
- Slum
- Terms of Trade
- Verstädterung

AESAN (S. 110)
Zusammenschluss von asiatischen Ländern zu einem Wirtschaftsbündnis, mit dem Ziel den Handel untereinander zu vereinfachen.

Ballungsraum (S. 32)
Ein Ballungsraum weist eine hohe Bevölkerungsdichte, eine große Anzahl von Produktionsstätten und eine hoch entwickelte Infrastruktur auf. Entstehungsursache eines Ballungsraumes kann z. B. das Vorhandensein von Bodenschätzen oder eine günstige Verkehrslage sein.

Bevölkerung (S. 134)
Summe aller Einwohner eines bestimmten Gebietes, z. B. eines Landes oder einer Stadt.

Bevölkerungsdiagramm (S. 94, 134)
Darstellung der Altersstruktur einer → Bevölkerung.

Bevölkerungsdichte (S. 134)
Durchschnittliche Zahl der Einwohner eines Gebietes pro Flächeneinheit, meistens pro Quadratkilometer (Abkürzung: Ew/km²).

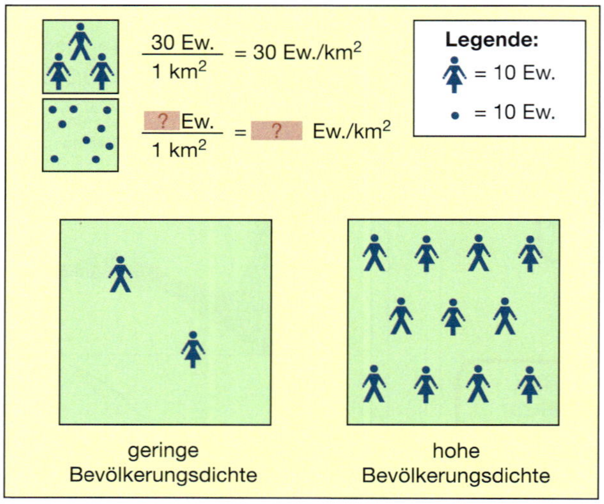

170.1 *Berechnung der Bevölkerungsdichte*

Bevölkerungsexplosion (S. 95)
Bildhafte Bezeichnung für das Wachstum der Weltbevölkerung, insbesondere in den Entwicklungsländern.

Binnenmarkt (S. 41)
Gebiet, in dem sich das wirtschaftliche Geschehen nach weitgehend einheitlichen Regelungen, Gesetzen und Bedingungen abspielt.

Bruttoinlandsprodukt (BIP) (S. 44, 45)
Wert sämtlicher Güter (Waren und Dienstleistungen), die während eines Jahres innerhalb eines Landes von In- und Ausländern produziert werden. Das BIP pro Kopf benutzt man zum weltweiten Vergleich des Wohlstandes der Staaten.

Bruttonationaleinkommen (BNE) (S. 63, 71,81, 91,)
Gesamtwert aller Waren und Dienstleistungen, die von den ständigen Bewohnern eines Staates in einem Jahr produziert werden (im In- und Ausland); wurde früher auch Bruttosozialprodukt (BSP) genannt.

Cash Crops (S. 142)
Englischer Begriff für agrarische Produkte, die – meist in Entwicklungsländern – nicht zur Ernährung der Bauern angebaut werden, sondern überwiegend für den Export bestimmt sind. Sie werden meist großflächig auf Plantagen angebaut, wie z. B. Kaffee, Erdnüsse oder Baumwolle.

Disparitäten (S. 45)
Bezeichnet große regionale Unterschiede und Ungleichheiten eines definierten Gebietes.

Entwicklungsland (S. 137)
Entwicklungsländer sind Staaten, die gegenüber → Industrieländern wirtschaftlich weniger entwickelt sind. Merkmale sind u. a. unzureichende Nahrungsmittelversorgung, geringer Ausbildungsstand, niedrige Einkommen, schlechte ärztliche Versorgung, ungleiche Verteilung des Reichtums, hohes Bevölkerungswachstum. Der Begriff ist heute umstritten, da die Einteilung der Länder auf den Wertvorstellungen der Industrieländer beruht.

Entwicklungshilfe (S. 152)
Unterstützung wirtschaftlich gering entwickelter Länder durch wohlhabende Staaten und Organisationen. Heute ist der Begriff →„Entwicklungszusammenarbeit" gebräuchlicher.

Entwicklungszusammenarbeit
Neuerer Begriff für die Unterstützung der → Entwicklungsländer, der betont, dass es sich nicht um eine einseitige Hilfe, sondern um eine Zusammenarbeit handelt.

Europäische Union (EU) (S. 40)
Die EU ist ein politischer und wirtschaftlicher Zusammenschluss von 27 europäischen Staaten. Auf dem über 4 Mio. km² großen Gebiet leben rund eine halbe Milliarde Menschen.

Export (S. 108)
Der Export umfasst die Ausfuhr aller Waren, Dienstleistungen und Rohstoffe ins Ausland.

Food Crops (S. 142)
Grundnahrungsmittel, die überwiegend für die Ernährung der einheimischen Bevölkerung genutzt werden.

Geburtenrate (S. 134)
Zahl der Geburten pro 1000 Einwohner innerhalb eines bestimmten Zeitraumes. Die Geburtenrate hängt von verschiedenen Faktoren wie Heiratsalter, Altersversorgung und Familienplanungsprogrammen ab. Sie ist eine wichtige Größe bei der Prognose von Bevölkerungsentwicklungen.

Geografisches Informationssystem (GIS) (S. 148)
Softwareprodukte, die raumbezogene Daten verarbeiten können. Zum Beispiel können Daten zu Jahresniederschlägen einer Region als Karte dargestellt werden. Auch eine Kombination verschiedener Daten wie Jahresniederschlag und landwirtschaftliche Anbauprodukte und ihre kartenmäßige Darstellung ist möglich.

Globalisierung (S. 106)
Die weltweite Zunahme von wirtschaftlichen Verflechtungen, die durch technische Fortschritte (z. B. Flugzeuge, Internet) und durch die Öffnung von Grenzen ermöglicht wurden.

Global Player (S. 112)
Weltweit tätige und verflochtene Unternehmen mit großer Wirtschaftsmacht und Einfluss.

Grüne Revolution (S. 96)
Die Grüne Revolution bezeichnet die enorme Steigerung der landwirtschaftlichen Produktion in der Dritten Welt durch den Einsatz von besserem Saatgut, Dünge- und Schädlingsbekämpfungsmitteln sowie der Anwendung von Hochertragssorten (v. a. Reis, Mais und Weizen).

Hightech-Branche (S. 27)
Umfasst Betriebe der neuen Technologien, wie zum Beispiel Computer- oder Biotechnologie sowie Nachrichtentechnik, in denen Spitzentechnologie des neuesten Forschungsstandes und neu entwickelte Verfahren und Materialien eingesetzt werden. Merkmale sind meist ein geringerer Bedarf an Arbeitskräften verbunden mit hohem Kapitaleinsatz.

Human Development Index (HDI) (S. 147)
Index der menschlichen Entwicklung. Der HDI ist eine Maßzahl, mit der man den Entwicklungsstand einer Gesellschaft oder eines Landes anzeigt: Er besteht aus drei Bestandteilen: dem → Bruttoinlandsprodukt, also der Summe aller Einkommen in einem Land, der durchschnittlichen Lebenserwartung und dem Anteil der Analphabeten in einem Land.

Import (S. 108, 116)
Der Import ist wie der Export ein Teil des Außenhandels eines Landes und bezeichnet die Einfuhr von Waren, aber auch Dienstleistungen und Kapital aus dem Ausland.

Industrieland (S. 136)
Als Industrieland werden hoch entwickelte Staaten bezeichnet, deren Bevölkerung überwiegend in der Industrie, im verarbeitenden Gewerbe, im Handel oder Dienstleistungsbereich tätig ist. Das Pro-Kopf-Einkommen liegt im Industrieland meist über 15 000 US-$ im Jahr.

Industrieraum (S. 10)
Dicht besiedeltes Gebiet mit einer hohen Konzentration von Industriebetrieben.

Kinderarbeit (S. 154)
Aufgrund der Umstände in vielen Entwicklungsländern ist es üblich, dass dort Kinder unter 14 Jahren bereits arbeiten, um den Lebensunterhalt der Familie zu sichern. Sie erledigen Aufgaben unter den widrigsten Bedingungen und erhalten nur einen sehr geringen Lohn.

Kolonie (S. 142)
Landbesitz eines Staates, der außerhalb des eigenen Landes und meist in Übersee liegt. Politisch und wirtschaftlich ist die Kolonie vom Mutterland abhängig. Meist werden hier Nutzpflanzen angebaut und Bodenschätze ausgebeutet. Im letzten Jahrhundert wurden fast alle Kolonien unabhängig.

Kreisdiagramm (S. 20)
Diagramm, das zur Darstellung von Anteilen verwendet wird. Der ganze Kreis stellt 100 % einer bestimmten Gesamtmenge dar. Die Kreissegmente zeigen Prozentverhältnisse, die sich schnell gut abschätzen lassen.

Kurvendiagramm (S. 20)
Zur Veranschaulichung von Daten werden in diesem Diagramm eine oder mehrere Linien gezogen, welche die Datenpunkte verbinden. Mit dieser Diagrammform lassen sich besonders gut zeitliche Entwicklungen darstellen.

Landflucht (S. 160)
Unter Landflucht versteht man die aufgrund von Push- und Pull-Faktoren ausgelösten Abwanderungen vom Land in die Stadt. Die Landflucht bringt ein ungeheures Wachstum der Städte mit sich. Da die Stadt nicht über genügend Arbeitsplätze und Wohnflächen verfügt, kommt es oftmals zur Bildung von → Slums.

Megastadt (S. 161)
Nach Definition der UN eine Stadt mit mehr als zehn Millionen Einwohnern im Ballungsraum.

171.1 *Megastadt Los Angeles*

Metropolregion (S. 32)
Städtischer Verdichtungsraum, der ein oder mehrere Kernstädte, Vorortgemeinden und ihren Pendlereinzugsbereich umfasst.

Migration (S. 163)
Bezeichnet eine Wanderungsbewegungen von Menschen, die mit einem längerfristigen Wohnortwechsel verbunden ist. Formen der Migration sind die Emigration (Auswanderung) und die Immigration (Einwanderung).
Monostruktur (S. 24)
Eine Monostruktur liegt vor, wenn die Wirtschaftsstruktur in einem bestimmten Gebiet fast ausschließlich von einem einzigen Wirtschafts- oder Industriezweig beherrscht wird. Die dadurch verursachten Abhängigkeiten können zu wirtschaftlichen Krisenzeiten dieser Branche und zu schweren Problemen in der Region führen.
Monsun (S. 98)
Beständig wehender Wind, der im jahreszeitlichen Wechsel seine Richtung ändert. Er weht im Sommer vom Meer zum Land (aus Südwest), im Winter vom Land zum Meer (aus Nordost). Der Monsun kommt vor allem im Gebiet des Indischen Ozeans vor. Er wird im Sommer insbesondere in Indien und Indonesien in der Regel von schweren Regenfällen begleitet.
Nachhaltigkeit (S. 153, 165)
Grundsatz, die wirtschaftliche Entwicklung so zu beeinflussen, dass nicht mehr an Rohstoffen und Lebensgrundlagen verbraucht wird, wie erneuert werden kann.
NAFTA (S. 110)
Freihandelsabkommen zwischen Kanada, den USA und Mexiko, das diese Länder zu einer der größten Freihandelszone der Welt macht.
Ökologischer Fußabdruck (S. 164)
Messgröße, die den Verbrauch an natürlichen Ressourcen einer Person oder einer Volkswirtschaft veranschaulicht und vergleichbar darstellt.
Ölsande (S. 120)
Gemisch aus Sand, Bitumen und Lehm. Es eignet sich zur Herstellung von Erdöl.
OPEC (S. 118)
Organisation Erdöl exportierender Länder mit Sitz in Wien. Die OPEC-Staaten verfügen über drei Viertel der weltweiten Erdölreserven.
Primärer Sektor (S. 19)
Wirtschaftssektor der Urerzeugung. Er umfasst die Gewinnung von Rohstoffen in der Land- und Forstwirtschaft, der Fischerei, der Jagd und im Bergbau.
Push- und Pull-Faktoren (S. 160)
Push-Faktoren sind diejenigen Faktoren, die große Teile der meist ländlichen Bevölkerung dazu veranlassen, in die Städte abzuwandern. Die Motive liegen in den unzureichenden Lebensbedingungen auf dem Land begründet (Hunger, Arbeitslosigkeit ...). Wie die Push-Faktoren beeinflussen auch die Pull-Faktoren das Wanderungsverhalten der Bevölkerung. Die Motive gehen jedoch nicht vom Land aus, sondern sind in den attraktiver erscheinenden Lebensbedingungen im Zielgebiet (Stadt) zu suchen. Dort erhoffen sich die Menschen z. B. die Erhöhung ihres Lebensstandards oder ein größeres Arbeitsplatzangebot. Push- und Pull-Faktoren wirken oft gleichzeitig.
Ressourcen (S. 164)
Sammelbegriff für Grundlagen des Lebens. Dies sind → Rohstoffe (z. B. Erze, Erdöl, Holz), Naturgüter (Wasser, Boden, Luft) und geistige Güter (Wissen, Ideen). Unter dem Aspekt der Endlichkeit einzelner Ressourcen wird in erneuerbare (Wasserkraft, Solarenergie, Holz) und endliche (Rohstoffe) unterschieden. Eine begrenzte Fähigkeit zur Regeneration besitzen Boden, Wasser und Luft.
Rohstoff (S. 125)
Als Rohstoff bezeichnet man die unverarbeiteten → Ressourcen aus der Natur. Mit der Weiterverarbeitung werden Rohstoffe nutzbar gemacht. Rohstoffe, die in der Erde liegen und durch Tage- oder Untertagebau abgebaut werden, nennt man Bodenschätze (zum Beispiel Erze, Kohle, Erdöl, Steine).
Säulendiagramm (S. 21)
Diagramm, das sich insbesondere zur Darstellung von Rangfolgen oder Größenvergleichen verwenden lässt. Es besteht aus mehreren gleich breiten Säulen, die nebeneinander angeordnet sind. Die Säulenhöhe entspricht den absoluten Zahlen.
Schwellenländer (S. 147)
Ein Schwellenland ist ein → Entwicklungsland, das an der Schwelle zur Industrialisierung steht. Die Weltbank definiert diejenigen Länder als Schwellenland, deren Bruttonationaleinkommen mehr als 500 US-$ pro Person und Jahr beträgt. Zu den Schwellenländern zählen beispielsweise Brasilien, Südafrika, Indien oder China.
Sekundärer Sektor (S. 19)
Wirtschaftssektor der Weiterverarbeitung. Er umfasst alle be- und weiterverarbeitende Tätigkeiten im Handwerk oder der Industrie sowie die Energiegewinnung aus Wasser, Wind und Sonne.
Selbstversorgung (S. 150)
Bei der Selbstversorgung wird (fast) alles, was zum Leben benötigt wird, selbst hergestellt und nicht gekauft.
Slum (S. 161)
Elendsviertel in oder am Rande von Großstädten. Sie sind gekennzeichnet durch eine hohe Arbeitslosigkeit und Kriminalität, den Verfall sozialer Beziehungen, mangelnde Infrastruktur und schlechte Bausubstanz. In den Ländern der Dritten Welt sind sie meist Auffanggebiete für die städtischen Zuwanderer.

Standortfaktoren (S. 14)
Einflussgrößen, die bei der Auswahl eines Standortes für Unternehmen eine Rolle spielen. Aufgrund der Bewertung der Standortfaktoren fällt die Entscheidung über den Standort. Zu den Standortfaktoren zählen u. a. das Lohnniveau, das Angebot an Fachkräften oder die Nähe zum Absatzmarkt.

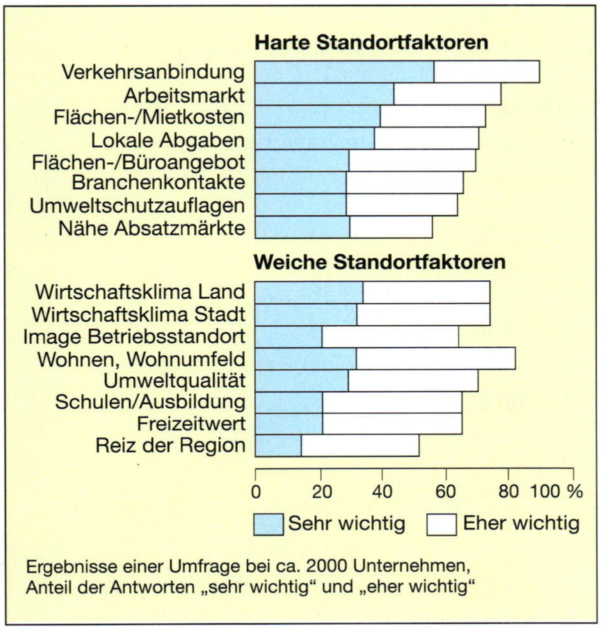

173.1 *Standortfaktoren*

Strukturfond (S. 45)
Zum Abbau regionaler Disparitäten bereitgestellte Fördermittel zur Unterstützung von Gebieten mit Entwicklungsrückstand oder besonderen Strukturproblemen. Als Leitlinie gilt die Schaffung von Wachstum und Arbeitsplätzen.

Strukturwandel (S. 22, 26)
Der Strukturwandel meint die Veränderung in der Struktur der Wirtschaft eines Landes oder einer Region. Der Wandel hängt von wirtschaftlichen Faktoren ab, kann aber auch durch gezielte politische Maßnahmen eingeleitet werden. In vielen Gesellschaften wurde ein Strukturwandel von einer bäuerlichen Gesellschaft zu einer Industrie- und Dienstleistungsgesellschaft vollzogen.

Subkontinent (S. 90)
Bezeichnung für einen Teilkontinent, z.B. der Indische Subkontinent.

Subventionen (S. 112)
Die finanzielle Unterstützung einzelner Betriebe oder ganzer Wirtschaftszweige seitens des Staates nennt man Subventionen. Diese können beispielsweise in Form von Krediten oder Steuervergünstigungen erfolgen und sollen die Leistungskraft der Empfänger erhöhen und deren Konkurrenzfähigkeit wiederherstellen.

Terms of Trade (S. 123, 143)
Geben an, wie viele Einheiten von Importgütern ein Land gegen den Austausch seiner Exporte erhält; z. B. wie viel ein → Entwicklungsland an Kaffee exportieren muss, um sich von den Exporterlösen neue Maschinen kaufen zu können. An den Terms of Trade lässt sich ablesen, ob ein Land aus dem Außenhandel Vorteile zieht. Für Entwicklungsländer werden diese Austauschverhältnisse immer ungünstiger, da die Preise für exportierte Rohstoffe sinken, während die Preise für Importe – vor allem für Industriegüter – steigen.

Tertiärer Sektor (S. 18)
Wirtschaftssektor der Dienstleisungen. Er umfasst alle dienstleistenden Tätigkeiten von Handel, Banken, Versicherungen, öffentlichen Diensten, freien Berufen (z.B. Ärzte, Schauspieler usw.), Verkehr, Gaststättengewerbe uvm., die sich nicht mit der Produktion von Gütern befassen.

Tourismus (S. 126)
Bezeichnung für einen längerfristigen Reiseverkehr, bei dem mindestens einmal übernachtet werden muss. Er stellt einen weltweit bedeutenden Wirtschaftszweig dar.

Verdichtungsraum (S. 9)
Größeres Gebiet, dass durch räumliche Konzentration von Wohn- und Arbeitsplätzen gekennzeichnet ist.

Verstädterung (S. 160)
Phänomen des Anwachsens der Stadtbevölkerung gegenüber der Landbevölkerung. Hauptursache ist Wanderung der ländlichen Bevölkerung in die Städte (Landflucht).

Wachstumsrate (S. 136)
Die Wachstumsrate beschreibt den natürlichen Bevölkerungszuwachs pro Jahr bezogen auf je 1000 Einwohner.

Welthandel (S. 108, 110, 122, 124)
Beinhaltet alle Importe und Exporte der Länder der Erde, d. h. den Austausch von Gütern und Dienstleistungen über die jeweiligen Staatsgrenzen hinweg.

Wirtschaftssektoren (S. 18)
Die Wirtschaftssektoren bilden den gesamten Produktionsbereich eines Landes. Zu ihm zählt der primäre Sektor (Land- und Forstwirtschaft, Fischerei und Bergbau), der sekundäre Sektor (weiterverarbeitendes Gewerbe und Industrie, z. B. eine Automobilfabrik) und der tertiäre Sektor (Dienstleistungen aller Art, z. B. Verkehr, Handel oder Bildungseinrichtungen).

Methodenüberblick

Die Bildbeschreibung (Band 1, S. 79)

Schritt 1:
Dem Bild einen Namen geben:
- *Ich nenne das Bild …*
- *Ich gebe dem Bild den Titel …*

Schritt 2:
Das Bild systematisch beschreiben:
- *Ich beschreibe das Bild von links nach rechts / von oben nach unten.*

Entscheide für jedes Bild neu, welche Vorgehensweise sinnvoll ist!

Schritt 3:
Warum betrachten wir das Bild im Erdkundeunterricht?
- *Wir schauen uns das Bild im Erdkundeunterricht an, weil …*
- *Das Bild wirft die Frage auf, …*

Die Klassenkarte (Band 1, S. 26)

Arbeitsschritte:
1. Plakat an die Wand hängen oder an der Tafel befestigen
2. Folie mit Klebestreifen auf OHP befestigen
3. OHP gerade vor das Plakat stellen und nicht mehr verschieben
4. mit dicken Filzstiften Umrisslinien der Karte auf eurem Plakat nachziehen
5. Inhalt in die Karte einfügen

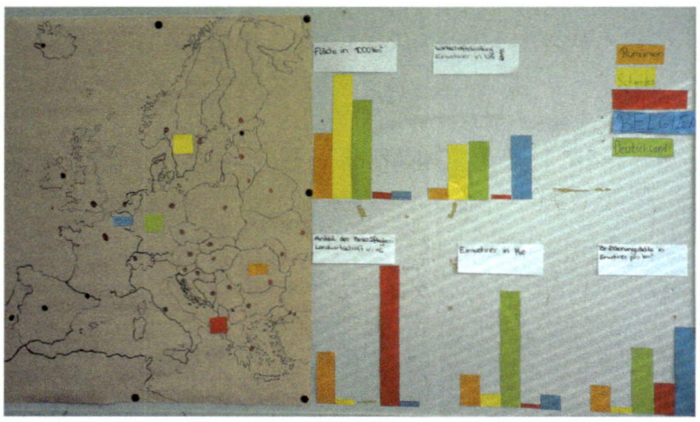

Die Kartenskizze (Band 1, S. 14)

Schritt 1:
Umriss des Gebiets vereinfacht zeichnen

Schritt 2:
Gebirge und Flüsse begradigt eintragen (Gebirge in „Wolkenform")

Schritt 3:
wichtige Städte einzeichnen

Schritt 4:
Legende erstellen und der Kartenskizze einen Namen geben

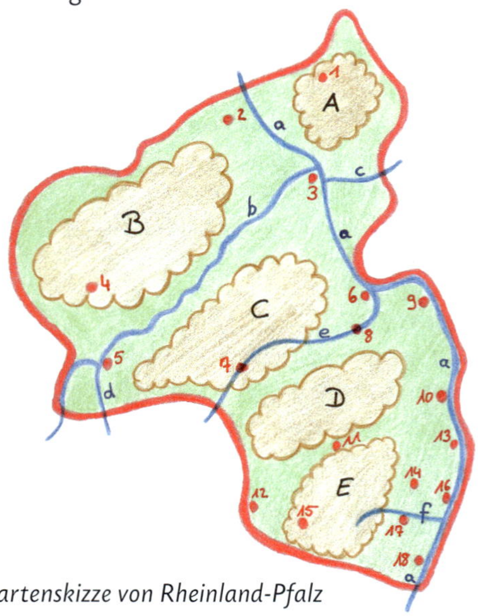

Kartenskizze von Rheinland-Pfalz

Vornehmen einer Bewertung

- Sachargumente gegenüberstellen
- Sachargumente auf den Wahrheitsgehalt hin überprüfen (<u>Beachte:</u> Nicht alle Fakten sind eindeutig zu beurteilen.)
- Argumente gewichten (<u>Beachte:</u> Eine Bewertung kann nur eine abwägende Beurteilung sein.)

Die Mindmap (Band 1, S. 198)

Schritt 1:
Schreibe in die Mitte eines leeren Papiers (Querformat!) das Thema der Mindmap. Verwende immer Großbuchstaben.

Schritt 2:
Finde zum Thema der Mindmap passende Unterpunkte.

Schritt 3:
Zu den Unterpunkten notierst du weitere Informationen. Verwende kleine Bilder und arbeite mit Farben.

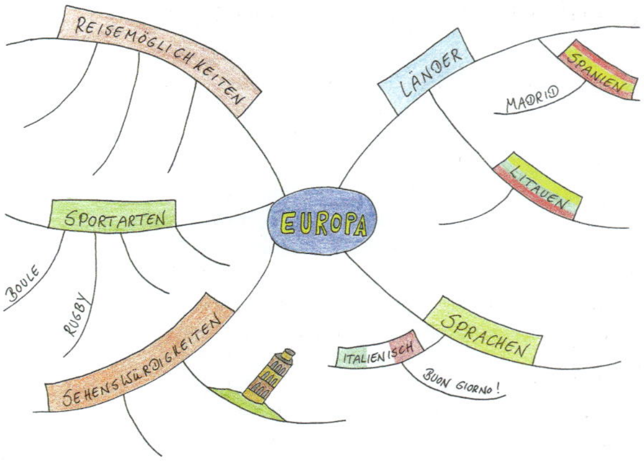

Mindmap zu „Europa"

Auswertung von Diagrammen

Schritt 1: Was ist dargestellt?
Zu jedem Diagramm gehört eine Überschrift. An ihr ist in der Regel zu erkennen, um welchen Sachverhalt es geht. Erfasse also zuerst das Thema und beschreibe, was dargestellt wird.
(*„Das vorliegende Diagramm zeigt ..."*)

Schritt 2: Welche Aussagen macht das Diagramm?
Beschreibe und erkläre das Diagramm. Betrachte die einzelnen Abschnitte des Diagramms und vergleiche sie miteinander.
(*„Das Diagramm zeigt, dass ..."*)

Schritt 3: Wie kann man die Aussagen erklären?
Fasse die zentralen Aussagen des Diagramms zusammen und stelle sie in einen Zusammenhang zum Gesamtthema (Interpretation der Ergebnisse).
(*„Das Diagramm verdeutlicht im Hinblick auf das Gesamtthema ..."*)

Karikatur (Band 2, S. 167)

Arbeitsschritte:
1. einen Titel für die Karikatur finden
2. die Karikatur beschreiben:
   - Was ist übertrieben dargestellt?
   - Sind bekannte Personen zu sehen?
3. Was kritisiert der Zeichner?
4. Welche Frage wirft die Karikatur auf?

Die Lagebeschreibung (Band 1, S. 22)

Mündliche Lagebeschreibung

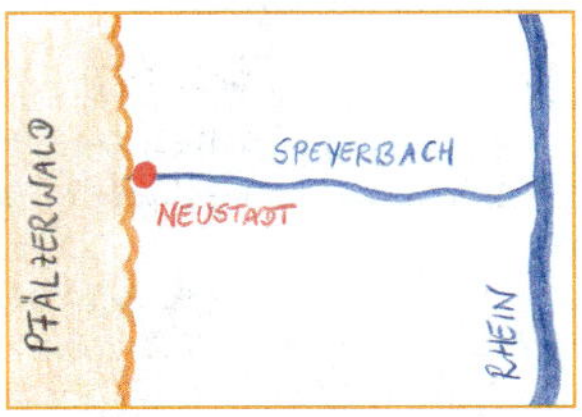

Skizze als Lagebeschreibung

Die Lagebeschreibung besteht aus vier bis fünf Lagebeziehungen.
- Verwende dabei die Himmelsrichtungen.
- Wähle möglichst bekannte Orte, Flüsse, Gebirge, Länder usw.

ABB Deutschland, Mannheim: 32.2 ABB; adpic Bildagentur, Bonn: 117 B (B. Leitner); AGCO GmbH, FENDT, Marktoberdorf: 23.3; agenda, Hamburg: 146.2 (Joerg Boethling); Airbus Deutschland, Hamburg: 39 u. Airbus; Airbus S.A.S., Blagnac: 42.4 (2008), 43.1, 43.2; alamy images, Oxfordshire: 57 li.u. (Kuttig), 62 li.u., 93.2 (Troika), 114.1 (Crandall/SCPhotos); aptera.com: 167 u.re.; Arena Verlag GmbH, Würzburg: 164 o. (aus: Saci Lloyd, Euer schönes Leben kotzt mich an, 2009); argus Fotoarchiv, Hamburg: 41.2 (Thomas Raupach); Arianespace: 70 re.o.; Artothek, Weilheim: 126.1 (Städel Museum); Associated Press, Frankfurt/Main: 60 o. (Kathy Willens), 88.2 (Xinhua), 101.2 (Sebastian John), 128.1 (Christian Aslund/Greenpeace), 160.1; Baaske Cartoons, Müllheim: 113.3 (Mester), 119.2 (Mester), 138.3 (Karl Gerd Striepecke); BASF, Mannheim: 32.2 BASF; BASF Bilddienst, Ludwigshafen: 10.2, 33.1; BASTEI LÜBBE GmbH & Co. KG, Köln: 121 o.li. (Andreas Eschbach, Ausgebrannt); Bauer, Möhrendorf: 88.1; Bildagentur Peter Widmann, Tutzing: 56 li.o.; Bilderberg, Hamburg: 46.2 (Klaus D. Francke), 99.1, 118.1 (Hans-Jürgen Burkard); BilderBox Bildagentur, Thening: 62 li.o.; Blickwinkel, Witten: 12.1 m., 56 re.o. (McPHOTO); BMW AG, München: 14.1, 15.1, 15.2 (Klindthworth), 168 u. B; BMZ, Berlin: 145.7; Braun, Thomas, Offenbach/Queich: 8.1, 8.2, 13.1, 13.3, 13.4, 29.3; Bruckmann Verlag GmbH, München: 54.1 (K. Liese); Bundesanstalt für Geowissenschaft und Rohstoffe (BGR), Hannover: 125.4; Busching, Maxdorf: 39.1, 49.4; Böning, Frank, Oerlinghausen: 144.4; Bütow, Heike, Chemnitz: 34.2, 70 re.u.; Bütow, M. , Kemnitz: 78 B; Caro Fotoagentur, Berlin: 144.6 (Trappe); CCC/www.c5.net, Pfaffenhofen: 55.1 (Horst Haitzinger), 58 u. (Gerhard Mester), 131.1 (Liebermann), 164.1 (Haitzinger), 168 u.m. (Marcus); CentrO Management GmbH, Oberhausen: 26.2; Christoph & Friends/Das Fotoarchiv, Essen: 61 u., 131 re. 1 (Ron Giling/Lineair), 168 u. D (Baumeister); Cichon, Bad Lippspringe: 174 u.; CLAAS KGaA mbh, Harsewinkel: 11.1 o., 22.1 re.u.; Corbis, Düsseldorf: 4 o. und 6/7 (Andrew Sacks), 46.3 (Gideon Mendel), 48.1 (Michael S. Yamashita), 68.1 (Bettmann), 78 A (Gambarini Mauricio), 90 li.o. (Boutin/zefa), 91 o. (Sherwin Crasto/Reuters), 118 u. (Lowell Georgia), 120.3 (Dan Lamont), 129.2 (Wolfgang Kaehler), 162.1 (Mimi Mollica), 171.1; Daimler AG, Stuttgart: 32.2 Daimler; ddp images, Hamburg: 131 re. 4 (Volkswagen); Deiseroth, Dieter, Niederaula: 31 Köpfe li.m., li.o., li.u., m.u., re.u., 114.4; Demmrich, André, Berlin: 90 li.u.; DER SPIEGEL, Hamburg: 108.1; Deutsche Welthungerhilfe e.V., Bonn: 65 re.u., 140.3; die bildstelle, Hamburg: 34.3 (Uwe Gerig); dieKLEINERT, München: 166.3 (Martin Guhl); Dietz, Joachim, Bad Bergzabern: 29.2, 31.2, 115.1; Dombrowski, Daniel/solar-rucksack.com, Hattingen: 167 u.li.; Eckinger, Vilshofen: 144.5; Eger, Eschborn: 140.4; Eisenmann, Orlando : 125.3; Englert, Freiburg: 27.3; F1online, Frankfurt/Main: 5 o. und 104/105 (Prisma); Fabian, Michael, Hannover: 18 m., 18 o., 18 u., 19 u.li., 64 li.o., 65 re.m.; Fairtrade Nederlands, Culemborg: 154.2; Feiler, Freiburg: 146.3; Focus, Hamburg: 48.3 (Scianna/Magnum), 97.2, 98.1, 123.1 (Reiner Klingholz); Ford-Werke GmbH, Köln: 66.1 Ford; Fotografie Schulzki, Köln: 82.2; fotolia.com, New York: 28.2 li. (Martina Misar), 28.2 m. (goce risteski), 28.2 re. (dudek), 111.4 (cpauschert); Frambach, Timo, Braunschweig: 62 re.o.; Gebel, Mönchengladbach: 76.2; Geißer, Helmut, Schweigen-Rechtenbach: 41.1; Gesamtverband des deutschen Steinkohlenbergbaus, Essen: 19 o.re.; Getty Images, München: Titel (Rupert King), 4 m. und 36/37 und 38.1-4 (Cultura/Echo), 81.1, 92.1 (Prabhaker Rao/The India Today Group); Hamburger Hafen und Logistik AG, Hamburg: 109.1; Heidelberg-Ballon/Michael Bering, Heidelberg: 32.1; HeidelbergCement AG, Heidelberg: 32.2 HCement; Heidelberger Druckmaschinen AG, Heidelberg: 32.2 HDruck; Herrmann, Uwe, Obersimten/Pfalz: 31.1; Hewlett-Packard GmbH, Böblingen: 66.1 hp; Horsch, Wolfgang, Niedernhall: 52.1; Härle, Wangen: 136.1; Huber, Bildagentur, Garmisch-Partenkirchen: 63 o.li. (Smetek Grafic Design); IBM Deutschland, Ehningen: 66.1 IBM; Imaginechina, Shanghai: 60 u., 80 re.u., 83.1, 86.2 (Zhang jie); Intel GmbH, Feldkirchen: 66.1 intel; iStockphoto, Calgary: 159.2 (Justin Horrocks); Jardner, Essen: 24.1; John Deere Werke Mannheim: 32.2 Deere; JOKER Fotojournalismus, Bonn: 168 u. A (Hengesbach); Junge, Bernd, Wolfenbüttel: 16 B, 140.5; Jüngst, Reiner, Wolfenbüttel: 96.1; Kahlert, Georg, Bliesransbach: 12.1 re.; KELLOGG'S, Frankfurt/Main: 66.1 Kellogg's; Kluge, Chemnitz: 77.1; KNA-Bild, Bonn: 158.1 li., 158.1 re.; laif, Köln: 80 re.o. (Bialobrzeski), 84.2 und 102.3 (Michael Wolf), 85.2 (Wolf), 86.1 (Sinopix), 99.2 (Hoa-Qui), , 117 D (Sinopix), 120.4 (Redux), 129.1 (Sandra Hoyn), 145.12, 153.2 (Michael Riehle), 156.1 (Regina Bermes), 156.2, 157.1 (Kuenzig), 161.2 (Heiko Meye); Landesmedienzentrum Rheinland-Pfalz, Koblenz: 150.1; Langbein, Freiburg: 96.2, 97.1; Langner & Partner Werbeagentur GmbH, Hemmingen-Arnum: 41.3; Libera, München: 145.8, 150.3; Lüdecke, Matthias, Berlin: 48.2; Mager, F.-G., Gengenbach: 83.3; mauritius images, Mittenwald: 19 u.re., 49.3 (Morandi), 56 li.u. (Jose Fuste Raga), 57 li.o. (Merten), 70 li.o., 80 li.o., 119.1 re., 122.1 (Fabian von Poser/imagebroker), 127.1 (Manfred Mehlig); mediacolor's Bildagentur, Zürich: 77.2 (Bergmann); Mitschke, München: 11.1 u.; Munoz, UK-Swindon: 102.2; Müller, Hameln: 98.2; Müller, Bodo, Bartensleben: 106/107; Nebel, Jürgen, Muggensturm: 83.2; Ochsenwadel, Möckmühl: 135.2; Picture Press, Hamburg: 62 li.m. (Bettmann); Picture-Alliance, Frankfurt/Main: 4 u. und 61 o. (ZB/Transit/Tom Schulze), 5 u. und 132/133, 26.1 (Bildagentur Huber/Schmid), 34.1 (Gero Breloer), 38.5 m. (Pleul), 40.1 (dpa), 50.1 (dpa), 51.1 (OKAPIA/H.S. Göhler), 51.2 (Patrick Pleul), 52.2 (dpa/Jörg Schmitt), 54.2 (Hoerold), 56 re.u. (Kerth), 62 re.u. (dpa/Masppp/Kyodo), 69.2 (Frank Brandmaier), 70 li.m., 72.2 (dpa/Becker & Bredel), 72.3 (dpa/TASS/Formichev Mikhail), 73.1 (dpa/epa Anatoly Maltsev), 74.1 (dpa/Sven Simon), 75.3, 85.3 (Wolfgang Langenstrassen), 90 li.m. (G. Korinthenberg), 90 re.m. (afp), 90 re.o., 113.1 (dpa/epa), 114.2 (W. Thieme), 116 A (KPA/Aquila), 117 C (dp), 126.3 re. (DB Awi), 131 re./3 (dpa/TASS), 134.1 (Mufti_Munir/AFP), 138.1 (dpa), 140.1 (dp), 141.1, 142.2, 144.2, 159.1 (Augenklick/KUNZ), 162.2 (dpa-Infografik), 165.1 (dpa/Tim Brakemeier), 166.2 (dpa/Bäsemann); Procter & Gamble Germany GmbH & Co. Operations oHG, Schwalbach am Taunus: 66.1 Gillette, 66.1 P&G; Rappen-Röhlen, Schwalmtal: 145.9; Regionalverband Ruhr - RVR, Essen: 24.3; Rieke, Michael, Braunschweig: 12.1 li., 38.5 re.; Ruddies, T., Hamburg: 91 u.; RUGMARK/TRANSFAIR e.V., Köln: 155 u.; Saaten-Union GmbH, Hannover: 19 o.li.; SAP AG, Walldorf: 33.2; Schmidtke, Kurt-Dietmar, Melsdorf: 48.4, 80 li.m., 136.2, 140.2, 144.1, 144.3; Schnecke, Wolfgang, Chemnitz: 127.2; Schutzbach, Waldstetten: 71.1/5; Sinopictures, Berlin: 22.1 re.o. (CNS), 80 re.m., 87.2 li. (phototime), 87.2 re. (Zhong Guohua), 89.4, 93.3 und 103.1 (dinodia); Sperber, Achim, Hamburg: 64 li.u.; Staatliches Reisebüro China, Beijing: 80 li.u., 89.3; Stadler, Fürstenfeldbruck: 158.1 m.; Stadtbildstelle, Essen: 24.2; Stadtvermessungsamt, Frankfurt/Main: 9.1, 44.1; Stark, Friedrich, Dortmund: 145.10; Steinz, Björn, Lysa nad Labem: 71.1/3; Stiftung „Menschen für Menschen", München: 152.1, 153.3; Storm, Stuttgart: 31 Kopf re.o.; Stuttmann, Klaus, Berlin: 46.1, 130.3; Süddeutscher Verlag, München: 40.2, 119.1 li., 168 u. C; Taubert, K., Springe: 145.11; terre des hommes Deutschland e.V., Osnabrück: 90 re.u.; TopicMedia Service, Ottobrunn: 38.5 li. (Pelka); TransFair, Köln: 123 u.re.; transit, Leipzig: 71.1/6 (Olaf Meinhardt), 72.1 (Christine Eisler); Tönnies, Uwe, Laatzen: 22.1 li.u.; ullstein bild, Berlin: 22.1 li.o. (Filip Kester), 44.2 (CARO/Bastian), 112.1 (Reuters); vario images, Bonn: 131 re.2; Verbandsgemeinde Hauenstein: 28.1; Vincent Callebaut Architectures/www.vincent.callebaut.org, Paris: 167 o.; Visum Foto GmbH, Hamburg: 27.1 (Thomas Pflaum), 70 li.u. (Gerd Ludwig), 73.2 (PhotoXPress), 82.1 (Henley, M.), 88.3 (The Image Works), 120.1 (Jiri Rezac), 122.2 (Engel), 137.1 (Panos Pictures); Von der Werth, Berlin: 58 o.; Westermann, Diercke online, Braunschweig: 148.2, 148.3, 149.1, 149.2, 149.3; Westermann, Technisch-Grafische Abteilung: Vorsatz vorn, 25.2, 30.1 groß, 30.1 klein, 32.3, 43.3, 79.1, 111.3, 123.2, 123.3, 148.1, 161.1, 166.1; Wetzel, Freiburg: 65 re.o., 100.1, 101.1; Wiley-VCH Verlag GmbH & Co KGaA, Weinheim: 84.1 (Sara Bongiorni, Ein Jahr ohne „Made in China". Reproduced with permission); Windhorst, Vechta: 68.2; Wolf, H.-U., Steinheim: 31 Kopf m.o., 146.1; Wostok Verlag, Berlin: 71.1/2, 71.1/4; www.entis.pl: 57 re.u.; www.worldmapper.org © SASI Group (University of Sheffield) and Mark Newman (University of Michigan), Sheffield: 116.1, 116.1 o., 117.2, 117.3, 117.4; Zeche Hirschberg GmbH: 16 D.

Strukturdaten ausgewählter Staaten

Land	Fläche (km^2)	Einwohnerzahl 2009 (in Mio.)
Indien	3 287 263	1171,0
Ägypten	1 002 000	78,6
Äthiopien	1 133 380	82,8
Argentinien	2 780 403	40,3
Australien	7 692 030	21,9
Bolivien	1 098 581	9,9
Brasilien	8 547 404	191,5
China	9 572 419	1331,4
Deutschland	357 104	82,5
Frankreich	543 965	62,6
Ghana	238 537	23,5
Griechenland	131 957	11,3
Großbritannien und Nordirland	242 910	61,8
Haiti	27 750	9,2
Indonesien	1 912 988	243,3
Iran	1 648 000	73,2
Italien	301 336	60,3
Japan	377 837	127,6
Kanada	9 984 670	33,7
Mexiko	1 953 162	109,6
Niger	1 267 000	15,3
Norwegen	323 759	4,8
Polen	312 685	38,1
Ruanda	26 338	9,7
Rumänien	238 391	21,5
Russland	17 075 400	141,8
Saudi-Arabien	2 240 000	28,7
Schweiz	41 285	7,8
Türkei	779 452	74,8
USA	9 809 155	306,8